新疆特色林果
滴灌节水关键技术研究

王振华　何新林　李文昊　等 著

中国水利水电出版社
www.waterpub.com.cn
·北京·

内 容 提 要

本书围绕新疆特色林果滴灌节水关键技术进行论述，主要分析研究了新疆特色林果经济作物在不同滴灌条件下耗水规律及产量、品质指标的影响效应，提出了新疆特色林果滴灌条件下灌溉和水肥高效利用技术模式。全书共分为六章。

本书可作为农业水土工程、土壤物理等专业的研究生和高年级本科生的参考教材，也可供相关专业科研、教学和工程技术人员参考。

图书在版编目（CIP）数据

新疆特色林果滴灌节水关键技术研究 / 王振华等著. -- 北京 : 中国水利水电出版社, 2020.5
ISBN 978-7-5170-8568-3

Ⅰ. ①新… Ⅱ. ①王… Ⅲ. ①果树园艺－节水栽培－滴灌－研究 Ⅳ. ①S660.7

中国版本图书馆CIP数据核字(2020)第079646号

书　　名	**新疆特色林果滴灌节水关键技术研究** XINJIANG TESE LINGUO DIGUAN JIESHUI GUANJIAN JISHU YANJIU
作　　者	王振华　何新林　李文昊　等 著
出版发行	中国水利水电出版社 （北京市海淀区玉渊潭南路1号D座　100038） 网址：www.waterpub.com.cn E-mail：sales@waterpub.com.cn 电话：（010）68367658（营销中心）
经　　售	北京科水图书销售中心（零售） 电话：（010）88383994、63202643、68545874 全国各地新华书店和相关出版物销售网点
排　　版	中国水利水电出版社微机排版中心
印　　刷	清淞永业（天津）印刷有限公司
规　　格	170mm×240mm　16开本　14.75印张　289千字
版　　次	2020年5月第1版　2020年5月第1次印刷
定　　价	**76.00**元

前　言

干旱绿洲区生态环境脆弱，水资源是维系生态系统稳定以及绿洲农业发展的重要资源。新疆维吾尔自治区（全书简称新疆）地处欧亚大陆腹地，干燥少雨，蒸发强烈，全年平均降雨量仅为147mm，年均蒸发量高达1512mm，蒸降比超过10，南疆地区甚至超过30。新疆单位面积水资源量居全国倒数第3位，水资源匮乏严重影响新疆绿洲灌溉农业的可持续发展。作为我国典型的"荒漠绿洲、灌溉农业"农垦区，新疆农业灌溉用水量占国民经济用水总量的90%以上，南疆农业用水量占南疆用水总量的95%以上，灌溉水有效利用系数低，灌溉水的利用率不到50%。认清目前以及未来变化条件下水安全与作物安全形势，找准农业水资源高效利用问题，在保证高产优产的前提下，减少农业用水量，是推动干旱区绿洲农业可持续发展的根本途径。

党的十九大报告提出实施国家节水行动，标志着节水成为国家意志和全民行动。节水灌溉是实现提高干旱区水土资源利用率、降低农业用水量、实现绿洲农业提质增效绿色发展的重要载体，发展节水灌溉是绿洲农业发展的必然选择。资料显示，截至目前，新疆灌溉总面积为493.95万hm^2，节水灌溉总面积为260.51万hm^2，占总灌溉面积的52.74%，节水效果显著。虽然节水灌溉技术发展迅速，但在实际运用中还存在一些问题。由于农业生产过程中没有针对具体情况提出与节水相配套措施，缺乏理论指导，导致节水设备运行效率和节水效益低下。随着节水技术理论体系的不断完善和人们节水意识的不断提高，新疆节水发展将会迈上新的台阶，节水潜力巨大。

新疆土地广阔，昼夜温差大，光照时间长，有效积温高，生育期内降雨少。得天独厚的气候条件和生态环境非常适宜林果的生长发育，使新疆成为了我国重要的特色林果生产、加工和出口基地。"世界红枣在中国，中国红枣在新疆”，我国红枣种植面积及产量居世界第一位，新疆枣树种植面积稳定在40万～50万hm^2，居全国第一，产量稳定在270万t左右，约占全国总产量的1/2；我国葡萄种植面积居世界第二位，新疆作为全国葡萄主要产区之一，年产量在220万t以上，占我国葡萄总产量的20%左右。目前新疆优质红枣和葡萄等特色林果的种植面积每年约达1000万亩，面积、产量、品质及人均消费量均居全国之首，其GDP（生产总值）已超过1000亿元。特色林果的收入已占到当地农民年收入的4成以上，是当地支柱产业和主要的收入来源。现阶段，成龄枣树及葡萄仍然大面积采用传统漫灌的灌溉方式，灌溉定额在1500mm以上，农业节水水平较低，水资源浪费严重且严重挤占了生态用水，生态环境脆弱问题日趋严峻；同时，区域内并未针对性地制定相关施肥制度，缺乏科学合理的施肥技术指导生产，大量、过量施肥情况普遍存在。落后的水肥管理模式无法与区域内农业产业化发展趋势同步，阻碍区域内社会经济的发展。

传统漫灌灌溉方式严重浪费水资源，难以精准调控水肥，导致红枣、葡萄的产量低、品质差，缺少合理的科学灌溉施肥技术。滴灌是一种高效精准的灌溉技术，能够准确地将作物所需的水肥输送至根区，从而达到节水、增产、省力的效果。作为最有效的节水灌溉技术之一，滴灌利用滴灌设备，将灌溉水或溶于水中的化肥溶液加压（或地形自然落差）、过滤，通过各级管道输送到田地，再通过滴头使水以水滴的形式不断地湿润作物根系主要分布区的土壤，使其经常保持在适宜作物生长的最佳含水状态，从而达到优质、高产的目的。因此，滴灌已经开始成为新疆林果种植中首选的灌溉方式。由于新疆地区大面积常年漫灌突然改为滴灌，缺乏合理的灌溉技术指导，确定红枣、葡萄滴灌毛管布置模式，研究成龄果树漫灌改滴灌后水肥耦合效应，制定成龄果树稳定滴灌后水肥管理制度，确定当地滴灌红枣、葡萄的适宜灌溉制度，建立滴灌红枣、葡萄水肥耦合模型，提出滴灌红枣、葡萄水肥高效利用参数，对落实国家节水行动，推进农业水资源的高效利用，推动绿洲生态农业绿色高效节水，破解农业用水短缺与作物持续高产稳产之间的矛盾均具有重要作用。

本研究依托现代节水灌溉兵团重点实验室（石河子大学）、哈密垦区灌溉试验站、一师灌溉试验站等研究基地，在南疆、东疆不同气候类型区，应用滴灌节水技术种植特色林果（东疆葡萄、大枣，南疆红枣等），研究新疆特色林果经济植物滴灌条件下水分生长关系和耗水指标，确定最优需水量，提出滴灌工程最优设计参数，制定不同特色林果高效节水灌溉制度，阐明滴灌条件下特色林果水肥生产函数，提出新疆特色林果滴灌条件下高效灌溉技术和水肥高效利用技术模式。研究成果可以解决新疆水资源不足限制特色林果生产的问题，提高灌溉水利用效率，为保护和改善新疆的农业生态环境和农业的可持续发展提供理论依据和技术支撑，对发展新疆经济、稳定边疆和保障国家水安全有着重要意义。

本书内容先后得到新疆生产建设兵团（以下简称兵团）科技支疆项目“吐哈盆地特色瓜果高效节水综合技术集成与示范（2008ZJ03）”、水利部公益性行业专项经费项目“新疆特色经济农林作物高效用水技术集成研究与示范（201101050）”东疆子课题、兵团农业科技园区项目“特色林果高效节水技术研究与示范（2013DD005）”、国家星火计划重点项目“东疆红枣高效节水技术示范与推广（2014GA891008）”、国家科技支撑计划项目“南疆典型沙区水资源高效利用关键技术研究（2014BAC14B01）”、兵团首批中青年科技创新领军人才计划项目“干旱区节水灌溉理论与新技术研究（2015BC001）”、兵团灌溉试验项目“特色林果自动化控制灌溉模式研究（2015019）”、兵团灌溉试验项目“第十三师哈密垦区葡萄作物系数（K_c）及灌溉制度研究（BTJSSY—201805）”等项目的资助。

本书由王振华、何新林、李文昊统稿，具体参与本书编写的还有宗睿、温越、杨慧慧、何建斌、胡家帅、扁青永、侯裕生等人。本书还参考了其他单位和个人的研究成果，均在参考文献中标注，在此谨向所有参考文献的作者表示衷心的感谢！

在本书成稿之际，向所有为本书出版提供支持和帮助的同仁表示衷心感谢。由于研究条件、研究时间以及研究经费有限，所取得的研究成果仅仅涵盖了新疆特色林果滴灌节水关键技术的一部分内容，相关研究仍需要进一步深入开展，对有些问题的认识还有待进一步探索。同时，受学识视野和水平所限，书中难免有疏漏和不妥之处，恳请同行专家批评指正。

作者

2020年3月

目　录

第一章 绪 论

第一节 研 究 意 义

一、西北干旱区水肥管理形势严峻

新疆维吾尔自治区位于中国西北边陲，地处东经73°40′～96°24′、北纬34°22′～49°08′之间，面积为166万km^2，占我国国土总面积的1/6，是我国陆地面积最大的省级行政区。新疆地处亚欧大陆腹地，战略位置十分重要，陆地边境线5600多km，占我国边界线总长的1/4，同时与8个国家接壤，在历史上是古丝绸之路的重要组成，也是第二座“亚欧大陆桥”的必经之地。

新疆深居内陆，远离海洋，受高山阻挡，海洋气流极难到达，形成明显的温带大陆性气候，气温温差较大，光照时间长，太阳能资源丰富，降雨量少，蒸发作用强烈，各地气候条件差异较大。据统计，北疆降雨量为100～200mm，年蒸发量为1000～2000mm，蒸发量几乎是降雨量的10倍；南疆降雨量为5～100mm，年蒸发量为2000～4000mm，蒸发量是降雨量的30倍以上。

目前，超过90%的新疆人口居住在绿洲之中。绿洲农业是绿洲经济发展的基础，绿洲农业的稳定和发展离不开灌溉。但是随着新疆经济社会的快速发展，人口逐年累计，新疆绿洲承载力日益加重，人口与水资源、生态环境的矛盾日益突出，经济社会发展严重受到水资源限制。如何破解水资源紧缺问题，是新疆亟待解决的重大难题。据统计，新疆农业用水比例占社会经济用水总量的90%以上，但农业只占GDP总量的13.87%。其原因为部分区域农业用水灌溉方式粗犷，灌溉水利用效率低，水资源匮乏与水资源浪费现象并存。因此提高农业用水效率、减少水资源浪费是节约水资源的关键。党的十九大报告提出实施国家节水行动，标志着节水成为国家意志和全民行动。

但由于葡萄的大面积种植受泵房、水源水渠供应等条件的限制，仍然有大面积的特色林果滴灌系统工程尚未得到统一普及。另外，由于成龄葡萄树和大枣树的根系在多年漫灌条件下分布已经相当广泛，采用一般的一行一管或者一行两管的毛管布设方式满足不了果树对水分的需求，而且滴灌系统的安装调整以及水源循环都还不是很完善，绝大部分农户看不到滴灌系统的优点，又考虑到滴灌系统的成本较传统的沟灌高，所以滴灌系统在特色林果上的应用受到很大限制。而现阶段，新疆红枣业灌溉水利用率普遍低下，农一师地区 12.67 万 hm^2 的红枣和东疆吐哈盆地地区成龄葡萄大面积采用传统漫灌灌溉方式，灌溉定额高达 1650mm。枣农和葡萄种植户的管理与知识水平有限，红枣和葡萄的管理技术仍然以经验灌溉为主，随意灌溉现象较为普遍，农业节水水平较低，水资源浪费严重且严重挤占了生态用水，生态环境脆弱问题日趋严峻。长期以来，对作物耗水规律的研究未形成统一共识，针对特定区域内不同水肥处理下作物耗水规律的研究更少。同时针对吐哈盆地地区成龄葡萄和南疆沙区成龄红枣的灌水施肥制度的确定大多基于生长、产量指标，并未从生理、产量及品质指标方面对水肥用量进行综合评价。南疆和东疆地区并未针对性地制定相关施肥制度，缺乏科学合理的施肥技术来指导生产，大量、过量施肥情况普遍存在。落后的水肥管理模式无法与区域内农业产业化发展趋势同步，阻碍区域内社会经济的可持续发展。

二、新疆特色林果业滴灌技术蓬勃发展

目前新疆优质红枣和葡萄等特色林果的种植面积每年约达 1000 万亩，面积、产量、品质及人均消费量均居全国之首，其 GDP（生产总值）已超过 1000 亿元。特色林果的收入已占到当地农民年收入的 4 成以上，是当地支柱产业和主要的收入来源。现阶段，成龄枣树及葡萄仍然大面积采用传统漫灌的灌溉方式，灌溉定额在 1500mm 以上，农业节水水平较低，水资源浪费严重且严重挤占了生态用水，生态环境脆弱问题日趋严峻。近几年，工农业用水矛盾日益突出，水资源严重短缺，阻碍了新疆地区农业及社会经济的可持续发展。目前在果树上主要采用的微灌形式为涌泉灌、滴灌，其节水率均在 30%～40%之间，增产率在 10%～15%之间，滴灌经济技术指标相对较高。下面对两种灌溉方式在我区应用情况进行分析比较：在灌水特性上，涌泉灌单孔流量大，灌水效率介于滴灌与淹灌之间，易出现深层渗漏，降低了肥料利用率；滴灌灌水效率相对较高，通过使用观察滴灌改善和控制作物在土壤中生长环境（水、肥、气、热、微生物）能力表现最好；滴灌对水质要求较严；工程施工中，涌泉灌工程毛管及滴头安装工序较多，工作量大；工程建设一次性亩投资比较，涌泉灌工程亩投资为 850～900 元/亩，渠水加压滴灌工程亩投资在 650 元/亩左右（井水加压滴灌工程在 550 元/亩左右）。果树滴灌技术在新疆南疆区已大面积推广应用。

三、研究意义和重要性

滴灌是当今应用最广泛的节水灌溉技术。它利用低压管道系统，使水成点、缓慢、均匀又定量地浸润作物根系发达的区域，使作物主要吸水层土壤始终保

持在最优含水状态。传统的地面灌溉湿润全部面积的土壤，滴灌仅湿润作物根区土壤，因此滴灌能够节约用水量、促进作物生长、提高产量和品质，是一种有效的局部灌水技术。滴灌技术的发展起源于19世纪60年代。我国早在1974年就从墨西哥引进滴灌技术，之后该技术的发展起起伏伏。在1996年，新疆成功将滴灌技术应用于棉花栽培中，之后该技术迅速发展。到目前，新疆已是我国滴灌技术应用最广、效果最好的地区。新疆绿洲灌溉农业取得的成就离不开农业节水灌溉技术的发展，高效节水灌溉技术是绿洲农业稳产高产的保障。新疆昼夜温差大，光照时间长，有效积温高，生育期内降雨少。这些得天独厚的气候条件和生态环境非常适宜林果的生长发育，使新疆成为了我国重要的特色林果生产、加工和出口基地。如何合理利用滴灌技术来发展新疆特色林果业以起到节水、增产、提效的作用已成为亟待解决的问题。

因此本研究针对新疆干旱区葡萄及红枣种植中存在的灌溉制度不合理、肥料生产效率低、土壤次生盐碱化等问题，系统研究并揭示了东疆吐哈盆地葡萄种植技术、南疆沙区枣树栽培中滴灌节水关键技术，根据葡萄及红枣需水规律、盐碱地滴灌土壤水盐运动特征、漫灌改滴灌枣树及滴灌葡萄水肥耦合模型，形成了“新疆特色林果滴灌节水关键技术研究”研究成果，为滴灌在新疆特色林果中的推广应用提供了理论依据和技术支撑，有效解决了新疆水资源匮乏对葡萄、红枣生产限制的问题，为保护和改善新疆的农业生态环境和农业的可持续发展提供了有力的技术支撑，对发展新疆经济、稳定边疆具有重要意义。

第二节 国内外研究现状分析

一、特色林果滴灌毛管设计模式

对常规微灌技术在果园中应用的研究主要集中在葡萄园田间毛管的布置方式、滴头的技术参数选型以及微灌灌水方式等方面。陈若男（2010）在滴灌技术下采用的毛管布置方式为一沟三管，滴头间距为40cm、滴头流量为2.7L/h的不同灌水周期得出了产量与地上净增加生物量的关系。杨艳芬等（2009）采用地面滴灌技术，布设4个处理，分别为：滴头间距为30cm、滴头流量为2.7L/h的两管布置；滴头间距为30cm、滴头流量为3.3L/h的三管布置；滴头间距为30cm、滴头流量为2.7L/h的地下滴灌两管布置；滴头间距为50cm、滴头流量为1.6L/h的地下滴灌三管布置。结果表明：地面滴灌中的三管布置、滴头流量为3.3L/h、滴头间距为30cm处理的效果达到了最优，在该处理下土壤的含水率、葡萄的水分生理指标及其产量均处于比较高的水平。王俊等（2009）研究了干旱内陆河灌区葡萄在滴灌条件下的水盐规律，研究结果认为在无排水的情况下采用滴灌的方式进行灌溉十分有效。

随着水资源的日益紧缺，对果树节水的研究也不断深入，人们将果园早期的漫灌改为为沟灌、格田灌等新的节水灌溉技术，同时采用隔沟灌技术，在不明显降低产量的情况下取得良好的节水效果。黄兴法、李光永等（2001）对苹果微喷灌进行了相关研究，但是由于微喷灌有漂移损失过大、投资成本也相对比较高等缺点，没有大面积推广。兵团第十三师设计院谭明（2003）研究应用涌泉灌技术灌溉葡萄，经过 6 年的研究和应用，发现涌泉灌比沟灌节水 15%，但存在的主要问题是灌溉时地面一定范围内有积水，其主要表现是在作物根系范围内土壤中的水、空气等比例失调，同时人工安装补偿式流量调节器工作量较大。O. C. Vilela 等（2004）在巴西北部采用 V 形槽对葡萄进行灌溉，可以节水 12%，较好地解决了当地季节性缺水的问题。但是果园不一定种植在平整土地上，这种灌溉方式在山坡、丘陵、地势起伏较大的地块有很大的局限性。在逐渐否定漫灌、沟灌、微喷灌、涌泉灌等节水技术的过程中，专家学者越来越倾向于运用滴灌技术灌溉果树，在滴灌条件下果树耗水规律及果树滴灌灌溉制度制定等方面取得了显著成绩。

E. L. Proebsting 等（1993）在设置不同的供水方式条件下对苹果树进行水分调亏试验做了研究，采用滴灌和喷灌的灌水方式，滴灌苹果树的灌水量设置为蒸发皿蒸发量的 100%、75%、50%，而喷灌一直保证在充分供水的条件下进行。结果表明：与充分供水的喷灌处理相比，滴灌条件下具有比较低的叶水势，比较少的树体生长量；滴灌出来的果实有较低的水分含量，但有比较高的可溶性固体物质含量，以及较低的滴定酸含量和较深的果实颜色；储存一段时期之后，滴灌条件下的果实硬度较低；最终收获时两者的果实硬度相近，产量也相似。

针对果树滴灌技术，我国专家们也做了大量研究工作。林华等（2003）认为，荒漠地区滴灌葡萄根系垂直和水平分布较漫灌葡萄更集中，根幅相对较小，但滴灌葡萄吸收根总量大于漫灌 33.5%～38.6%，使用滴灌比沟灌能够减少用水量 50%以上；经过相同时间后，滴灌土壤含水量高于沟灌 1.9%～2.5%，产量提高 17%，含糖量提高 1.9%；在节水的同时达到省肥、防寒及优产的目的。谢洪云等（2006）针对滴灌在樱桃设施栽培上的应用进行了试验研究，结果表明，在樱桃设施栽培上应用滴灌，可以节水 50%左右，并且改善了果实品质。杜太生等（2007）在干旱缺水的甘肃河西荒漠绿洲区将单管、双管滴灌应用于葡萄上，同时考虑双管投资过大、单管土壤湿润均匀性差的问题，采用单管分根交替灌溉对葡萄进行研究，表明滴灌灌溉葡萄可以节水，但不降低葡萄产量。除此之外，薛世柱（2008）、陈伊锋（2008）、王荣莲（2009）、陆树华等（2009）等对滴灌技术在打瓜、番茄等特色瓜果上的应用做了大量研究工作，表明在特色瓜果上应用滴灌技术具有节水、增产、省肥等效果。

二、新疆特色林果滴灌技术耗水规律及灌溉制度研究

葡萄和红枣对水分环境要求较高，对土壤中水分的精准控制是种好葡萄和红枣的前提。滴灌技术与传统灌溉方式相比，可实现灌溉过程的准确控制。因此滴灌技术在葡萄和红枣种植上有较多应用。常英祖（2006）通过开展葡萄膜下滴灌与沟灌对比试验发现，膜下滴灌处理葡萄萌芽率提升、坐果率增大、产量和品质也有大幅度提高，比沟灌处理增产约 20%。龚玉梅等（2001）针对红提葡萄开展滴灌灌溉试验，结果表明在同一灌水定额处理下，滴灌处理生长指标较漫灌处理增加 17.1%～39.6%。曾辰（2010）通过试验研究发现，在保证水分利用效率和产量指标的基础上，吐鲁番地区滴灌葡萄最佳灌水量为 942～994.5mm，鄯善地区为 1150.5～1399.5mm。任玉忠等（2012）进行了滴灌、地面灌和微喷灌 3 种不同灌水方式对枣树生长和果实品质的影响试验，研究发现滴灌比地面灌节水 49%，产量增加 22%，水分利用效率提升 240%，而且叶面积指数、果实含糖量等指标均显著提高。翟雍同（2014）通过试验研究发现，在滴灌条件下，葡萄枝条基部周长随着滴灌灌水定额的增大而增大；随着灌溉定额的增加，叶面积、百粒重、单株产量和亩产量等指标也逐渐增加。王琨等（2016）通过田间试验和室内方法，研究了灌水次数对葡萄生长发育和果实品质的影响，结果表明，灌水次数对葡萄生长发育和果实品质影响显著：在相同滴灌条件下，12 次灌水频率处理梢长最大、新梢发生率最高、干物质累积量最大；14 次灌水频率处理葡萄产量最高、还原性糖含量最高、总酸含量最低。

作物需水量是指生长良好的无病虫害作物，在土壤水分、肥力适宜时，在给定的生长环境中，能获得高产潜力条件时，植株蒸腾、棵间蒸发、组成植株体所需水量之和。作物水分生产函数（crop water production function）是指作物产量与消耗的水量之间的关系。作物产量有经济产量和干物质产量两种表示方式，耗水量则可以表示为作物蒸发蒸腾量、灌溉水量或可利用水量等（Kramer et al.，1979）。粟晓玲等（2005）认为，沙漠区域中滴灌苹果树的耗水规律呈单峰型变化，6 月中旬到 7 月是果树的需水临界期，此时果树耗水量最高，8 月后开始逐渐下降；不同灌水处理下，作物系数变化不明显，滴灌灌溉与地面灌溉相比，前者苹果树的作物系数远远小于后者作物系数，与孟平等（2005）对苹果树生育期耗水量研究结果相一致。洪明等（2014）通过对灌水定额和滴头流量对枣树的耗水规律影响的研究发现，在砂壤土条件下，入渗深度随灌水定额的增大而加深。在相同灌水定额条件下，增大滴头流量能够增大土壤的入渗深度。整个生育内各灌水处理下红枣耗水规律均呈“上升—下降”的单峰曲线变化，在 8 月 10 日左右出现峰值，各处理日均耗水量变化范围为 4.0～

5.7mm。何建斌等（2012）通过对滴灌哈密大枣土壤水分及生长指标的研究发现，在滴灌条件下，哈密大枣的根系分布在距主干1m范围内，计划湿润层为80cm，哈密大枣在整个生育期内各处理耗水均呈现“上升—下降”的变化规律，果实白熟期耗水量达到最大；当总灌水量为1000mm时，大枣的水分生产效率最大，与郑强卿等（2013）对和田地区滴灌条件下骏枣需水规律研究结果一致。探究并掌握红枣的耗水规律，对于控制枣树水分供应和盈余生长，刺激枣树补偿效应，以及红枣果实品质的调控均具有重要意义和理论价值。耗水规律是作物合理灌溉及灌溉工程设计的基础，因此要正确运用滴灌水肥一体化技术，制定出完善的灌溉制度，首先就要针对不同水肥条件下作物耗水规律进行研究。王成等（2014）在南疆沙区开展滴灌红枣水肥利用试验研究，发现红枣的耗水量大小与灌水量成正比，且主要是由棵间蒸发造成，不同施肥水平下红枣耗水量存在差异；权丽双等（2016）研究了水氮耦合对复播油葵土壤水分利用的影响，结果表明，油葵耗水量大小与灌溉定额与施氮量均成正相关关系；何建斌等（2013）对不同水肥处理下极端干旱区滴灌葡萄耗水规律开展试验研究，研究表明葡萄耗水量随灌溉定额和施肥量的增加而增加；孙洪仁等（2005）的研究表明，在一定范围内紫花苜蓿耗水量随着灌水定额的增加而增大；Sammis（1981）采用线源喷灌系统进行的紫花苜蓿耗水试验表明，紫花苜蓿的耗水量随着灌水定额的增加而增大；刘洪波等（2011）的研究表明，库尔勒香梨的耗水量随灌溉定额的增加而增大，耗水强度在香梨整个生育期内的变化规律与耗水量趋势一致；黄兴法等（2001）对苹果开展调亏灌溉试验，研究表明，与充分灌比较，调亏灌溉处理在产量不受影响的情况下，耗水量减少了10.2%～11.2%；钱翠等（2012）的研究表明，不同水肥处理下当归阶段需水量、作物系数与灌水量大小成正比，作物系数随时间推进呈先增大后减小的趋势；刘洪波等（2012）的研究表明，葡萄生育期内各水分处理耗水呈现先升再降、再升再降的波形变化趋势；纪学伟等（2015）认为葡萄耗水强度和耗水模数均在浆果生长期达到峰值；何建斌等（2012）的研究表明，哈密地区大枣耗水呈由低到高再降低的变化趋势，耗水高峰期为白熟期。

三、新疆特色林果滴灌技术水肥耦合研究

农业生产中，水、肥是影响作物生长发育的主要因素，合理的水肥施用可促进作物生长发育。张赛等（2018）通过开展玉米水肥耦合试验研究发现，在高、中水处理下，玉米株高随施肥量的增加而增加，低水处理下，施肥量对株高影响不显著；Nesme等（2006）的研究表明，适宜的水肥用量可在一定程度上改善矮化红富士幼树的营养状况，促进新梢生长和开花结果；Herbinger等（2002）通过试验研究发现，干旱胁迫可降低作物叶片叶绿素含量；高静等

(2008)的研究表明，水肥耦合条件下适宜的水肥管理措施可提高黄土高原南瓜叶绿素含量；张烈等(1999)认为干旱胁迫可使玉米叶片相对含水量下降而饱和含水量升高；周罕觅(2015)通过开展长期田间试验研究发现，水肥耦合条件下苹果叶片相对含水量随灌水量的增加而提高，叶片饱和含水率则呈相反趋势；张依章等(2006)认为水肥耦合条件下造成作物叶片净光合速率升高的原因主要是是叶面积的增大、蒸腾速率和气孔导度的提高及胞间 CO_2 浓度的降低；王铁良等(2012)对水肥耦合条件下树莓光合特性进行了研究，结果表明土壤含水量保持在32%以上、施肥量控制在 460.95kg/hm^2 有利于净光合速率和气孔导度的提高；杨小振等(2014)探究了水肥耦合对滴灌大棚西瓜生理生长及产量品质的影响，研究结果表明在西瓜生育前期叶片蒸腾速率和净光合速率大小与水肥施用量成正比关系，在生育后期中水中肥处理光合能力强，正常灌水条件下，增加施肥量可使叶片原初光化学的最大产量和 PSⅡ潜在光化学效率维持在较高水平，使 PSⅡ反应中心开放部分比例提高，进而使表观电子传递速率和 PSⅡ实际光化学量子效率提高，达到提高作物光合作用的目的；刘瑞显等(2008)通过试验研究发现，干旱胁迫条件下下大量增施氮肥会加重棉花受旱程度，并降低 PSⅡ量子产量、PSⅡ最大光化学效率等；陈修斌等(2016)通过研究水肥耦合对河西绿洲灌漠土甘蓝叶绿素荧光参数及产量影响发现，土壤含水率维持在田间持水量75%～90%、施肥量为 1175kg/hm^2（N：P_2O_5：K_2O=14：21：12）时，叶片原初光化学的最大产量和 PSⅡ实际光化学量子效率处于较高水平，光抑制程度最低，叶片维持较强的光合能力，进而有益于提高作物产量。

作物产量和品质指标是直接影响经济收入的主要因素，合理的水肥用量可提高作物产量和品质，达到农业生产中低投入、高产出的目标。罗彬彬等(2018)为探究水肥耦合模式对菊苣产量品质的影响，采用4因素3水平正交试验设计，研究结果表明在土壤含水量维持在30%，氮肥、磷肥和钾肥分别施用 500kg/hm^2、300kg/hm^2 和 200kg/hm^2 的水肥条件下产量达到最大值，土壤含水量维持在30%，氮肥、磷肥和钾肥分别施用 500kg/hm^2、600kg/hm^2 和 100kg/hm^2 的水肥用量条件下粗蛋白含量达到最大，相比常规对照其含量提高一倍多；曹晓庆等(2018)在研究膜下滴灌施肥对樱桃产量及品质影响时发现，中水高肥（灌水定额为 209.7m^3/hm^2，施肥量为 150kg/hm^2）可使产量、品质与水分利用效率达到最高值；武俊英等(2017)采用正交设计试验 L9(34)，研究了不同水肥用量对甜菜产量、含糖率和产糖量的影响，研究结果表明综合考虑产量、含糖率、产糖量因素，最佳组合为 W2N2P2K3（灌水量为 1737.0m^3/hm^2、氮肥用量为 90.0kg/hm^2、磷肥用量为 52.5kg/hm^2、钾肥用量为 225.0kg/hm^2）；Jerry 等(2001)认为合理的水肥措施可以提高作物产量及其水分利用效率；安华明等（2007）的研究表明水肥耦合效应对柑橘产量影响显著，可显著提高柑橘产量水平，进而说明了水肥耦合可提高水肥利用率。

国内外这些专家学者在自身领域内均取得了突出的成绩和效果，研究新疆特色林果灌溉制度的多，研究特色林果区域耗水规律和水肥耦合效应的少，系统考虑全疆滴灌节水关键技术、合理施用水肥量的更少。

中共中央办公厅发2017年70号文要求，到2020年兵团灌水利用系数提高到0.6。为响应国家节水政策，以及普及滴灌技术，本书针对吐哈盆地葡萄种植技术、南疆沙区枣树栽培技术滴灌应用存在的问题展开研究论述，提出滴灌条件下当地葡萄及红枣最优毛管设计参数、灌溉制度以及水肥高效利用模式。相关研究成果对提高东疆及南疆灌溉水利用系数，为当地农业及社会经济发展提供水资源保障，对指导当地葡萄、红枣种植，优化当地林果业结构，促进当地特色林果业发展，增加农民收入具有重要作用。研究成果在干旱半干旱地区有普遍的应用价值，将扩大微灌技术的应用范围和规模，对干旱区特色瓜果产业实现高效用水和可持续发展具有重要意义。同时，不同水肥用量可对作物耗水、生理、产量及品质产生不同程度的影响。合理的水肥用量可以提高作物光合能力、水肥利用效率、产量及品质，对缓解全球水资源紧张问题同样有着借鉴影响的作用。

第三节　本书研究内容、研究目标及主要研究结果

一、研究内容

本书选择具有典型代表性的吐哈盆地滴灌葡萄和南疆沙区滴灌红枣为对象，采用资料分析、水分定点监测、田间调查、模型构建等方法，研究新疆特色林果滴灌毛管布置方式，探究滴灌葡萄、红枣耗水规律、适宜灌溉制度以及水肥耦合效应。

1. 哈密地区不同滴灌毛管设计对葡萄、大枣耗水规律和生长情况、产量及品质的影响

通过监测滴灌葡萄、大枣不同生育阶段土壤水分及养分的变化，计算不同滴灌毛管设计葡萄、大枣各阶段的耗水强度、耗水量、耗水模数等耗水特征，分析不同毛管铺设对其耗水的影响，分析各生育阶段土壤水分指标，制定适宜的滴灌毛管设计方案。通过不同的毛管设计条件控制葡萄、大枣的水肥消耗量，通过对葡萄、大枣产量及其品质的观测对比，分析不同毛管设计对葡萄、大枣吸收水分和养分的影响。根据果树的产量和水肥利用效率，确定各阶段需水需肥规律，探求适宜果树生长所需最佳灌水量和施肥量、最优的滴灌毛管设计方案。

2. 吐哈盆地滴灌葡萄耗水规律及灌溉制度研究

针对吐哈盆地极端干旱气候下葡萄滴灌技术应用存在的问题，以提高水分生产效率为目标，研究葡萄滴灌下的耗水规律。根据葡萄生育期的耗水特性，研究在棚架栽培模式下成龄葡萄滴灌的灌水定额及灌水频率，确定该地区滴灌葡萄的适宜灌溉制度，从而为极端干旱区葡萄的节水丰产提供理论参考。

3. 吐哈盆地滴灌葡萄水肥耦合效应研究

通过对不同水肥处理下葡萄生长指标（新梢长度、新梢茎粗）、生理指标（叶片含水率、叶绿素相对含量、净光合速率、蒸腾速率、气孔导度、胞间 CO_2 浓度、叶片水分利用效率、原初光化学的最大产量、PSⅡ潜在光化学效率、光化学淬灭系数、非光化学淬灭系数、光抑制程度、PSⅡ实际光化学量子效率及表观电子传递速率）、产量和品质（可溶性固形物、维生素 C 及可滴定酸）的测定，评价分析水肥耦合对滴灌葡萄生理生长及产量品质的影响。选择生理指标（净光合速率、原初光化学的最大产量）、产量和品质（可溶性固形物、维生素 C 及可滴定酸）作为评价水肥耦合效应的指标，使用主成分分析法和灰色关联法确定最优水肥处理，使用回归分析和空间分析法综合评价计算出滴灌葡萄适宜水肥用量区间。

4. 南疆沙区成龄红枣漫灌改滴灌耗水规律及灌溉制度研究

通过测定不同灌水处理下红枣的土壤含水率和盐分以及生理生长及产量品质指标，揭示不同灌溉定额和灌水次数组合下红枣土壤水分和盐分动态变化规律、土壤水分和盐分空间分布特征和一次灌水前后土壤水分、盐分变化规律，探讨不同灌溉定额和灌水次数对漫灌改滴灌红枣自然环境影响因子、叶片净光合速率、叶片蒸腾速率、叶片胞间 CO_2 浓度和叶片气孔导度的影响，揭示不同灌溉定额和灌水次数组合下红枣土壤水分和盐分动态变化规律、土壤水分和盐分空间分布特征和一次灌水前后土壤水分、盐分变化规律，研究不同灌溉定额和灌水次数对漫灌改滴灌红枣干周、株高、新梢生长速率等生长指标的影响，对总糖、总酸和维生素 C 等果实品质指标的影响，以及对产量的影响，研究南疆沙区成龄红枣漫灌改滴灌条件下的耗水规律，确定最优需水量，为南疆沙区成龄红枣漫灌改滴灌高效灌溉技术提供理论依据。

5. 南疆沙区滴灌红枣水肥耦合效应研究

通过对滴灌不同水肥组合的红枣土壤含水率、含盐量、全氮含量、有效钾含量、有效磷含量、生长指标（梢长、梢径）和生理指标（净光合速率、蒸腾速率、气孔导度、胞间 CO_2 浓度、叶片水分利用效率、叶绿素相对含量）的测定，从中选择最优指标以及最佳诊断时期，得出水肥耦合对南疆红枣吸收养分影响效应，探明不同水肥组合对南疆沙区滴灌红枣土壤水分及盐分时空变化的影响规律。探求滴灌红枣所需最佳灌水量和施肥量，寻求水、肥在南疆地区对红枣产量及品质的影响的最佳水肥量。运用回归方法及归一化处理建立水肥投入与产量的数学模型，得出适宜的水肥区间。

二、研究目标

本书针对吐哈盆地葡萄种植技术、南疆沙区枣树栽培技术滴灌应用存在的问题展开研究论述，提出滴灌条件下当地葡萄及红枣最优毛管设计参数、灌溉制度以及水肥高效利用模式。相关研究成果对提高东疆及南疆灌溉水利用系数，为当地农业及社会经济发展提供水资源保障，对指导当地葡萄、红枣种植，优化当地林果业结构，促进当地特色林果业发展，增加农民收入具有重要作用。

三、主要研究结果

(1) 滴灌工程的设计需要结合工程地的地理、人文、资源等特点按照滴灌系统的设计原则和规范要求进行科学合理布设。在像哈密这样极端干旱气候下发展经济林果业，尤其要采用比较先进的高效节水技术，即科学合理的果树滴灌系统。果树的生长量随着毛管铺设数量的增多而表现出更快更好的增长态势，但并非呈标准线性增长，而是趋于平缓，说明果树的生长状况并不是灌水量或者铺设的毛管越多越好。在单纯的工程投资效益方面分析：对于葡萄，在1行1管、1行2管、1行3管和1行4管4种毛管铺设方式下，滴灌系统管带及水电的投入分别为1245元/hm^2、2400元/hm^2、3480元/hm^2、4545元/hm^2，与传统的沟灌4950元/hm^2的投入而产量为32.25t/hm^2相比，其产量分别为27.9t/hm^2、34.97t/hm^2、36.3t/hm^2、37.8t/hm^2，故1行3管的毛管铺设方式最为经济合理；而对于红枣，4种毛管铺设方式下滴灌系统管带及水电的投入分别为1080元/hm^2、1860元/hm^2、2565元/hm^2、3375元/hm^2，与传统的沟灌3225元/hm^2的投入而产量为12t/hm^2相比，其产量分别为10.35t/hm^2、13.95t/hm^2、14.4t/hm^2、20.55t/hm^2，故1行4管的毛管铺设方式最为经济合理。土壤中垂向含水量随着毛管铺设数量的增多也是增大的，水分主要集中在20～70cm的土层深度，被果树的根系所吸收，而且每次灌水前土壤含水率都较低，建议把灌水周期适当缩短。哈密葡萄和大枣应用该滴灌系统，其生长发育状况较使用传统沟灌并无明显差异，但节水增产效益显著。葡萄和大枣的最优毛管设计和最优灌溉定额分别是1行3管的915mm和1行4管的675mm，葡萄和大枣的纯经济效益可以分别提高4%和8%左右，而且还节约了大量的劳动量。

(2) 灌水量对吐哈盆地滴灌葡萄土壤水分含量有显著影响（$P<0.05$），灌水量越大，土壤含水率越大。当地葡萄吸收根系在垂直方向上主要分布在0～60cm土层内时，水平方向上主要分布在1m宽度内。在葡萄生育期内各灌水处

理灌前土壤含水率偏低，应适当缩短灌水周期。葡萄在全生育期的耗水量是个动态变量，在浆果生长期耗水量最大，浆果成熟期次之，然后是新梢生长期和枝蔓成熟期，萌芽期和花期的耗水量较小；葡萄滴灌下各生育期耗水强度分别为：萌芽期 3.14～3.7mm/d，新梢生长期 4.38～5.44mm/d，花期 4.66～5.94mm/d，果实膨大期 6.32～8.02mm/d，成熟期 6.02～6.67mm/d，枝蔓成熟期 2.66～3.58mm/d。利用彭曼-蒙蒂斯（Penman - Monteith）公式计算了当地参考作物需水量，得出了当地葡萄滴灌不同灌水量下的作物系数，其变化趋势是两头小，中间大，在浆果生长期的作物系数最大，峰值为 1.34，在浆果成熟期开始减小，枝蔓成熟期剧减。葡萄在滴灌下的生长发育正常，在生育前期生长较快，后期较慢；葡萄产量不随灌水量的增加而增加，当灌水量为 750mm 时，产量达到最大。结合当地丰产经验，通过理论分析计算得到吐哈盆地滴灌葡萄全生育期适宜灌溉定额为 745mm，总灌水次数为 27 次。其中，萌芽期 2 次，灌水量为 44mm；新梢生长期 5 次，灌水量为 140mm；花期 1 次，灌水量为 28mm；浆果生长期 7 次，灌水量为 196mm；浆果成熟期 8 次，灌水量为 224mm；枝蔓成熟期 3 次，灌水量为 78mm；冬灌 1 次，灌水量为 35mm。

（3）灌水因素对葡萄树耗水量的影响显著（$P<0.05$），灌水因素及水肥耦合效应对耗水强度的影响极显著（$P<0.01$），施肥对耗水量、耗水强度的影响不显著（$P>0.05$）。不同水肥处理下葡萄全生育期总耗水量维持在 665.96～902.9mm 之间。浆果生长期和浆果成熟期为葡萄需水的高峰期。耗水强度随生育期的推进总体呈先增大再减小的趋势。其中 W3F2 处理下的耗水规律可视为区域内葡萄需水规律，结合气象数据计算的葡萄作物系数萌芽期为 0.80，新梢生长期为 1.09，花期为 1.13，浆果生长期为 1.07，浆果成熟期为 1.03，枝蔓成熟期为 0.82，随生育期的推进总体呈先增大再减小的趋势。水肥耦合效应及灌水因素对不同时间节点下滴灌葡萄新梢长度和茎粗的影响均达到极显著水平（$P<0.01$），施肥因素对不同时间节点下滴灌葡萄新梢长度和茎粗的影响均达到显著水平（$P<0.05$），不同时间节点下滴灌葡萄新梢长度和茎粗在不同水肥处理下表现为：同一施肥条件下，葡萄新梢长度和茎粗随灌水量的增加呈先增大再减小的趋势；同一灌水条件下，葡萄新梢长度和茎粗随施肥量的增加而增加。水肥耦合效应对滴灌葡萄叶片相对含水率的影响达到显著水平（$P<0.05$），对叶片饱和含水率的影响达到极显著水平（$P<0.01$），叶片含水率在水肥区间内呈规律性变化趋势。不同水肥处理下滴灌葡萄叶片叶绿素相对含量随生育期的推进总体呈现逐渐增大的趋势，增长速率则呈现逐渐降低趋势，且同一时间节点下，叶片叶绿素相对含量与水肥用量呈正相关。水肥耦合效应对不同生育期滴灌葡萄叶片净光合速率（P_n）、蒸腾速率（T_r）、气孔导度（G_s）、胞间 CO_2 浓度（C_i）和叶片水分利用效率（WUE）的影响均达到极显著水平（$P<0.01$），

不同水肥处理滴灌葡萄 P_n、T_r、G_s 和 WUE 均随生育期的推进呈现先增大再减小的趋势，在浆果生长期达到最大，C_i 表现出相反趋势；不同生育期内各指标随水肥用量的增减均呈规律性变化趋势。水肥耦合效应对不同生育期滴灌葡萄叶片原初光化学的最大产量（F_v/F_m）、PSⅡ潜在光化学效率（F_v/F_0）、光化学淬灭系数（q^P）、非光化学淬灭系数（q^N）、光抑制程度（$1-q^P/q^N$）、PSⅡ实际光化学量子效率（ΦPSⅡ）和表观电子传递效率（ETR）的影响均达到极显著水平（$P<0.01$）；不同水肥处理下滴灌葡萄叶片 F_v/F_m、F_v/F_0、q^P、ΦPSⅡ和 ETR 均随着生育期的推进呈现先增大再减小的趋势，在浆果生长期达到最大。而 q^N 和 $1-q^P/q^N$ 表现出相反趋势；不同生育期内各指标随水肥用量的增减均呈规律性变化趋势。水肥耦合效应对滴灌葡萄产量、水肥利用效率及品质的影响均达到极显著水平（$P<0.01$），品质指标总体在灌水量为 750mm、施肥量为 750kg/hm^2 时达到较优水平。基于主成分分析法和灰色关联分析法对滴灌葡萄响应指标净光合速率（P_n）、原初光化学的最大产量（F_v/F_m）、产量、灌溉水利用效率、肥料偏生产力、可溶性固形物、可滴定酸及维生素 C 进行综合评价，得出最优水肥处理为灌水量 750mm、施肥量 750kg/hm^2，其中 N300kg/hm^2、$P_2O_5$150kg/hm^2、K_2O300kg/hm^2。运用多元回归法构建滴灌葡萄各响应指标与水肥用量的二元二次回归方程，结合归一化方法，将≥0.85 区域定义为合理的可接受范围，最终确定极端干旱区滴灌葡萄水肥适宜用量为：灌水量 725～825mm；施肥量 684～889kg/hm^2，其中 N273.6～355.6kg/hm^2、$P_2O_5$136.8～177.8kg/hm^2、K_2O273.6～355.6kg/hm^2。

（4）灌溉定额和灌水次数对漫灌改滴灌红枣的土壤水分时空分布影响显著（$P<0.05$）。时间尺度上增加灌水次数和灌溉定额有利于土壤水分保持在均衡和充足的状态，1050mm 灌溉定额、18 次灌水频率处理和 1200mm 灌溉定额、18 次灌水频率处理下，在整个观测期内土壤平均含水率始终保持在较高水平。垂直分布上，灌溉定额越大，水分入渗深度越深；水平分布上，距离滴灌带越远，土壤含水率越低，在 900mm、1050mm 灌溉定额条件下，灌水次数越多，这种变化幅度明显。灌溉定额和灌水次数对漫灌改滴灌红枣的土壤盐分时空分布影响显著（$P<0.05$）。时间尺度上各灌溉定额及灌水次数处理新梢期或花期含盐量最大，当灌溉定额和灌水次数增大时首先降低 0～100cm 土层深度的含盐量，灌溉定额继续增大时开始显著降低 100cm 以下土层深度盐分含量。垂直分布上，灌溉定额越大，淋洗深度越深，灌溉定额由 900mm 增加至 1200mm 时盐分淋洗深度由 50cm 增加至 90cm。水平分布上，距离滴灌带越远，盐分含量越高，灌溉定额主要影响 0～20cm 土层深度盐分分布，灌溉定额越大，土壤平均含盐量越高，水平方向上的含盐量差值越大；灌水次数主要影响 0～80cm 土层深度盐分分布，灌水次数越多，水平方向含盐量差值越小。灌溉定额和灌水次数对漫

灌改滴灌红枣的光合特性影响十分显著。净光合速率和气孔导度日变化呈“上升—下降—上升—下降”的双峰变化规律，两峰值相差不大，各灌水处理“光合午休”现象明显，10 次灌水处理光合午休时间出现在 16：00 时，14 次、18 次灌水处理光合午休时间出现在 14：00 时；蒸腾速率日变化呈“上升—下降”的单峰变化趋势；胞间 CO_2 浓度呈“下降—上升”的日变化规律。净光合速率日均值随着灌溉定额的增大而增大，增加灌水次数可以明显提高净光合速率，特别是在低、高灌溉定额水平条件下。灌溉定额和灌水次数对漫灌改滴灌红枣的耗水规律影响十分显著。各灌水处理耗水强度呈先增大后减小的变化趋势，表现为：白熟期＞花期＞膨大期＞新梢期＞萌芽期＞完熟期，花期、膨大期阶段耗水量占整个生育期比重较大。相同灌水次数时各灌水处理整个生育期耗水量均随着灌溉定额的增加而增大，在整个生育期内增大灌溉定额显著提升了花期和膨大期的阶段耗水量。漫灌改滴灌枣树的需水关键期是花期、膨大期，要及时灌水施肥，满足水分和养分需求。灌溉定额和灌水次数对漫灌改滴灌红枣的生长和品质影响十分显著。900mm 灌溉定额显著抑制了漫灌改滴灌红枣株高的生长发育，灌水次数对株高没有显著影响。1050mm、1200mm 灌溉定额条件下，增加灌水次数可以减少枣树干周的生长发育速度，将更多的水分和养分供给于枣树新梢，增加新梢发生率，加快新梢生长速度。增加灌溉定额和灌水次数有利于提高红枣产量，但不利于糖分和维生素 C 的积累，品质会略有下降。灌溉定额和灌水次数对漫灌改滴灌红枣的产量和水分利用效率影响显著（$P<0.05$）。在节约农业用水的前提下，合理的灌水组合是产出最佳的经济效益的有效方法。本试验条件下，灌溉定额 1050mm、灌水次数 18 次处理的产量连续两年最高，水分利用效率最好，2015 年为 7148kg/hm^2，2016 年为 7549kg/hm^2，相比漫灌有效节约灌溉水量 30%，提高水分利用效率 50%以上。

（5）在 0～40cm 土层，灌水对南疆沙区滴灌红枣萌芽新梢期、花期土壤含水率，全生育期土壤含盐量的影响显著（$P<0.05$），施肥对红枣萌芽新梢期土壤含盐量的影响显著（$P<0.05$），水肥耦合效应对红枣全生育期土壤含水率、含盐量的影响显著（$P<0.05$）；在 40～100cm 土层中，灌水对萌芽新梢期土壤含水率影响显著（$P<0.05$），施肥对红枣全生育期影响不显著（$P>0.05$），水肥交互作用对红枣全生育期的影响达到极显著水平（$P<0.01$）；不同水肥处理的土壤水盐空间变化均为中等变异。对于土壤养分而言，灌水或施肥单因素对红枣花期、膨大期土壤养分的影响为显著性差异（$P<0.05$）；水肥耦合效应对土壤全氮量、速效钾、速效磷均达到显著性水平（$P<0.05$）或极显著水平（$P<0.01$）；不同水肥处理的土壤养分空间变化均为中等变异；本试验条件下，灌水量 820mm、施肥量 765kg/hm^2 能使作物保持一个适宜生长的土壤养分环境。灌水因素对红枣叶片光合特性［净光合速率（P_n）、蒸腾速率（T_r）、气孔导度

(G_s)、胞间 CO_2 浓度(C_i)、水分利用效率(WUE)]、叶绿素相对含量及氮含量、红枣梢径和梢长增加量的影响显著($P<0.05$),水肥交互作用对红枣光合特性、叶绿素相对含量及氮含量、红枣梢径和梢长增加量的影响显著($P<0.05$),红枣叶片净光合速率(P_n)与气孔导度(G_s)日变化呈"双峰型",蒸腾速率(T_r)日变化呈现"单峰型",胞间 CO_2 浓度(C_i)和叶片水分利用效率日变化呈现"单谷型"。本试验条件下,灌水量820mm、施肥量765kg/hm^{2}最有利于红枣生长发育。灌水对红枣灌溉水利用效率($iWUE$)影响达到显著性水平($P<0.05$),施肥对肥料偏生产力(PFP)影响达到显著性水平($P<0.05$),水肥耦合效应对红枣产量及品质指标影响均达到显著水平($P<0.05$),灌水量820mm、施肥量765kg/hm^{2}组合产量最高。红枣净光合速率与蒸腾速率、气孔导度之间密切相关,叶片通过控制气孔导度的开放大小来影响红枣净光合速率和蒸腾速率,其归因于气孔因素;红枣产量与红枣梢径增加量有较好的相关关系,红枣梢径增加量在一定程度上能反映红枣产量。综合水肥耦合对滴灌红枣生理生长、产量及品质的影响,本试验条件下,最优水肥组合为灌水820mm、施肥量765kg/hm^2(F3)。通过建立水肥投入与产量、品质回归方程,模拟计算出适宜灌水施肥量分别为651~806mm和708~810kg/hm^2,其中N311~345kg/hm^2、$P_2O_5$156~178kg/hm^2、K_2O233~267kg/hm^2,该水肥灌溉制度为南疆地区红枣优质高效生产提供重要依据。

第二章　新疆特色林果滴灌毛管设计参数

不同滴灌毛管设计对葡萄大枣各阶段的耗水强度、耗水量、耗水模数等耗水特征影响较大。经过分析各生育阶段土壤水分指标，制订滴灌毛管设计方案，综合考虑农户的利益，对于滴灌葡萄，采用1行3管比较合理。“通过研究我们很容易发现，葡萄在其生育期内并不需要很多的水量，在实际生产中，传统大水浇灌水分的三分之二，或许更多都被浪费掉了。”就本工程试验所研究分析出的结果表明：在新型的滴灌系统中采用1行3管的毛管铺设方式，灌溉定额只要900mm。与灌溉定额高达2700mm的传统漫灌方式相比，其节水率不言而喻。所以大力推广应用滴灌节水技术，既能够达到非常好的节水效果，同时还可以借助这一比较自动化的滴灌系统向土壤中施入适宜且无任何公害性质的土壤活性激发剂，以使植物机体内部的正能量经过一定的激发调节后发挥到最大的效益，从而可以促进葡萄果粒产量和品质的大幅度上升，进而其出售的价格也会大幅度地提高，而且在大田对葡萄运用滴灌系统灌溉，又可以省去农民很多的时间和精力以及很大的劳动强度。据初步统计，在投入产出效益方面，除去农民的大量劳动量不计，只计算水电及滴灌设备材料购置费用，应用这样的滴灌毛管铺设方案，每亩葡萄地可以为农民净增加800元左右的收入。所以通过这次在大田中进行的滴灌系统工程设计的实施，在哈密团场以及在比较干旱的其他地区对葡萄应用科学的节水滴灌毛管铺设技术，将会使广大的团场工人以及众多农户大大获益。

对哈密地区的大枣园，大枣树本身就不属于需水量很大的经济作物，采用一行铺设四根毛管的设计方式对其进行滴灌，在大枣的整个生育期里，只需要675mm的灌溉定额，与以前耗水量大约在2400mm的灌溉定额的传统分畦大水漫灌相比较，其节省水资源的程度更是让人惊讶。所以在哈密地区尽量大范围快速度地全面推广节水滴灌技术就显得尤其迫切，同理在其他相对比较干旱的地区都可以对应布设不同方式的滴灌系统，另外哈密地区盛产的大枣，对该地区经济的大力发展一直都起着非常重要的作用。对于极度干旱的哈密和吐鲁番盆地区域，我国乃至全世界范围内正在面临日益匮乏的水资源短缺问题的干旱地区，大力推广滴灌节水技术，不仅可以节省大量的劳力，大幅提高水资源的利用率，连同对果树的施肥种类和用量都有不同程度的节省和改进，而且对该地区水资源的可持续利用也起到很大作用。更重要的是，它比传统的漫灌方式下所获得的产量效益提高了近70%，应用滴灌系统灌溉出来的大枣果实的品质也在很多指标上有相应不同程度的提高。

在哈密地区对当地主要的果树-葡萄和大枣分别应用滴灌系统，或者在原来滴灌工程设计的基础上稍微作一些不同管网设计的改进，如改变滴灌毛管的铺设方式或毛管的滴头间距，或在有无压条件下改变毛管的铺设长度等都可以在不降低果树原来产量和品质的基础上相应地提高作物对水分的利用率。虽然目前在对果树应用上，许多专家学者都已经研究出了各种不同的高效节水省肥的灌溉系统，但由于我国大部分地区存在不同程度的地理和人文的差异性，广大的农民朋友思想观念还没有转变，所以短期内在我国大范围推广应用节水灌溉系统，还存在很多需要解决的难题。

根据试验过程中存在的问题及结论，再结合哈密当地实施滴灌系统工程的简便实用性，在后续的果树滴灌工程系统中有以下建议：首先对葡萄进行滴灌系统布设时仍然按照1行2管的毛管铺设方案，但要适当加大滴灌毛管带的滴头流量或者适当延长灌水时间，使哈密葡萄的灌溉定额达到900mm左右，对大枣园滴灌系统布设时也可以按照1行2管设计，但要尽量增加灌水量达到600mm的灌溉定额，故建议对葡萄和大枣分别将平均灌水周期缩短为5天和9天，平均灌水定额分别为37.5mm和22.5mm；其次是本试验中所选用的滴灌毛管带的具体规格是：黑色HDPE材质的16mm外径的农业专用滴灌带。但滴灌过程中容易堵塞，建议选择质量好点的滴灌带，或者将滴灌水质进一步加强过滤强度。

第一节 试验概况

一、项目区概况

1. 地理位置及气候特征

哈密地区位于新疆东部，是新疆通向祖国内地的要道。其东部与甘肃省的酒泉市相邻，西部与昌吉回族自治州的木垒县和吐鲁番地区的鄯善县毗邻，南部与巴音郭楞蒙古自治州的若羌县接壤，北部以及东北部与蒙古国接壤，有长达586.663km的国界线。另外还设有老爷庙口岸，是国家一类季节性开放口岸，也是新疆地区与蒙古国发展边贸的重要开放性口岸之一。所以哈密地区素有“西域襟喉、中华拱卫”和“新疆门户”之称。

哈密地跨天山南北，山南为哈密市，山北为巴里坤哈萨克自治县和伊吾县，全地区总面积15.3万km^2。有汉、维吾尔、哈萨克、回、蒙古等31个民族，少数民族占30.06%，城镇人口占57.3%。辖区内驻有新疆生产建设兵团第十三师、吐哈油田公司、新钢雅满苏矿业公司、潞安新疆煤化工（集团）有限公司等20多个中央、自治区驻地单位。

本试验基地位于哈密市红星一场园艺二场，所处地理位置在东经93°32′10.09″、北纬42°49′11.23″，距哈密市约18km。海拔960m左右，属典型大陆干旱气候，年平均降水量仅30mm，年平均蒸发量高达3300mm，年平均相对湿度41%，年均日照时间达3360h，年平均气温9.9℃，大于10℃的积温为4260℃，年平均风速2.8m/s，最大冻土深度1.26m，无霜期182天。

2. 社会经济状况

2011年末全地区总人口58.39万人，其中，常住户口人口（户籍人口）54.56万人，未落常住户口人口3.83万人。城镇化率为61.1%。全年出生人口0.59万人，人口出生率10.2‰；死亡人口0.25万人，死亡率4.3‰。人口自然增长率5.8‰。全地区暂住人口27.71万人。全年城镇居民人均可支配收入15666元，人均消费性支出12646元。农村居民人均纯收入7318元，人均生活消费支出6464元。

农业产业结构调整步伐进一步加快，按照“调粮、退棉、增经、扩草”的思路，大力发展特色林果业、设施农业和现代畜牧业，优势特色产业基地规模不断扩大。全地区农作物播种面积91.07万亩，较上年增长5.1%。设施农业逐步成为“南园”经济中的主导产业。共完成人工造林3.32万亩，全地区大枣种植面积达32.86万亩，其中新植红枣1.8万亩，葡萄种植面积5.61万亩，葡萄和大枣比上一年增长1.0%和4.8%。哈密地区正在巩固、完善、提高设施农业和以哈密大枣、葡萄为主的特色林果业发展成果，转变农业发展方式，加大农业科技创新和现代农业示范区建设，促进农业生产经营专业化、标准化、规范化、集约化。

3. 项目区水资源现状

年均水资源总量16.86亿m^3，人均水资源2888m^3。中型水库蓄水量0.12亿m^3，年均用水总量10.38亿m^3，其中，生活用水0.66亿m^3，工业用水0.65亿m^3，农业用水8.34亿m^3，人均用水量约为1778m^3。其中农业灌溉用水主要是地下水，占灌溉用水的90%以上，水质符合滴灌用水要求。

4. 项目区交通状况

目前项目区有直接通往市区的公路从项目区北边经过，田间有生产道路配套，均可作为工程施工的交通道路。

5. 项目区电力设施状况

整个项目区内电力设施完善，境内10kV线路遍及整个红星一场，电力线基本拉到田间地头。项目区的电力设施状况基本满足生产生活用电及项目实施时施工用电需求。

6. 项目主要材料供应状况

工程用水泥由二道湖工业区水泥厂供应，运距为20km，钢筋、木材从哈密市获取，运距30km。混凝土骨料由二道湖砂石料场获取，运距为68km。区外材料物亦可由供货点直接运往工地。

二、哈密第十三师滴灌葡萄工程总体设计

1. 节水灌溉系统组成和主要设施配置

根据水源情况及地形条件确定微灌系统为加压滴灌系统，其工程建设主要由水源工程、首部控制工程（枢纽）、输配水工程及田间工程等四部分组成。首部控制工程（枢纽）由加压泵、过滤装置、施肥罐，以及相应的配电设备、电控压力表、水表、空气阀等组成。田间工程由地埋干管、地面管网和灌水器组成。干管选UPVC管，地面管用PE管。滴灌带沿葡萄沟平行布置，每行葡萄铺两条滴灌带，田间布置如图2-1～图2-3所示。

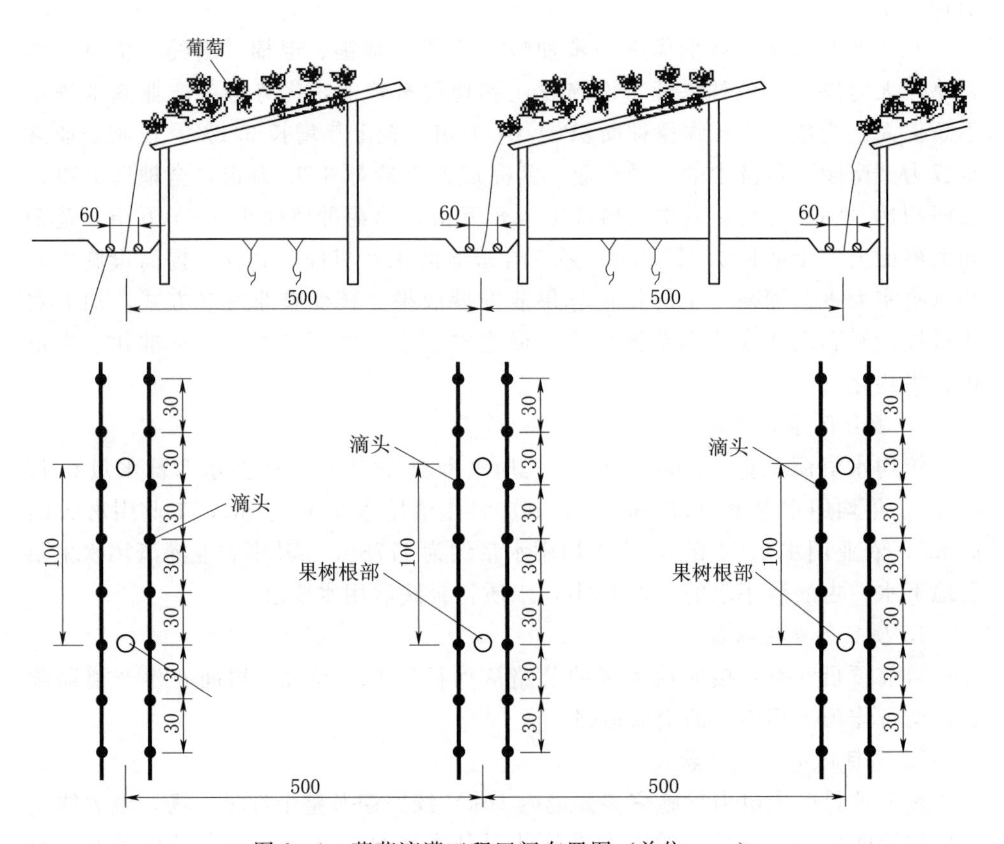

图2-1 葡萄滴灌工程田间布置图（单位：cm）

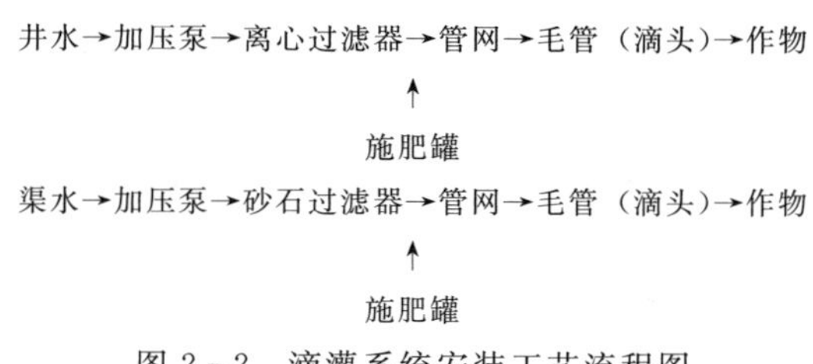

图 2-2 滴灌系统安装工艺流程图

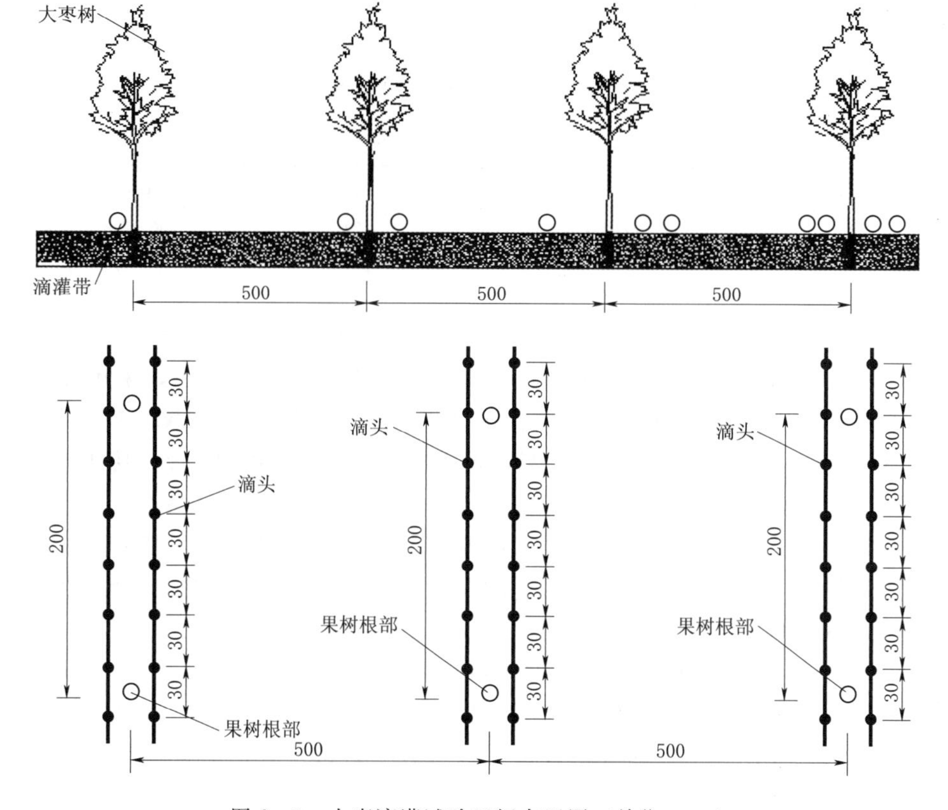

图 2-3 大枣滴灌试验田间布置图（单位：cm）

2. 滴灌葡萄工程设计技术规范

第十三师计划在红星一场的葡萄条田进行滴灌系统试运行，此工程的总体设计如下：工程系统一灌溉面积有 372 亩（24.8hm^2），工程等别为 2 级，主体建筑物级别为 4 级，次要建筑物及临时建筑物为 5 级。工程的主要技术规范规程依据如下：

（1）《微灌工程技术规范》（GB/T 50485—2009）。

（2）《节水灌溉工程技术规范》（GB/T 50363—2006）。

（3）《喷灌与微灌工程技术管理规程》（SL 236—99）。

(4)《地埋硬聚氯乙烯给水管道工程技术规程》(CECS 17：2000) 中国工程建设标准化协会标准。

(5)《新疆生产建设农场地下水资源开发利用规划报告》。

(6)《1997—2011 年农场土地利用总体规划》。

(7)《项目区测量报告》。

(8)《项目区工程地质及水文地质勘察报告》。

3. 工程系统一总体布置

(1) 按照农场现状种植模式和井、林带、道路分布状况，承包户承包土地情况和管理划分试验区项目工程系统。系统布局见表 2-1。

表 2-1　　工程规模及布局表

系统编号	条田编号	面积/亩	合计/亩
系统一	条田一号	124	372
	条田二号	124	
	条田三号	124	

项目区种植葡萄，系统一水源为井水，其余系统水源为渠水，采用加压滴灌，其工艺流程如图 2-2 所示。选择地埋干管、分干管采用 PVC-U 塑料管，出地管采用 1.0MPa PVC-U 塑料管，地表支管和毛管采用 PE 管，其他管件配套齐全。

(2) 首部系统布置。水源为渠水：首部枢纽由加压离心泵、变压器、启动箱、过滤设施（砂石过滤器+筛网过滤器）、压差式施肥等组成，并装有闸阀、逆止阀、排气阀、压力表、球阀等量测安全保护和控制设备。

(3) 田间管道及管件布置。滴灌系统的主要田间管道由地埋 PVC-U 塑料管、出地 1.0MPa PVC-U 塑料竖管、地表 PE 管组成四级管网。地埋 PVC-U 塑料管道由干管、分干管两级组成，干管与分干管按各条田的具体形状，以优化方式采用鱼骨式或梳型两种方式布置，其中分干管上接 PVC-U 塑料竖管，为地表 PE 支管供水，干管连接系统首部和分干管，为分干管输水。地面管根据连队管理和承包户要求安装辅管灌溉，地表 PE 支管通过辅管与毛管垂直连接，为作物直接供水。连接管道的三通、变径、弯头等管件则根据各系统的管道布置情况分别布置。

(4) 闸阀井布置。干管与分干管连接位置安装阀门处布置闸阀井。

(5) 排水井布置。滴灌系统冬季不运行，在地块地势低处，分干管末端均设置排水井以确保滴灌系统的安全运行。

4. 滴灌设计原则

(1) 充分考虑与项目区内现有道路、林带、输电线的有机衔接，统筹兼顾，尽量发挥原有基础设施的作用。

（2）在充分考虑项目区地形条件的前提下，系统管道布置将力求使管道路线最短、经济。同时管道布置应考虑各用水单元的需要，以达到方便管理，便于组织轮灌。

（3）运行管理方便，充分考虑工程投入运行后科学的运行管理。

（4）设计力求保证系统运行的可靠性、安全性、长久性。在保证安全运行的前提下，节约投资，尽量发挥节水灌溉的最大效益。

（5）根据条田地形条件及农作物种植情况，系统支管及毛管水力设计按均匀坡计算。

5. 项目投资概算及资金筹措

本工程项目（1万亩滴灌）总投资为1023.72万元，全部申请由国家投资，见表2-2。

表2-2　　工程投资表　　单位：万元

建筑工程费	安装工程费	临时工程费	独立费	预备费	水土保持费	总投资
101.83	747.74	21.49	97.16	48.41	7.09	1023.72

6. 项目效益分析及经济评价结果

本工程的兴建可以调整哈密地区的农业结构，提高水的利用率，改善生态环境，扩大经济规模，增加农牧民收入。从水土保持、环境影响评价、经济评价等方面都表明本项目是切实可行的。本工程的兴建，势必会加快当地经济向着更高台阶发展，应尽早实施。

项目评价指标包括：经济内部收益率，19.20%；经济净现值（1%～8%），1881.5万元；经济效益费用比，1.39；投资回收期，6.3年。从以上经济指标可知该项目经济上是可行的。

7. 编制依据

（1）《新疆维吾尔自治区国民经济与社会发展第十二个五年规划纲要》。

（2）《自治区党委、自治区人民政府关于进一步提高特色林果业综合生产能力的意见》。

（3）《新疆维吾尔自治区林业发展第十二个五年规划》。

（4）《新疆维吾尔自治区林果产业发展与建设规划》。

（5）《哈密地区国民经济和社会发展第十二个五年规划纲要》。

（6）《哈密地区生态建设规划》。

（7）《微灌工程技术规范》（GB/T 50485—2009）。

（8）《水利水电工程等级划分及洪水标准》（SL 252—2000）。

（9）《节水灌溉工程技术规范》（GB/T 50363—2006）。

(10)《农田灌溉水质标准》(GB 5084—2005)。

(11)《灌溉与排水工程设计规范》(GB 50288—2018)。

(12)《建设项目经济评价方法和参数》(第三版)。

8. 存在的问题及欲解决的问题

(1) 存在问题。哈密地区地处新疆东部，与甘肃接壤，位于东疆地区的生态脆弱区，是吐哈盆地风沙危害最严重的地区之一，同时也是全国防沙治沙重点地区。经济以农牧业为主。项目区存在的问题主要有以下几方面：

1) 项目区林果生产灌溉方式相对落后，水资源利用率较低。

2) 针对哈密的成龄葡萄树和大枣树，其根系在多年漫灌条件下分部已经相当广泛，直接采用一般的滴灌系统布设1行1管或1行2管的滴灌毛管布设带恐怕满足不了果树对水分的需要。

3) 果园灌溉制度混乱、林果种植管理水平低。

4) 项目区人民科技知识匮乏，生产技术水平低。

(2) 计划研究的问题。主要针对以上存在问题中的第二点，对于哈密地区1998年定植的成龄葡萄树和2000年定植的成龄大枣树，由于其根系在多年的大水漫灌条件下在土壤中的分布已经很广泛，故在一般滴灌系统中毛管布设基础上增设1行3管和1行4管两种毛管铺设方式，研究葡萄和大枣在4种毛管铺设方式下生长状况，产量以及土壤中水分含量的变化，进而找出当地果树的最优滴灌毛管布设方式。通过此次试验项目的建设，可以改善农民生产生活水平，加大科技知识的普及，提高项目区人民的经济收入。

三、试验小区概况

1. 试验地的选取及果树栽培模式

选择实验葡萄品种为无核白，1998年定植，树龄13年，大沟定植，东西走向，沟长51m，沟宽1.0～1.2m，沟深0.6m左右。葡萄株距1m，行距5m，栽培方式为小棚架栽培。大枣品种为哈密大枣，2000年定植，树龄11年，当地种植模式为行距5m，株距2m。试验区内地下水埋深10m以下，试验区以渠水和机井水为水源，当渠水来水不足时，采用机井水补充供水，可以满足工程用水需要，且水质符合灌溉水质要求。

2. 试验设计方案布置

选定2.5亩葡萄地和4亩大枣地作为大田试验小区；然后根据周边泵房水渠方位初步拟定滴灌系统布置方案，画出示意图，计算所需试验设备、工具、材料的数量和费用并联系相关部门购置；最后按照经修改完善的试验方案在试验小区进行滴灌系统安装。试验布置如图2-4所示。

通过水泵从水渠独立取水进行灌溉，水泵上装有滤网，为便于调压设有尾

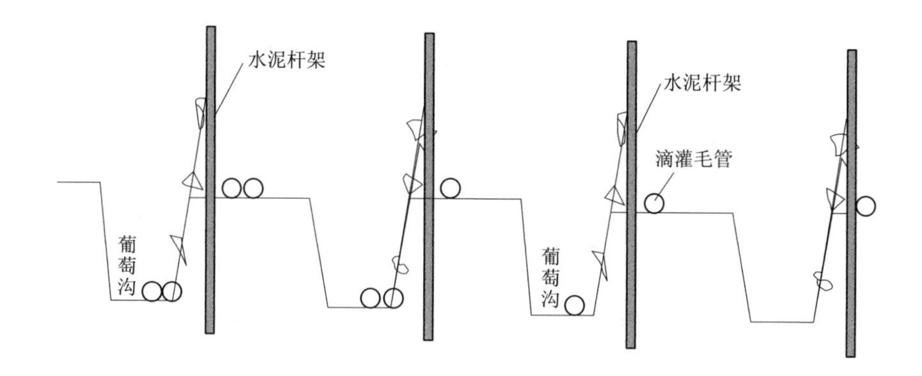

图 2-4 葡萄小区试验布置图

水管，水源经 ϕ50 管输送到试验小区一头，在每一沟（即每一个处理）都安装有水表和球阀，ϕ50 变 ϕ32 再接滴灌毛管带将水滴到每一棵果树根系分布附近。滴灌毛管带的规格选用滴头流量为 3.0L/h，滴头间距为 30cm。主要将毛管铺设分为：1 行 1 管、1 行 2 管、1 行 3 管和 1 行 4 管 4 种方式，分别设有一组重复，将农户的传统沟灌作为对照，试验过程中每隔 5 天灌一次水，每次灌水时间均为 10h，记录每次每种处理的灌水量，并定期用卷尺和电子游标卡尺测葡萄的新梢、叶片、果穗和果粒的生长量和大枣的枝条和颗粒横径的生长变化量，最后测产，初步估算单位面积的葡萄大枣产量。

四、测定项目及方法

1. 研究方法

采用试验研究与理论分析相结合，其中试验部分需进行大田试验监测。监测的主要包括以下内容：

（1）土壤理化性质测定：采用环刀法测定土壤容重、田间持水量。

（2）气象因素：观测日最高、最低气温，风速、风向、相对湿度、太阳辐射、降雨量等指标。

（3）灌水量：每次灌水前后记录各处理水表读数、工作压力及灌水时间。

（4）土壤水分：取土烘干法和中子仪联合监测：采用取土烘干法及中子仪测定土壤含水量。分别距离葡萄树和枣树根区毛管水平距离 0cm 及 30cm，纵向分 6 层取土。取土深度为 0cm、20cm、40cm、60cm、80cm、100cm。中子仪平均 5 天测一次，灌水前后和降雨前后加测。葡萄园每 5～6 天灌水一次，大枣园每 10～12 天灌水一次，每次灌水前后各取土一次，灌后取土为滴灌灌水 24h 平衡后采用土钻取土，立即装入已知重量的铝盒中带回室内称重、烘干计算其质量含水量。

（5）土壤养分：定期取样，监测土壤养分（主要是N、P、K），分析氮、磷、钾含量。

（6）果树生长状况：各处理标记生长势一致的葡萄树3株，测定标定的新梢长度和新梢基部节粗度（每株标记5个枝条）及主干基部直径。

（7）发芽后定期（10天）调查新梢长度（卷尺）、粗度（游标卡尺）和叶片中脉长度（卷尺）（每株标记5个叶片）及主干基部直径（标记并用游标卡尺测定）。新梢粗度测定部位为新梢基部第二节中部。

（8）在果树膨大期测定标定穗（3个）的纵横径（卷尺）。测定标定的新梢长度，卡尺测量果实纵向和横向尺寸。枝条与果实每10天观测一次。

（9）果实产量测定：在果实成熟期调查标定植株（3株）的产量（单株产量和单果重采用天平称重法），然后折算成亩产量。

2. 毛管布置方式

在葡萄大枣地分别铺设1行1管、1行2管、1行3管和1行4管4种毛管铺设方式，作为4个不同的处理，第2个处理作为平均水平设计不同的灌水量和施肥量共4个梯度，每个处理各重复一次，水肥量取平均水平的0.5、1.5倍和2倍。

3. 果树生长指标测定

（1）新梢长度测定：从4月末制作标签标记位置开始，每5天测定一次，卷尺测量新梢的长度（测量时从新梢的基部发根处至最上部叶片顶端的最高处），精度到0.1cm。

（2）新梢基径测定：自标签标记位置，与新梢生长同步每5天测定一次，使用电子游标卡尺测量，精度0.01cm。

（3）叶片中脉长度测定：标签标记叶片，每5天测定一次，卷尺测量叶片的长度，精度0.1cm（顺便记录下叶片数目）。

（4）果穗生长测定：在之前标签标定的枝条上，使用卷尺测量新梢上果穗的长度（测量时从果穗的基部至最上部），精度0.1cm，从5月4号每5天测定一次，直到6月25号，果穗大小基本不再变化。

（5）果粒大小测定：从6月25号开始，葡萄大枣果粒已经成型，使用电子右边卡尺分别测量之前标记枝条上的葡萄大枣果粒的横径，以此表征其大小变化。

（6）产量测定：8月下旬，葡萄大枣基本成熟，在每一种处理标记的3棵树上分别数葡萄串数目和大枣颗粒数目，摘取具有典型代表的葡萄穗和大枣称量单穗重，百粒重和单粒重，最后计算出各处理的亩产量。

4. 数据处理

试验数据采用 Excel 进行统计分析。试验数据有土壤水分的取土烘干法所得数据和中子仪读数记录数据，两者在比较的基础上通过 Excel 拟合出一个函数，对数据进行综合处理，得出不同数量的毛管铺设方式下葡萄园和大枣园土壤中水分分布状态。

另外在试验过程中对葡萄和大枣整个生育期的各个生长指标以及产量指标通过 Excel 整理分析，作出其生长变化趋势折线图，可以明确看出在不同数量的毛管铺设方式下各自的生长状况。

第二节　毛管铺设方式对果树生育期土壤水分影响

位于哈密市红星一场园艺二场的试验小区属于 20 年前被开垦出来并有效利用的荒地，现称作农垦团场，是哈密特色瓜果种植培育的基地，特别是无核白葡萄和哈密大枣两种果树，畅销全国，驰名中外。被开垦利用的荒地大部分土层比较深厚，土体结构也比较好，上轻下黏，土壤有机质含量较高，是比较肥沃的荒地土壤，根据试验测得准确数据，土壤的基本特性为：一号大枣地为粉质砂壤土，土壤容重为 1.55g/cm^3，田间持水量为 12%，最大冻土深度为 1.26m；十一号无核白葡萄园地土壤质地差一些，属于砂砾质混合壤土，土壤容重为 1.50g/cm^3，田间持水量 11%，最大冻土深度为 1.26m。

本书采用数年来哈密地区一直采用的传统沟灌大田葡萄经验数据，葡萄地灌水投入最少入为 4950 元/hm^2，而采用这 4 种滴灌毛管的铺设方式平均投入分别是 1245 元/hm^2、2400 元/hm^2、3480 元/hm^2、4545 元/hm^2。根据以上试验数据处理分析情况和使用滴灌系统工程预算情况，使用滴灌节省了好多肥料和灌水施肥的人工劳动量，最为经济合理的是采用 1 行 3 管的毛管铺设方式对葡萄进行滴灌，这样不但根据葡萄树根系的分布特征为其更好地提供水肥（林性粹等，2001；郑耀泉等，1996），还节约了水资源，又节省了很多人工劳动量，最终的产量品质较以前还有所提高。

根据当地种植大枣农户多年的经验，采用大水漫灌每亩大枣的灌溉定额为 1.425 万 m^3/hm^2，平均每公顷大枣的水电投入约为 3.225 万元，而采用滴灌这四种不同数量的毛管铺设方式下平均每公顷投入分别为 1080 元、1860 元、2565 元、3375 元。考虑到使用滴灌可以节省肥料，防止许多病虫害的发生，对土壤水分分布及大枣树根系对水肥的充分吸收有积极作用，另外还节省了大量的人工劳动量。所以建议采用 1 行 4 管的铺设方式。

一、不同的毛管铺设方式在葡萄各生育期土壤中水分分布状态

本试验同时用取土烘干法和中子仪标定法对土壤中水分进行测定，然后用

中子数对土壤水分进行率定公式为

$$葡萄地：y=0.0017x+5.0888，R^2=0.9971$$

$$大枣地：y=0.0018x+1.7637，R^2=0.9975$$

式中：y 为100倍的土壤含水率，x 为对应监测的中子数，R^2 为拟合方差。现根据试验所得数据，将中子数换算成土壤含水率对葡萄各生育期土壤中的水分分布分析见表2-3～表2-7，图2-5～图2-9。

表2-3　葡萄萌芽期不同毛管设计下土壤中子数率定后含水率　%

土层深度/cm	1管	2管	3管	4管
0	5.26	5.34	5.36	5.39
20	8.02	9.30	9.47	9.79
40	10.26	12.35	12.49	13.21
60	10.98	13.40	12.95	13.48
80	11.93	13.07	12.19	13.41
100	12.44	15.26	20.63	15.93

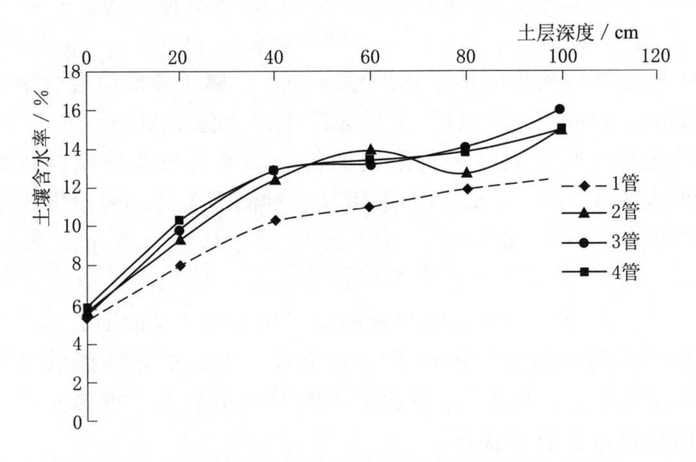

图2-5　葡萄萌芽期不同毛管设计下土壤水分变化图

由图2-5中曲线变化趋势可以看出，4种毛管铺设方式下，土壤中水分变化并不是很大，尤其是1行2管、1行3管和1行4管，但细微的差异还是存在的：1行1管时，图层中的水分明显亏损不足，在葡萄的萌芽期土壤中水分一直在10%左右；而相比较而言，1行3管铺设条件下，土壤中的水分变化比较明显，在土层深度60～100cm范围内土壤中的质量含水率先减小后增大。由此可以推断出对于13年树龄的葡萄在萌芽期主要吸收60～80cm深度的水分，从整个趋势看也符合这一推断，只是1行4管时，土壤中的水分相对较高，说明土壤中的水分随着灌水量的增多时增大的，由1行2管和1行3管的变化情况还可以推测出葡萄树在萌芽期的需水量大约在1行2管条件下就可以满足。

表 2-4　葡萄枝叶生长期不同毛管设计下土壤中子数率定后含水率　%

土层深度/cm	1管	2管	3管	4管
0	5.33	5.41	5.31	5.37
20	8.21	9.92	8.96	9.29
40	10.56	12.80	12.24	12.62
60	10.68	13.28	12.34	13.34
80	11.66	13.07	13.40	13.63
100	12.12	15.13	20.81	15.78

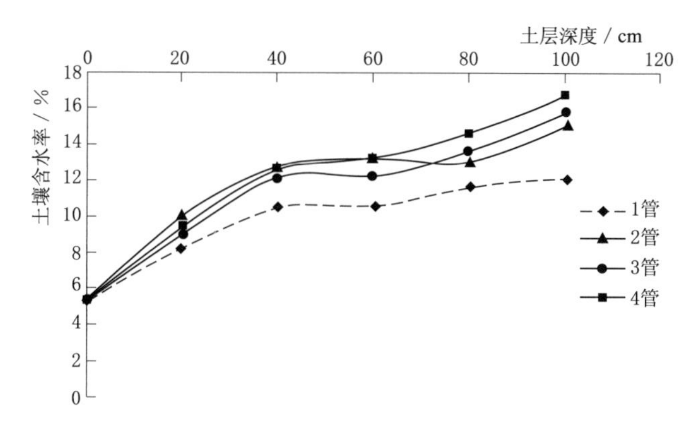

图 2-6　葡萄枝叶生长期不同毛管设计下土壤水分变化图

由图2-6可以看出：1行1管的毛管设计仍然明显缺水，土壤中的水分含量最低，1行4管相对较高，说明水分充足，1行3管在土层深度为80～100cm时变化比较大，结合图中的1行3管土壤深度在60～100cm时水分的变化情况和有关文献分析，将毛管铺设在葡萄棚架外侧与葡萄根系分布相吻合，葡萄的主根系主要分布在棚架的外侧。故根据植物根系的向水向肥性，两根滴灌毛管铺设在棚架外侧一根毛管铺设在棚架内侧与1行2管、1行4管对策分布式更有益于葡萄根系的吸水。总体看：葡萄在枝叶生长期主要吸收40～80cm的水分，1行3管的毛管设计条件下应该是比较能够满足葡萄生长发育需要的。

表 2-5　葡萄花期不同毛管设计下土壤中子数率定后含水率　%

土层深度/cm	1管	2管	3管	4管
0	5.24	5.29	5.35	5.43
20	7.77	8.47	8.70	9.62
40	10.08	12.03	11.31	13.29

续表

土层深度/cm	1管	2管	3管	4管
60	10.61	12.32	12.02	13.16
80	11.13	11.66	12.10	12.97
100	12.32	13.68	18.83	15.00

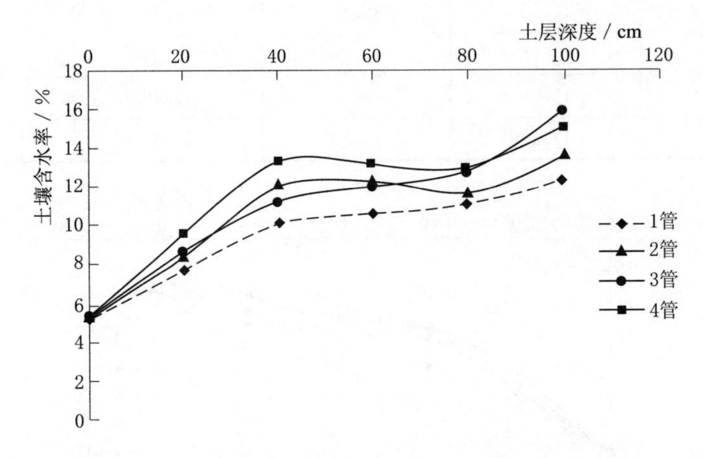

图 2-7 葡萄花期不同毛管设计下土壤水分变化图

由图 2-7 可以看出：很明显 1 行 4 管的毛管铺设方式时，土壤中的水分已经显得多余，1 行 2 管和 1 行 3 管相差不大，只是 1 行 3 管时水分更充足，1 行 2 管时水分利用率最高，1 行 1 管不能够提供葡萄树所需的水分供应量。从图中还可以看出：葡萄树在花期主要吸收 40～80cm 深度的水分，0～40cm 土层内随着灌水量的增加土壤水分增加，主要耗散量在于植物蒸腾作用和棵间蒸发，80～100cm 水分呈逐渐增长趋势是由于土壤中的水分下渗作用，植物根系又很少吸收的原因。

表 2-6 葡萄果实膨大期不同毛管设计下土壤中子数率定后含水率 %

土层深度/cm	1管	2管	3管	4管
0	5.37	5.32	5.33	5.35
20	8.15	8.80	9.06	10.23
40	10.44	13.41	13.00	12.34
60	11.19	13.89	13.18	12.64
80	11.49	13.94	13.35	13.57
100	12.67	15.14	20.90	16.42

由图 2-8 曲线变化趋势可以看出：葡萄树在果实膨大期，不同的滴灌毛管设计条件下土壤中的水分变化情况，随着土层深度的增加土壤含水率是逐渐增

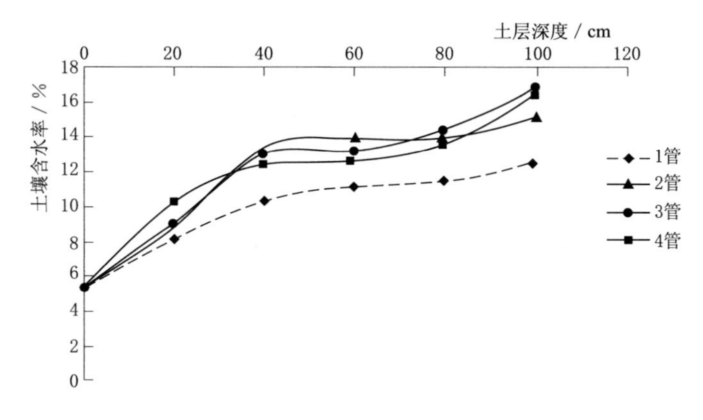

图 2-8 葡萄果实膨大期不同毛管设计下土壤水分变化图

加的，但 1 行 1 管的铺设比 1 行 4 管的铺设明显水分亏缺，1 行 2 管和 1 行 3 管相差不大。到 80cm 深度以后，1 行 3 管的含水率较其他明显偏高。很可能是因为葡萄树在 1 行 3 管的毛管设计条件下主要吸收 20～70cm 的水分，故 80cm 以后土壤中的水分偏高。同时也可以推断出：在同等灌水时间下，1 行 2 管的毛管铺设基本就可以满足葡萄对水分的需求。

表 2-7　　葡萄成熟期不同毛管设计下土壤中子数率定后含水率　　%

土层深度/cm	1 管	2 管	3 管	4 管
0	5.29	5.33	5.34	5.41
20	8.46	9.00	9.72	9.93
40	9.99	13.14	13.39	13.19
60	10.44	13.66	13.82	13.64
80	11.30	13.72	13.93	14.51
100	12.44	15.25	21.30	15.52

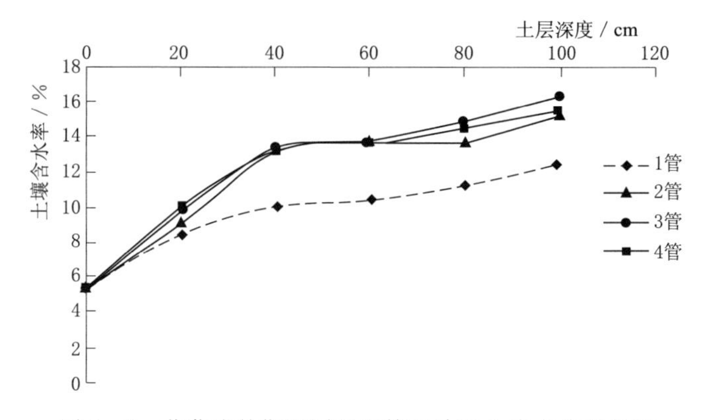

图 2-9 葡萄成熟期不同的毛管设计下土壤水分变化图

由图 2－9 可以看出：0～20cm 由于地表蒸发，在灌水后土壤中的水分变化在 4 种毛管设计情况下基本一致。在葡萄成熟期，1 行 1 管的毛管设计时土壤中的水分含量依旧是最低的，明显不能满足葡萄树的需水要求。而其他 3 种毛管设计方式下土壤中的水分变化基本保持一致，只有 1 行 3 管设计时在 80cm 以下土壤中的水分突然增高，成熟期葡萄树的生长生理特性表现比较已经比较稳定，吸水现象不太明显。而这期间哈密地区天气炎热高温，土壤蒸发又比较强烈，葡萄树的蒸腾蒸发现象也比较剧烈。综合考虑推断极有可能是在 1 行 3 管铺设毛管时，葡萄根系主要吸收 20～70cm 的水分，再往下土壤中的水分就不再需要。而 1 行 2 管和 1 行 4 管对称铺设时，葡萄根系吸水现象比较稳定均匀。

二、不同的毛管铺设方式在大枣土壤中的水分分布规律

根据试验所得数据，将中子数换算成土壤含水率对大枣各生育期土壤中的水分分布分析见表 2－8～表 2－10，图 2－10～图 2－12。

表 2－8　不同毛管设计下大枣萌芽展叶期土壤中子数率定后含水率　%

土层深度/cm	1 管	2 管	3 管	4 管
0	1.88	2.17	2.10	1.95
20	3.35	4.66	4.42	4.11
40	4.18	6.85	6.95	6.71
60	4.76	7.11	6.84	6.81
80	5.52	10.26	9.08	8.78
100	9.80	15.77	10.90	10.95

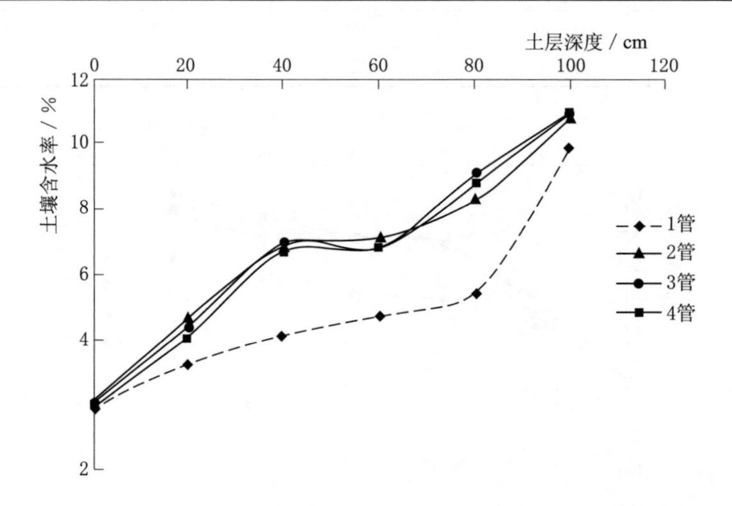

图 2－10　不同毛管设计下大枣萌芽展叶期土壤中水分变化趋势图

由图 2－10 中的曲线变化趋势可以看出：在大枣萌芽展叶期，相同时间的灌水条件下 4 种毛管铺设方式土壤中水分变化含量都是逐渐增多的。但 1 行 1 管时土壤中的水分明显低于其他 3 种毛管铺设。1 行 2 管、1 行 3 管和 1 行 4 管设计时土壤中的水分含量突然升高，而 1 行 1 管铺设时在 80cm 深度之后土壤中的水分才有明显增多，到 100cm 深度时土壤中的水分含量基本保持不变。说明大枣在萌芽展叶期主要吸收 10～60cm 之间土壤中的水分，表层土壤中的水分主要由于地表蒸发作用而没有多大差异。

表 2－9　　不同毛管设计下大枣花期土壤中子数率定后含水率　　%

土层深度/cm	1 管	2 管	3 管	4 管
0	1.90	2.05	2.02	1.93
20	2.96	4.99	4.18	3.49
40	4.32	6.90	7.15	6.42
60	3.63	6.29	6.56	6.17
80	5.37	7.92	7.40	7.34
100	8.58	13.59	11.72	8.62

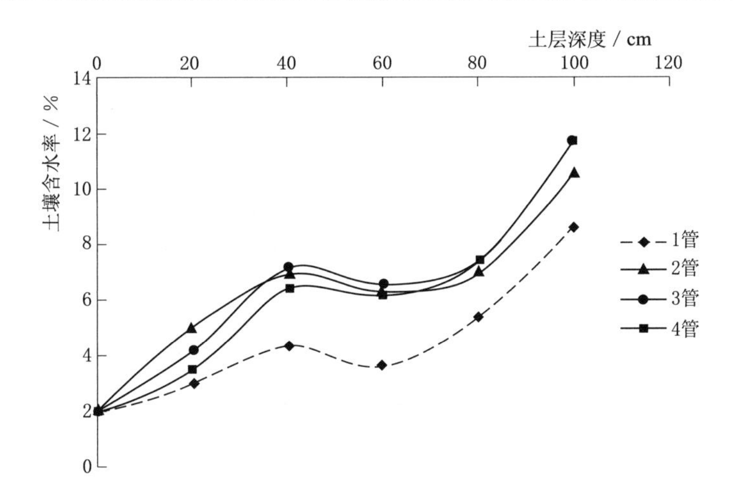

图 2－11　不同毛管设计下大枣花期土壤中水分变化图

由图 2－11 可以看出：大枣在花期时土壤中的水分与图 2－10 中所示变化趋势基本一致，大枣根系主要吸收 20～80cm 土层中的水分。

表 2－10　　不同毛管设计下大枣糖分积累期土壤中子数率定后含水率　　%

土层深度/cm	1 管	2 管	3 管	4 管
0	1.92	2.00	2.07	1.96
20	3.03	4.68	4.60	3.92

续表

土层深度/cm	1管	2管	3管	4管
40	4.11	7.08	6.75	7.13
60	3.79	7.04	7.34	6.81
80	6.58	9.35	8.54	8.19
100	9.02	14.42	12.44	10.95

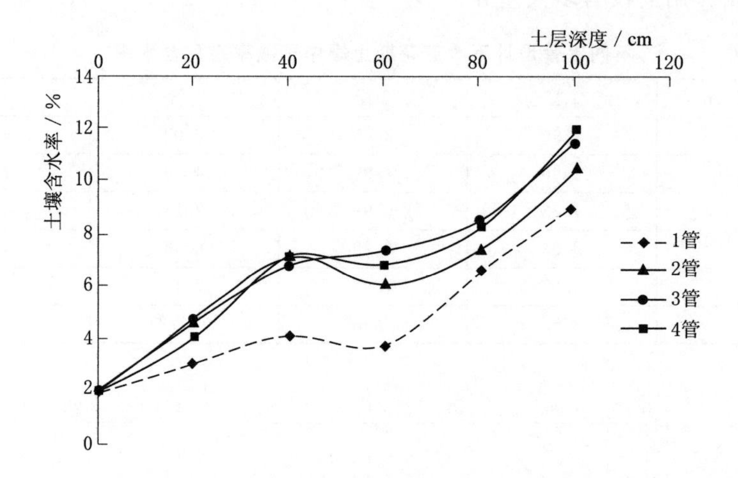

图 2-12 不同毛管设计下大枣糖分积累期土壤中水分变化趋势图

由图 2-12 可以看出：大枣在糖分积累期，四种不同的毛管设计在相同的灌水时间条件下，1 行 1 管的毛管铺设由于滴灌水量较少，所以土壤中的水分明显小于其他 3 种毛管铺设条件；而其他 3 种毛管铺设中 1 行 4 管时土壤中的水分相对较少。说明大枣根系在此期间吸水强度随着灌水量的增大而增大。

第三节 不同滴灌毛管铺设方式对果树生长状况的影响

据了解，吐鲁番-哈密盆地属极端干旱地区，水资源严重短缺，地下水位平均每年下降 0.92m。葡萄大枣是当地的支柱产业，由于灌溉方式落后，葡萄灌溉仍然采用传统的大水漫灌形式，部分区域灌溉定额高达 2700mm，葡萄大枣的耗水量占农业总耗水量的 90%。近几年，工农业用水矛盾日益突出，水资源短缺严重阻碍了当地农业及社会经济的可持续发展。从 2008 年哈密特色瓜果就开始着力推行滴灌技术，但由于大面积的葡萄园种植，泵房、水源水渠供应等条件限制，只是在一些地区进行了一定数量的滴灌试验示范工作，主要针对棉花、哈密瓜这些矮密植类作物，所以仍然有大面积的特色瓜果园林滴灌系统工程尚未得到统一普及。另外，由于刚开始推行，葡萄大枣地滴灌系统的安装调整以及水源循环都还不是很完善，绝大部分农户看不到滴灌系统的优点，又考虑到滴灌系统的成本较传统的沟灌高，所以滴灌系统在特色林果上的应用受到很大限制。因此研究出一种既简单实用又经济合理的科学滴灌系统，对极端干旱的哈密地区特色林果业以及整个地区的水资源可持续都有很大的意义。

一、不同的毛管铺设方式对葡萄树各生长量指标的影响

在整个试验过程中对选定的 2.5 亩葡萄树试验小区分别监测记录了每次每种处理的灌水量，整理汇总 4 种毛管设计的灌溉定额分别为：1 行 1 管为 367.11mm，1 行 2 管为 599.51mm，1 行 3 管为 910.82mm，1 行 4 管为 1154.31mm。$\phi 50$ 主管带和 $\phi 32$ 管以及毛管滴灌带使用费用平均每公顷分别为 525 元、1050 元、1575 元、2100 元，水电费平均每公顷分别为 720 元、1350 元、1905 元、2445 元，葡萄生育期各生长指标变化趋势见图 2－13～图 2－18，表 2－11～表 2－16，最终的估算产量见图 2－19 和表 2－17。

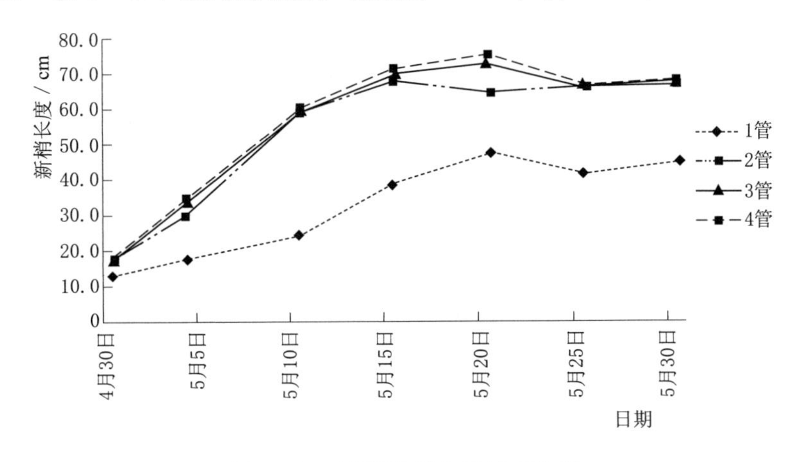

图 2－13　葡萄新梢生长量变化图

表 2－11　　在不同毛管数量铺设时葡萄新梢生长量测量数据　　单位：cm

日期	1 管	2 管	3 管	4 管
4 月 30 日	13.12	17.23	18.32	18.02
5 月 4 日	17.43	29.79	33.10	34.24
5 月 10 日	23.66	58.76	59.88	60.28
5 月 15 日	38.57	68.10	70.24	71.33
5 月 20 日	47.26	64.09	72.78	74.76
5 月 25 日	42.54	66.32	65.64	66.10
5 月 30 日	45.20	66.32	66.96	67.56

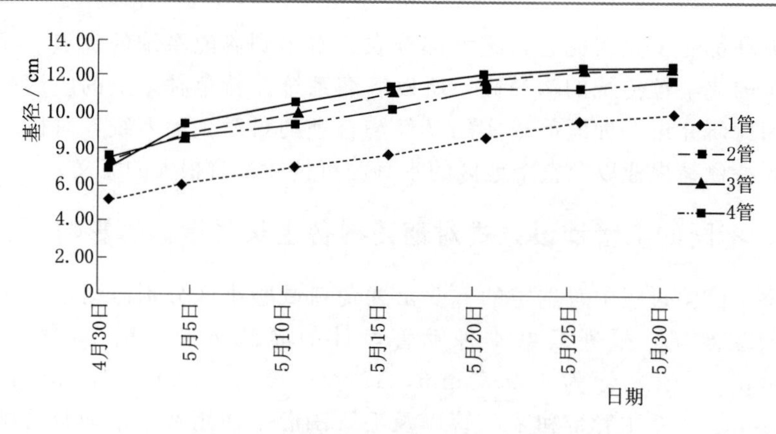

图 2-14 葡萄枝条基径的生长变化图

表 2-12 不同毛管数量铺设时葡萄枝条基径生长量测量数据 单位：mm

日期	1 管	2 管	3 管	4 管
4 月 30 日	5.22	7.40	7.34	6.98
5 月 4 日	5.97	8.55	8.72	9.12
5 月 10 日	7.04	9.42	9.88	10.44
5 月 15 日	7.68	10.21	11.06	11.36
5 月 20 日	8.7	11.24	11.84	12.03
5 月 25 日	9.62	11.38	12.26	12.38
5 月 30 日	9.89	11.82	12.49	12.54

由图 2-13 可以看出：不同的毛管铺设数量，致使水量和肥料量在土壤中水平和垂直方向上分布不同。由图可知对 1 行 1 管的葡萄树新梢生长量影响最大的是水量的限制，明显比其他 3 种处理短小，1 行 4 管的新梢生长状况最好，可见在水肥充足且分布均匀的条件下，葡萄生长良好。图 2-14 中的基径在 4 种处理下呈平行增长势。1 行 4 管的最粗。

表 2-13 不同毛管数量铺设时葡萄叶片数目记录数据 单位：片

日期	1 管	2 管	3 管	4 管
4 月 30 日	4.21	6.40	5.48	6.13
5 月 4 日	5.46	7.47	7.34	7.68
5 月 10 日	6.3	9.62	9.9	10.46
5 月 15 日	6.9	10.33	10.58	11.24
5 月 20 日	7.62	9.76	11.66	12.44
5 月 25 日	8.94	9.44	9.36	9.24
5 月 30 日	8.9	9.44	9.4	9.22

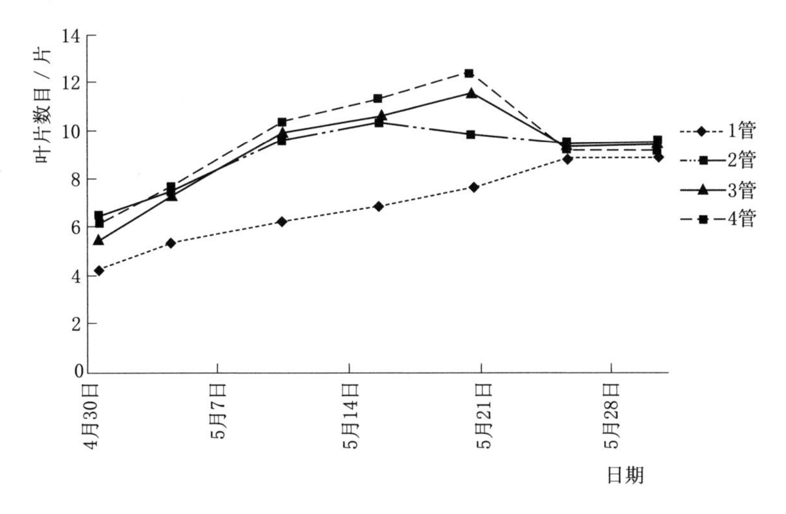

图 2－15　叶片数目的变化

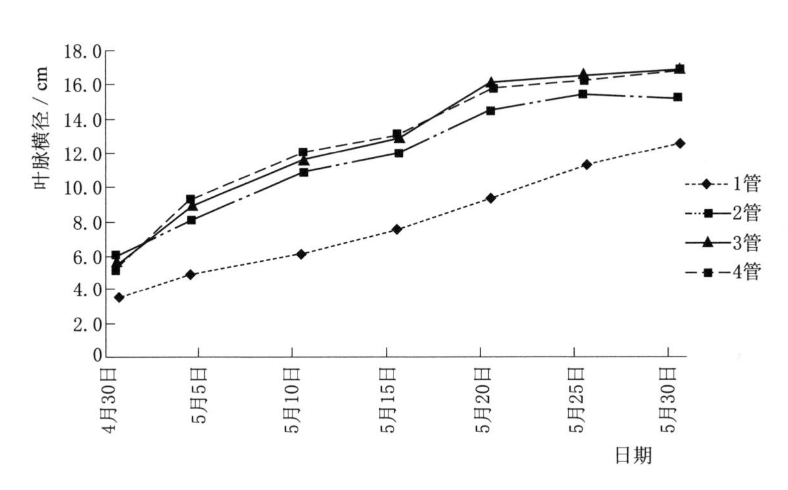

图 2－16　叶片大小（叶脉横径）变化图

表 2－14　不同毛管数量铺设时葡萄叶片大小（叶脉长度）记录数据　单位：cm

日期	1 管	2 管	3 管	4 管
4 月 30 日	3.47	5.87	5.61	5.21
5 月 4 日	4.98	8.08	8.74	9.2
5 月 10 日	6.12	10.90	11.56	12.14
5 月 15 日	7.58	11.92	12.73	12.98
5 月 20 日	9.24	14.57	16.04	15.86
5 月 25 日	11.22	15.31	16.5	16.22
5 月 30 日	12.48	15.31	16.86	16.78

由图 2-15 和图 2-16 可知：葡萄叶片数和叶片大小都随着毛管数量的增多而偏多偏大，增长趋势大致一样，在 5 月 20 号之后由于打顶工作，叶片数趋于稳定。但整体考虑，1 行 2 管、1 行 3 管、1 行 4 管的叶片数量和叶片大小差异都不很大，尤其是 3 管和 4 管几乎一样，考虑到投入成本，4 管反而对葡萄收益有限制。

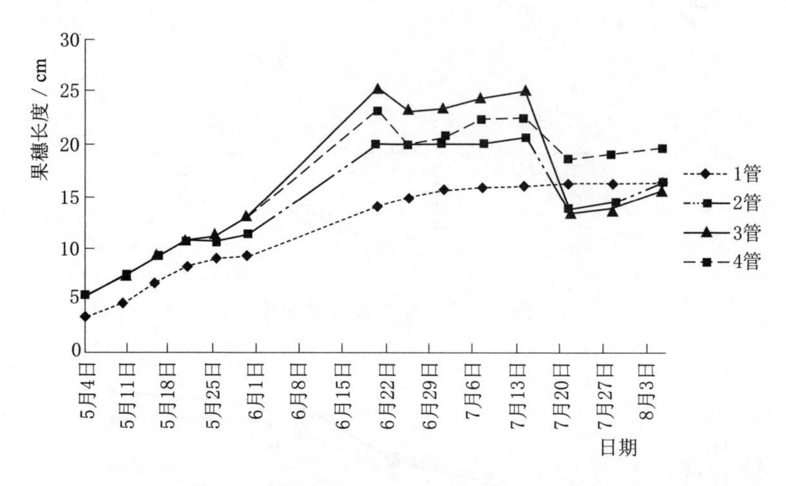

图 2-17 葡萄果穗（果穗长度）的生长变化图

表 2-15 不同毛管数量铺设时葡萄果穗大小（果穗长）记录数据 单位：cm

日期	1 管	2 管	3 管	4 管
5 月 4 日	3.60	5.60	5.92	5.82
5 月 10 日	4.91	7.28	7.18	7.36
5 月 15 日	6.84	9.43	9.64	9.35
5 月 20 日	8.42	10.42	10.77	10.90
5 月 25 日	8.90	10.72	11.26	11.33
5 月 30 日	9.32	11.29	12.88	12.98
6 月 20 日	14.22	19.89	25.60	23.26
6 月 25 日	14.88	20.06	23.20	19.87
7 月 1 日	15.66	19.92	23.50	20.64
7 月 7 日	15.73	20.00	24.30	22.39
7 月 14 日	16.08	20.94	25.20	22.81
7 月 21 日	16.10	13.90	13.50	18.56
7 月 28 日	16.24	14.42	13.90	19.02
8 月 5 日	16.30	16.51	15.80	19.52

由图 2 - 17 可以看出 4 种不同的毛管铺设方式对葡萄果穗大小的影响：在果穗生长过程中 1 行 1 管的增长幅度明显比较小，1 行 3 管处理的相对来说比较大，1 行 2 管和 1 行 4 管的葡萄果穗在生长阶段一直相差不很大，其原因可能是葡萄树的根系分布与 1 行 3 管的毛管布置更吻合，对称布置的 2 管和 4 管生长量相近。

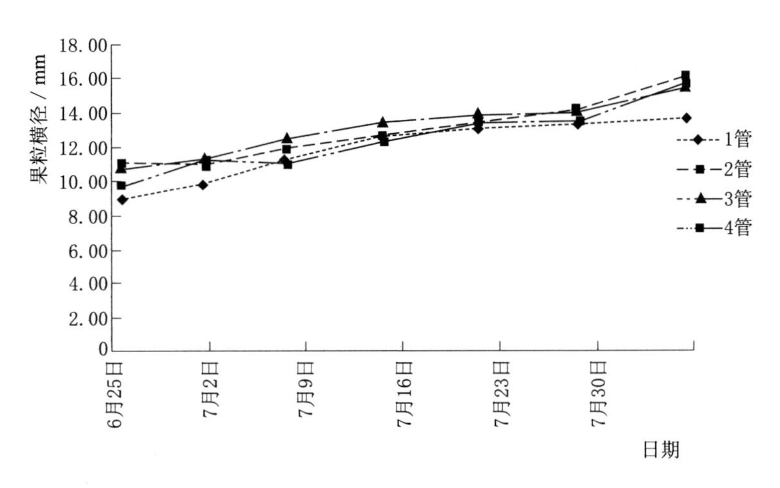

图 2 - 18 葡萄果粒大小（果粒横径）的生长状况

表 2 - 16 不同毛管数量铺设时葡萄果粒大小（果粒横径）记录数据 单位：mm

日期	1 管	2 管	3 管	4 管
6 月 25 日	9.10	11.03	10.87	9.80
7 月 1 日	9.88	11.13	11.32	11.30
7 月 7 日	11.24	11.91	12.48	11.10
7 月 14 日	12.76	12.53	13.46	12.40
7 月 21 日	13.15	13.58	13.94	13.50
7 月 28 日	13.49	14.13	14.06	13.50
8 月 5 日	13.82	16.12	15.65	15.90

由图 2 - 18 可以看出：不同毛管数量的铺设对葡萄果粒横径的影响也呈现出一定特性，整体来说果粒在其生长发育期随时间是逐渐增大的，而 1 行 1 根毛管滴灌的果粒整体都比较小，其他 3 种铺设方式滴灌下的葡萄果粒大小相差大。

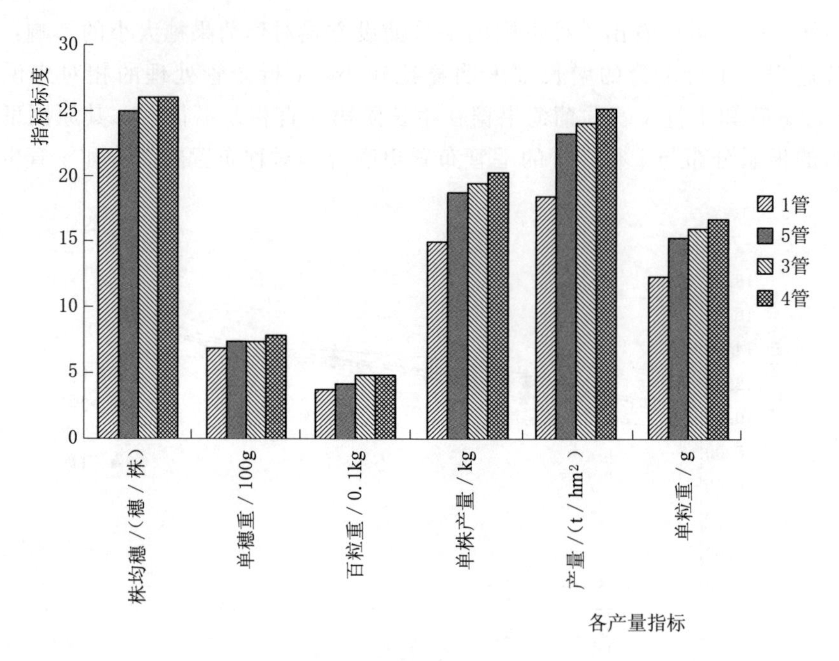

图 2-19 葡萄各产量指标的变化情况

表 2-17 不同毛管数量铺设时葡萄各产量指标记录数据

毛管铺设	株均穗/(穗/株)	单穗重/100g	百粒重/0.1kg	单株产量/kg	产量/(t/hm^2)	单粒重/g
1 管	22	6.8	3.60	14.96	18.55	12.37
2 管	25	7.5	4.20	18.75	23.25	15.40
3 管	26	7.5	4.80	19.5	24.18	16.16
4 管	26	7.8	4.80	20.28	25.15	16.74

由图 2-19 可以看出，不同毛管设计滴灌条件下，平均每一种处理的单粒重、百粒重、单穗重都相差很小，但亩产量变化比较明显，说明葡萄产量随着水分供应增多是增加的，但 1 行 2 管的与 1 行 3 管和 1 行 4 管处理的最终产量相差也不算很大。

二、不同的毛管铺设方式对大枣各生长量指标的影响

在整个试验过程中对选定 4 亩大枣试验小区分别监测记录了每次每种处理的灌水量，整理汇总后大枣的灌溉定额分别为：1 行 1 管 195mm，1 行 2 管 364.5mm，1 行 3 管 513mm，1 行 4 管 684mm。ϕ50 主管带和 ϕ32 管以及毛管滴管带使用费用平均每公顷分别为 450 元、885 元、1320 元、1770 元，平均每公顷的水电费分别为 630 元、975 元、1275 元、1605 元，大枣生育期的新梢生长量，

枝条基径增长量，叶片数增长，果穗长度变化，果粒大小变化趋势图见图 2-20～图 2-24，表 2-18～表 2-22，最终的估算产量见图 2-25，表 2-23。

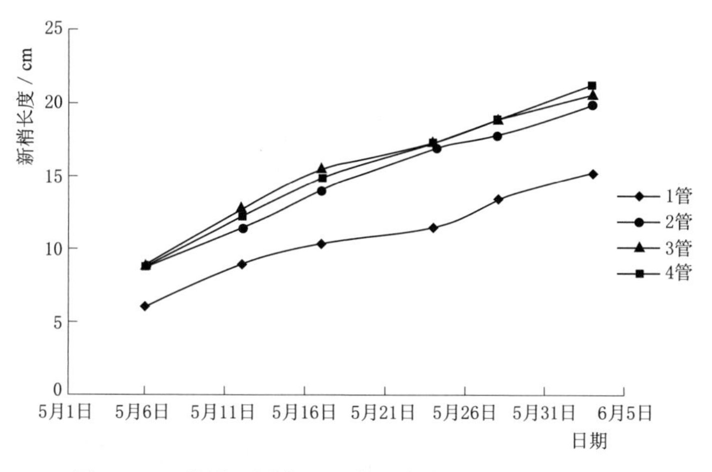

图 2-20 铺设不同数量毛管对大枣新梢生长量的影响

表 2-18　　不同毛管数量铺设时大枣新梢生长量记录数据　　单位：cm

日期	1 管	2 管	3 管	4 管
5 月 6 日	6.1	8.7	8.9	8.70
5 月 12 日	8.9	11.3	12.7	12.20
5 月 17 日	10.3	14.0	15.4	14.80
5 月 24 日	11.4	16.8	17.2	17.30
5 月 28 日	13.3	17.7	18.8	18.80
6 月 3 日	15.2	19.8	20.6	21.10

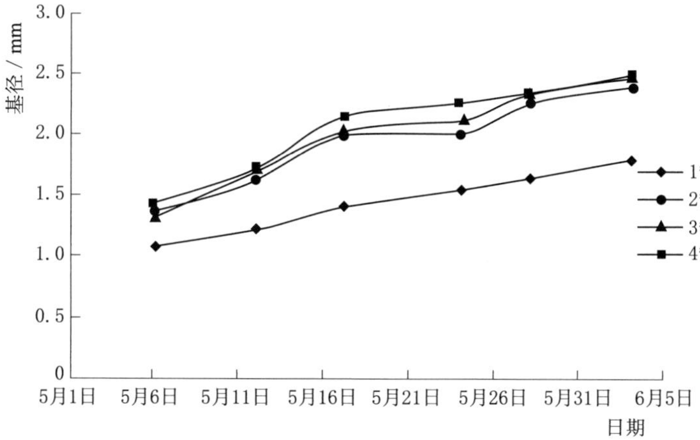

图 2-21 不同的毛管数量对大枣枝条基径生长的影响

表 2-19　不同毛管数量铺设时大枣树枝条基径生长量记录数据　单位：mm

日期	1管	2管	3管	4管
5月6日	1.08	1.36	1.32	1.42
5月12日	1.21	1.63	1.70	1.72
5月17日	1.40	1.99	2.02	2.14
5月24日	1.54	2.01	2.12	2.25
5月28日	1.64	2.25	2.33	2.34
6月3日	1.78	2.39	2.46	2.48

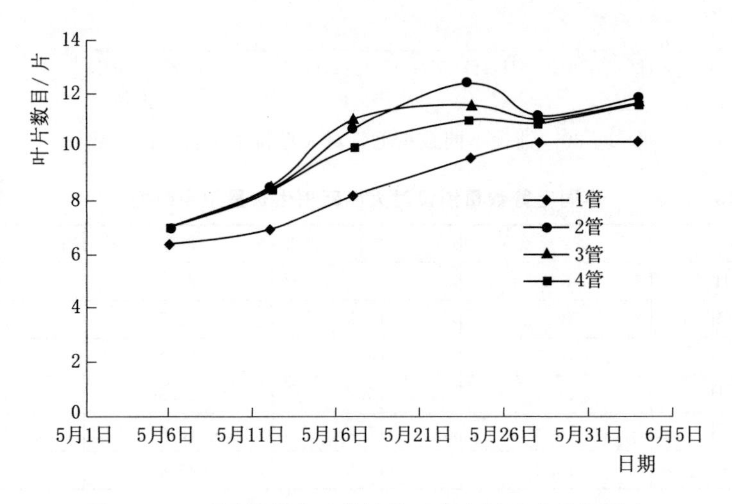

图 2-22　不同数量的毛管铺设对大枣树叶片数的影响

表 2-20　不同毛管数量铺设时大枣叶片数目变化记录数据　单位：片

日期	1管	2管	3管	4管
5月6日	6.40	7.00	7.00	7.00
5月12日	7.00	8.44	8.5	8.36
5月17日	8.20	10.00	11.0	10.60
5月24日	9.60	11.00	11.6	12.40
5月28日	10.20	10.89	11.0	11.20
6月3日	10.20	11.67	11.6	11.80

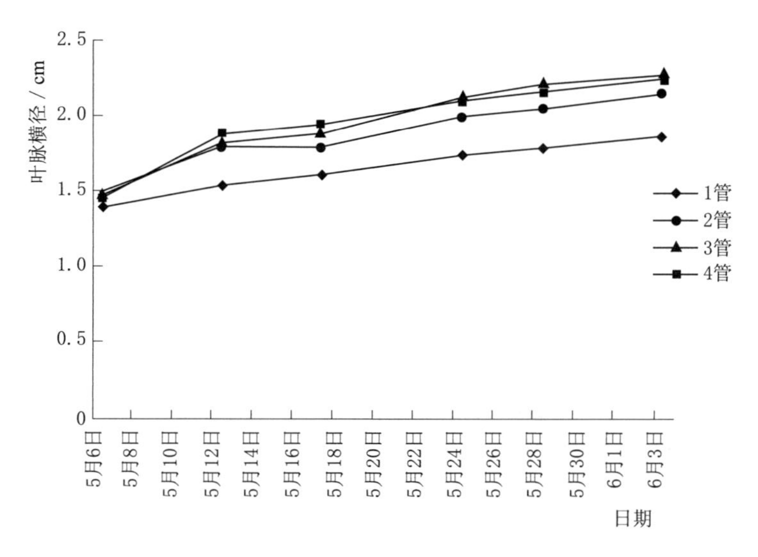

图 2-23 不同毛管数量对大枣叶面大小（叶脉横径）影响

表 2-21 不同毛管数量铺设时大枣叶面大小（叶脉横径）生长变化记录数据

单位：cm

日期	1 管	2 管	3 管	4 管
5 月 6 日	1.40	1.49	1.47	1.44
5 月 12 日	1.54	1.80	1.82	1.88
5 月 17 日	1.61	1.79	1.88	1.94
5 月 24 日	1.74	2.00	2.12	2.10
5 月 28 日	1.79	2.05	2.20	2.16
6 月 3 日	1.86	2.14	2.28	2.25

由图 2-20～图 2-23 大枣树生育期的 4 个生长量指标变化图可以看出：新梢、枝条基径、叶片数目和叶片大小的生长趋势均随毛管铺设数量的增多而更良好，说明充足的水肥供应对大枣树的生长有促进作用。但同时也可以看出 3 管和 4 管供水肥条件下差异很小，说明过量的水肥供应反而会抑制大枣的生长。

表 2-22 不同毛管数量铺设时大枣果粒大小生长变化记录数据 单位：mm

日期	1 管	2 管	3 管	4 管
6 月 26 日	17.12	19.84	19.95	20.38
7 月 2 日	18.93	21.29	21.17	21.97
7 月 7 日	20.24	23.14	23.48	22.14
7 月 14 日	21.09	24.87	25.03	24.02

续表

日期	1管	2管	3管	4管
7月21日	22.56	26.67	26.49	25.62
7月28日	23.11	27.75	28.26	26.87
8月5日	23.72	29.97	29.54	30.24

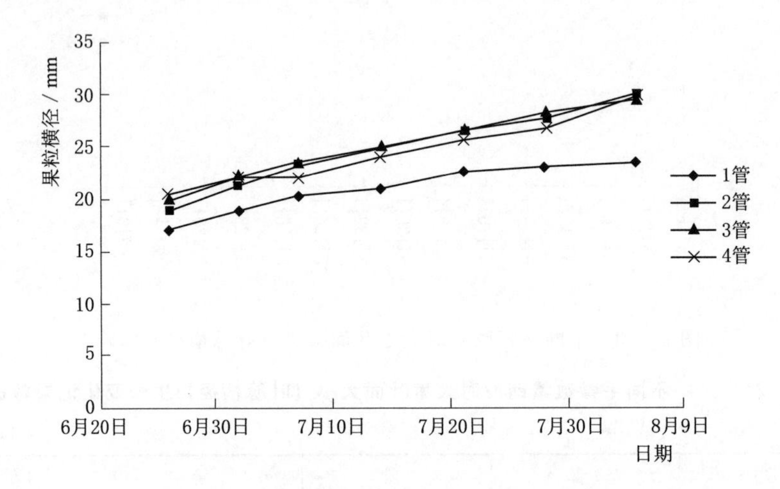

图 2-24 不同毛管数量对大枣果粒大小（果粒横径）影响

由图 2-24 可以看出，大枣在不同数量的毛管设计条件下其果粒大小的差异明显两极化，1 行 1 管的枣子颗粒较小，而其他 3 种毛管设计时的枣子大小差异并不明显，而且果粒的生长过程也比较均衡，平均大小 1 行 4 管的相对 1 行 2 管和 1 行 3 管的有所减小，但 1 行 4 管条件下的枣子颗粒数目明显是最多的，由此可以推断出大枣枣粒大小与其产量是不成正相关的，枣粒大小与灌水量也不是成正比的。

表 2-23　　不同毛管数量铺设时大枣各产量指标记录数据

项目	株均粒数 /百粒	每沟株数 /株	百粒重 /kg	单株产量 /kg	产量 /(t/hm²)
1管	7.02	27	1.45	10.15	10.28
2管	8.20	27	1.68	13.80	13.97
3管	8.43	27	1.69	14.25	14.42
4管	11.00	28	1.78	19.60	20.58

由图 2-25 可知，毛管铺设数量越多，每株枣树的枣子颗粒数目越多，单株产量也越高，但枣子的颗粒大小差别不大，最后测得大枣的产量应该是 1 行 4 管的最高，可见在哈密地区充足的水肥供应和在土壤中均匀的分布对大枣树的产量有明显的提高作用。

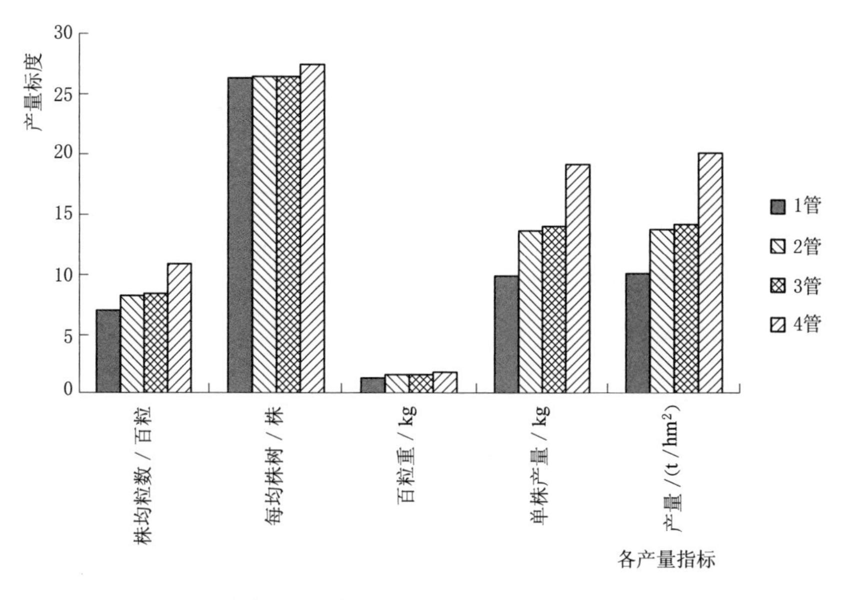

图 2-25　不同数量的毛管铺设方式对大枣最终各产量指标的影响

三、依据本试验研究滴灌系统毛管优化设计工程投资核算

若只按照试验小区的布设计算滴灌工程中设备材料购置及水电费用，葡萄园和大枣园滴灌系统投资核算见表 2-24 和表 2-25。

表 2-24　葡萄地在不同毛管设计条件下净投入产出核算表

项目	1 行 1 管	1 行 2 管	1 行 3 管	1 行 4 管	传统沟灌
灌溉定额/m^3	212	400	610	710	1600
灌水投/(元/hm^2)	1245	2050	3480	4545	4950
产出量/(t/hm^2)	27.9	34.9	36.3	37.8	32.2

表 2-25　大枣地在不同毛管设计条件下净投入产出核算表

项目	1 行 1 管	1 行 2 管	1 行 3 管	1 行 4 管	传统沟灌
灌溉定额/m^3	130	243	342	456	950
灌水投/(元/hm^2)	1080	1860	2565	3375	4950
产出量/(t/hm^2)	10.35	13.95	14.4	20.55	12.0

四、工程总投资概算

本项目主要工程有管道工程、建筑物工程。项目总投资 1023.72 万元，具体费用见表 2－26。

表 2－26　　工 程 投 资 表　　单位：万元

建筑工费	安装工程费	临时工程费	独立费	预备费	水土保持费	总投资
101.83	747.74	21.49	97.16	48.41	7.09	1023.72

（1）资金筹措。本项目工程（10342.4 亩滴灌）总投资 1023.72 万元，全部申请国家投资，总概算表见表 2－27。

表 2－27　　总 概 算 表　　单位：万元

序号	工程或费用名称	建安工程费	设备购置费	其他费用	合计	占总投资额比例
1	第一部分建筑工程	101.83	0	0	101.83	9.95%
（1）	土方	45.63	0	0	45.63	
（2）	管网工程	56.20	0	0	56.20	
2	第二部分设备及安装工程	68.28	679.46	0	747.74	73.04%
（1）	管网工程	63.32	646.40	0	709.72	
（2）	机电设备工程	4.96	33.06	0	38.02	
3	第三部分临时工程	21.49	0	0	21.49	2.10%
（1）	办公、生活文化福利建筑	4.50	0	0	4.50	
（2）	其他	16.99	0	0	16.99	
4	第四部分独立费用	0	0	97.16	97.16	9.49%
（1）	建设单位管理费	0	0	45.99	45.99	
（2）	勘测设计费	0	0	34.18	34.18	
（3）	建设及施工场地征用费	0	0	0	0	
（4）	其他	0	0	16.99	16.99	
	一至四部分合计	191.60	679.46	97.16	968.22	94.58%
	基本预备费（5%）	0	0	0	48.41	4.73%
	静态总投资	0	0	0	1016.63	
5	水土保持费	0	0	0	7.09	0.69%
（1）	水土保持措施及补偿费	0	0	0	7.09	
	工程总投资	0	0	0	1023.72	100.00%

（2）效益分析。

本项目的效益主要包括灌溉效益、社会效益和生态效益等。

1）灌溉效益：项目建设后，控制灌溉面积为 10342.4 亩，主要种植红枣、葡萄。灌溉效益约为 830.52 万元。

2）社会效益：项目实施后将优化水资源的利用，充分利用现有的土地资源，为当地人民造福，对调整地区产生结构、繁荣经济、增加牧民收入、改善生活条件都有极大的促进作用，并有利于民族团结和政治稳定。

3）生态效益：项目建设将使项目区的植被率提高，可防止风沙，改良土壤，改善当地居民的环境及气候条件，减少风沙的发生，在一定程度上遏制生态环境的恶化。

项目实施后所产生的社会效益及生态效益较显著，但量化较困难，以直接经济效益的10％考虑。

第三章　吐哈盆地滴灌葡萄耗水规律及灌溉制度研究

吐哈盆地是新疆特色瓜果栽培的发祥地，有着悠久的历史和传统。该区域是目前我国最大的无核葡萄生产基地，也是国家农产品区划中的葡萄优势区域。吐鲁番、哈密同属典型的大陆性气候，无霜期长，夏季高温干旱少雨，是全国最缺水的地区之一，地区水资源供需矛盾十分突出，再加上农业灌溉技术落后，水资源浪费严重。因此，优选适宜的节水技术，建立区域综合节水技术体系，对提升灌溉水平，保证特色瓜果业的持续发展十分必要。滴灌技术作为最有效的农业节水灌溉技术之一，近年来在果树灌溉方面被广泛采用，并得到了较好的发展。本试验研究的主要目的是通过滴灌技术在成龄葡萄上的应用试验研究，探索葡萄滴灌下的耗水特性及适宜的灌溉制度，为滴灌技术在当地大面积推广提供科学的理论依据。

本试验在滴灌条件下对葡萄进行不同水量灌溉，以研究相应的田间耗水强度变化过程、参考作物需水量、作物系数、葡萄生长情况和灌溉制度。通过田间试验和理论分析，可得出以下初步结论：

（1）灌水量对土壤水分含量有明显的影响，灌水量越大，土壤含水率越大。当地葡萄吸收根系在垂直方向上主要分布在0～60cm土层内。在葡萄生育期内各灌水处理灌前土壤含水率偏低，应适当缩短灌水周期。

（2）葡萄在全生育期的耗水量是个动态变量，在浆果生长期耗水量最大，浆果成熟期次之，然后是新梢生长期和枝蔓成熟期，萌芽期和开花期的耗水量较小；葡萄滴灌下各生育期耗水强度分别为：萌芽期3.14～3.7mm/d，新梢生长期4.38～5.44mm/d，开花期4.66～5.94mm/d，果实膨大期6.32～8.02mm/d，成熟期6.02～6.67mm/d，枝蔓成熟期2.66～3.58mm/d。

（3）利用彭曼-蒙蒂斯（Penman - Monteith）公式计算了当地参考作物需水量，得出了当地葡萄滴灌不同灌水量下的作物系数，其变化趋势是两头小，中间大，在浆果生长期的作物系数最大，峰值为1.34，在浆果成熟期开始减小，枝蔓成熟期剧减。

（4）葡萄在滴灌下的生长发育正常，在生育前期生长较快，后期较慢；葡萄产量不随灌水量的增加而增加，当灌水量为750mm时，产量达到最大。

（5）通过理论分析计算结合试验实际产量与灌水量情况，确定吐哈盆地滴灌葡萄全生育期适宜灌溉定额为750mm，总灌水次数为30次。

由于试验条件有限，因此在后续的相关研究中，还需要进一步地解决和完善以下问题：

（1）由于当地地质较复杂，本试验中土壤含水率监测采用的是烘干法，用该方法采集的数据缺少连续性，对土壤水分的测定精度产生了一定的影响，因此土壤水分监测仪器应适当改进。

（2）由于在试验过程中出现了灌路漏水及修整从而影响了灌水过程中的水表读数，对灌水定额数据的精度造成一定的影响。因此，滴灌设备质量应该得到进一步保障。

（3）试验地滴灌带采用1行2管铺设，对1行1管或1行3管等其他方式下葡萄的生长情况及耗水规律需要进一步研究。

（4）对于滴灌下葡萄的耗水规律及灌溉制度的试验数据资料仅为单年的数据，由于气候年际变化，代表性不强；同时灌水方式缺少对比试验，没有体现滴灌技术的优越性，在试验方案上需要完善。

（5）本研究通过监测土壤水分变化，间接地计算并分析了当地葡萄滴灌下的耗水规律，研究比较宏观，还需要直接从葡萄的蒸发蒸腾及生理指标等方面全面地进行研究，以便提高试验的精度和结论的可靠度，从而为制定合理的滴灌灌溉制度提供依据。

第一节　试验区概况与试验方法

一、试验区基本情况

1. 吐哈盆地概况

（1）地理位置及地形地貌。吐哈盆地全称是吐鲁番-哈密盆地，地处新疆的东部，呈东西向分布，南北分别与塔里木盆地、准噶尔盆地隔山相望。盆地四周环山，西起喀拉乌成山，东至梧桐窝子泉附近，北依博格达山、巴里坤山和哈尔里克山，南抵觉罗塔格山。盆地东西长660km，南北宽60～100km，总面积约53500km^2。

盆地内绝大多数为戈壁荒漠，地形为北高南低，东高西低。东部多为丘陵、冲沟及风蚀残山，西部有火焰山山脉横贯盆地中央，将盆地西部分为南北两个不同地貌区：北部以丘陵为主，地势平坦，海拔为750～850m；南部多为平原，地势低洼，海拔低于海平面。

博格达山是吐哈盆地各水系的重要水源，因其常年积雪，冰雪融化后沿山麓南坡汇集形成一系列河溪流向盆地，盆地内有大小河流33条，泉水20余处，如白杨河、大河堰河、二塘沟河等。

(2) 气象。吐哈盆地属于典型的内陆性极干旱气候，夏季干旱少雨，冬季寒冷多风。具体气象要素见表 3-1。

表 3-1　　　　吐哈盆地主要气象要素值

项目 \ 县市	哈密市	托克逊县	鄯善县		吐鲁番市
			山南	山北	
多年平均气温/℃	9.8	13.8	14.4	11.3	13.9
7月平均气温/℃	27.2	32.3	33	29.2	32.6
7月平均气温/℃	−12.3	−9.3	−9.8	−11.2	−8.8
多年平均降水量/mm	34.6	6.3	17.6	25.3	16.6
多年平均蒸发量/mm	3064.3	3744	3216.2	2751	2844.9
年日照时数/h	3360.3	3043.3	2957.7	3122.8	3056.4
≥10℃积温/℃	4300	5334.9	5548.9	4525.5	5424.2
无霜期/d	182	219	224	192	224
最大冻土深度/cm	112	87	90		84
最大风速/(m/s)	8	34	29		25
平均风速/(m/s)	22.8	5.6	4.8		1.5
风向	东北	西北	西北		西北

(3) 农业。吐哈盆地以农业为主，主要种植瓜果和棉花等经济作物。由于该区属于极端干旱地区，在作物生长季节天气炎热高温，并且多风，所以灌溉水多集中在田间输水和植株棵间蒸发过程中，农业用水浪费严重，再加上本地区资源性缺水，发展节水农业意义重大。

2. 哈密市简介

哈密位于中纬度亚欧大陆腹地，地处新疆东部，东部与甘肃省酒泉市相邻，西部与昌吉回族自治州的木垒县和吐鲁番地区的鄯善县毗邻，南部与巴音郭楞蒙古自治州的若羌县接壤，东北部与蒙古国有 46km 边界，面积有 8.5 万 km^2。

哈密市属典型内陆干旱气候，多年平均气温 9.8℃，年最高温度达 43.9℃，年最低温度−32℃；无霜期为 182 天；年日照时数为 3360.3h，是全国日照时数最多的地区之一，就整个作物生长季（4—9 月）而言，其累积日照时数多达 1800～1900h，特别是作物生长的旺季（5—8 月），各月日照时数达 310～340h；由于光照时间长，全年太阳总辐射量 6397.35MJ/m^2，是全国太阳辐射量较大的地区之一，其中在作物生长旺季（5—8 月），太阳总辐射量皆可在 700MJ/m^2 以上，太阳能资源相当丰富；全年降水量较少，多年平均 34.6mm，春季占 70%～82%；年均蒸发量 3064.3mm，蒸发强烈。

哈密市现有耕地面积21.77万亩，市域内可耕地140万亩，可开发利用的荒地560万亩；林业用地面积640万亩，森林覆盖率2.48%；有野生林地300万亩；有天然草场2583万亩；全市现有天然草场面积22.4万亩。哈密市水源主要由地表水（主要靠天山降雨、降雪）和地下水（天山冰川融化）两部分构成，水资源总量为16.97亿m^3，总用水量10.56亿m^3，占62.23%。该地区具有极其丰富的自然资源、矿产资源、旅游资源和独具特色的农产品资源，如哈密瓜、哈尼大枣、葡萄及优质牛、羊畜产品。目前已探明该区各类矿种76种，占全疆已探明矿种总数的60%以上，储量较大的有煤、钾盐、铁、铜、镍、黄金、芒硝、石材等，目前已开采32种。

3. 试验基地概况

本试验基地位于哈密市红星一场园艺二场，所处地理位置在东经93°32′10.09″，北纬42°49′11.23″，距哈密市约18km。海拔960m左右，属典型大陆干旱气候，年平均降水量仅30mm，年平均蒸发量高达3300mm，年平均相对湿度41%，年均日照时间达3360h，年平均气温9.9℃，大于10℃的积温为4260℃，年平均风速2.8m/s，最大冻土深度1.26m，无霜期182天。

葡萄品种为无核白，1998年定植，树龄13年，大沟定植，东西走向，沟长51m，沟宽1.0～1.2m，沟深0.6m左右。葡萄株距1m，行距5m，栽培方式为小棚架栽培。

试验区内地下水埋深10m以下，试验区以渠水和机井水为水源。当渠水来水不足时，采用机井水补充供水，可以满足工程用水需要，且水质符合灌溉水质要求。

二、试验观测实施方案

1. 试验地自然条件监测

（1）气象资料监测：利用自动气象站观测试验年内葡萄全生育期气象情况，包括风速、风向、气温、相对空气湿度、太阳辐射、日照时数等。

（2）土壤现状监测：针对试验地的土壤情况作基本监测分析，包括土壤质地、土壤平均容重、田间持水量、土壤理化参数等。

（3）葡萄树生长现状监测：对试验地的成龄葡萄树的基本情况进行监测、分析说明。

（4）葡萄生育期及田间管理情况的监测：观测葡萄植株每个生育期的起始和结束日期，以标记植株或全部植株2/3出现各个生育阶段特征日期代表某个处理的生育阶段，并记录葡萄生育期内田间管理情况。

2. 吐哈盆地成龄葡萄耗水规律

（1）试验原理。选取滴灌下成龄葡萄作为试验对象，采用取土烘干法监测土壤含水率，利用水量平衡公式计算葡萄各生育阶段的耗水量，从而分析葡萄全生育期的耗水规律。

（2）观测指标与方法。土壤水分监测方法的选择将直接影响到监测数据的准确度，取样烘干法监测土壤水分可靠度最高，受其他因素干扰的程度最低，时至今日仍然被普遍采用。本试验采用烘干法监测土壤水分变化动态，平均每隔3～5天采取土样测定0～5cm、5～20cm、20～40cm、40～60cm、60～80cm深度的田间土壤含水率，取土点位置分别为两滴灌带下，葡萄行，距滴灌带30cm、50cm、70cm处。取样点位置如图3-1所示。

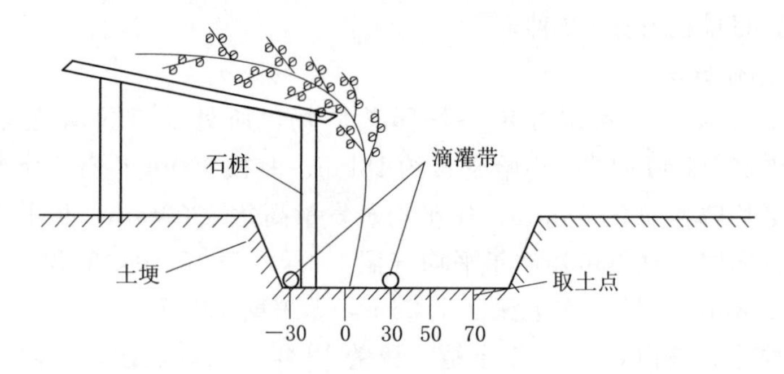

图3-1 取样点位置示意图（单位：cm）
（注：0处为葡萄植株所在位置）

3. 吐哈盆地成龄葡萄滴灌灌溉制度

（1）试验原理。根据滴灌葡萄生育期内的耗水分布规律，以棚架栽培模式下的成龄葡萄为试验对象，研究其在不同滴灌灌水定额条件下，灌水量对葡萄生长及产量的影响，确定该地区较合理的灌溉制度。

（2）试验设计。

1）试验小区试验布置。试验区布设于新疆生产建设兵团第十三师红星一场园艺二场4斗11垄小区。灌水采用滴灌技术，滴灌带采用双管铺设方式，滴灌带间距0.6m，滴头间距0.3m。试验小区东西走向，由北向南逐次排列15个，规格为31m×5m（长×宽），对3个灌水量处理（825mm，750mm，675mm）进行全面试验布置，5个小区为一个处理，每个小区5沟葡萄，各处理灌水时间相同，每个小区由一个球阀单独控制灌水，可保证每个小区不同处理灌水完全相同。供水系统以水泵加压，管道前部装有压力表以监测管道内水压力，每个处理辅管进口处安装有水表及压力表，以监测各处理灌水量和工作压力。与此同时，在与该试验区属相同气候、地貌及水文地质单元的第十三师火箭农场北戈壁园艺六队进行了滴灌与沟灌葡萄观测调查，其中，滴灌面积25亩，沟灌面积37亩，安装渠道灌水量水堰、水表、压力表、张力计、干湿度计等。观测滴灌、沟灌（淹灌）葡萄灌水定额、灌溉定额、葡萄园滴灌与沟灌湿度变化情况及葡萄产量等指标。

2）灌溉水量。全生育期内，每个试验小区的灌水情况见表 3－2 和表 3－3。小区试验综合布置如图 3－2 所示。

表 3－2　　灌溉小区布置表

试验处理	A					B					C				
试验小区	1	2	3	4	5	6	7	8	9	10	11	12	13	14	15
灌水量/mm	825	825	825	825	825	750	750	750	750	750	675	675	675	675	675

表 3－3　　灌水定额

生育阶段	灌水定额/mm		
	A	B	C
萌芽期	24	22	20
新梢生长期	28	26	24
开花期	28	26	24
浆果生长期	30	28	26
浆果成熟期	24	22	20
枝蔓成熟期	22	20	18

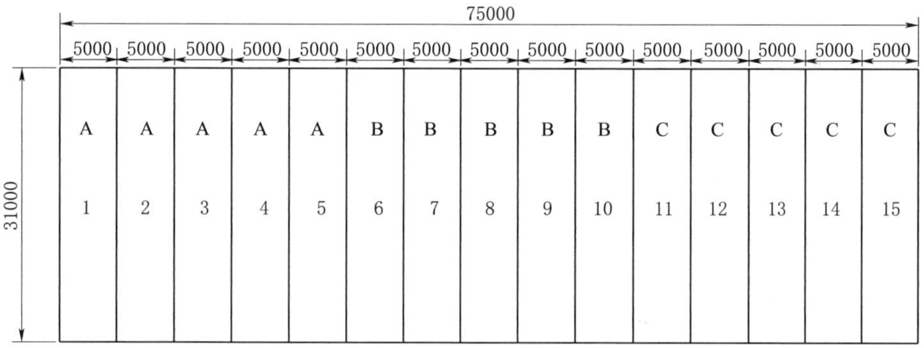

图 3－2　小区试验综合布置图（单位：mm）

3）葡萄形态指标。在试验中每个处理选择一个小区，小区内选择较为均匀具有代表性的 3 棵植株，每棵植株上选取 5 根新梢，用标签标记，定期监测不同处理葡萄的叶片中脉长度、叶片数、新梢长度、果穗长度及葡萄粒径。

a. 叶片中脉长。量取所选新梢上的所有展开的叶片的中脉长度，葡萄打顶去尖后，葡萄主梢叶片生长基本结束，不再进行监测。

b. 叶片数。为生于所选新梢上的无分叉的叶片，大小由顶端叶片展开长度大于1cm算起，基部意外脱落的叶片及自然脱落的叶片均计算在内，葡萄打顶去尖后，主梢叶片生长也基本结束，不再进行监测。

c. 新梢长度。量取所选新梢上的取自子叶节至顶部第一片展开叶片的长度，葡萄打顶去尖后，葡萄主梢长度发育基本结束，不再监测新梢长度。

d. 果穗长度。在葡萄浆果生长期，量取所选新梢上的果穗长度，一直监测到葡萄成熟期为止。

e. 粒径。在葡萄浆果生长期，量取所选新梢上的葡萄粒径（横径），一直监测到葡萄成熟期为止。

f. 果实产量测定。在果实采收期，在每个试验小区内选取长势均匀的植株，调查其上、中、下部位的果穗重量、果粒重量，并最终计算出各试验小区的葡萄产量。

第二节　试验基地监测结果分析

本节针对试验基地自然条件的监测结果进行了分析研究，包括气象要素、土壤情况、植株及田间管理情况，详细了解当地葡萄生长环境，从而为分析滴灌条件下葡萄的耗水规律以及确定合理的灌溉制度提供客观依据。

一、试验区气象要素变化

生态环境对葡萄的生长发育具有决定性的影响。多种因素都能影响葡萄的生长和结果、产量和品质，其中气象条件是影响生长和结果的最重要因素。本试验过程主要以对气温等气象资料的监测和分析为主，根据自动气象站监测数据，试验区2010年具体气象数值见表3-4。

表3-4　　试验区2010年1—10月气象资料

项目	时间	1月	2月	3月	4月	5月	6月	7月	8月	9月	10月
平均温度/℃	上旬	−5.78	−6.39	−2.56	8.76	18.94	24.29	26.54	25.48	19.36	14.34
	中旬	−9.29	−6.80	5.16	3.69	16.72	28.88	27.69	22.81	19.52	11.35
	下旬	−11.32	1.89	5.17	23.51	21.82	26.57	29.81	26.75	17.63	7.31
	月	−8.88	−4.17	2.67	9.72	19.25	26.58	28.07	25.07	18.84	10.88
最高温度/℃	上旬	0.26	1.06	5.07	16.46	26.91	32.37	34.40	33.17	28.80	23.94
	中旬	−2.34	0.93	12.53	9.90	24.74	37.75	35.49	31.90	27.51	21.76
	下旬	−3.75	9.55	12.83	32.15	29.43	34.13	37.18	34.48	26.89	14.60
	月	−2.00	3.44	10.23	17.24	27.10	34.75	35.74	33.23	27.73	19.92

续表

项目	时间	1月	2月	3月	4月	5月	6月	7月	8月	9月	10月
最低温度/℃	上旬	−11.41	−13.01	−10.32	0.77	9.91	15.05	18.74	17.38	11.32	6.39
	中旬	−14.99	−14.06	−2.01	−2.27	7.74	18.72	18.95	13.55	12.07	2.93
	下旬	−18.59	−4.69	−2.38	14.00	13.88	17.54	21.87	18.81	9.68	0.98
	月	−15.11	−11.01	−4.82	1.93	10.62	17.10	19.92	16.65	11.02	3.35
相对湿度/%	上旬	62.05	50.04	28.95	26.65	32.70	32.81	45.48	44.45	51.88	44.28
	中旬	61.31	50.43	34.09	21.48	32.95	29.25	43.62	38.75	45.79	46.67
	下旬	54.08	47.94	31.05	23.63	39.00	46.36	42.53	38.42	46.50	52.44
	月	58.98	49.58	31.35	25.21	35.02	36.14	43.83	40.47	48.06	47.95
平均风速/(m/s)	上旬	0.55	0.35	1.00	1.17	0.92	0.46	0.25	0.23	0.31	0.31
	中旬	0.52	0.41	1.09	1.80	0.78	0.27	0.24	0.40	0.16	0.18
	下旬	0.34	0.53	1.48	0.64	0.39	0.41	0.41	0.67	0.19	0.45
	月	0.47	0.43	1.20	1.22	0.69	0.38	0.31	0.44	0.22	0.32

根据气象站监测的数据，分析试验区年内主要气象要素变化情况如下：

(1) 温度变化。温度制约着作物的生育生长、产量和产品质量，作物对其外界环境温度条件有着特定的要求。对于葡萄来说，温度是其生长和结果的重要因素，葡萄的各生育期均受温度的影响，在生长期内对温度有明确的要求，开始生长的起点温度为10℃，最适温度为20～30℃，最高限制温度为40℃，高于40℃叶片会变黄脱落，葡萄果实也会受到阳光暴晒。另外，温度影响土壤蒸发和作物蒸腾，其与太阳辐射量有关，因此，温度与作物需水量也有很大关系。根据气象站提供的资料，可以得到该年葡萄生育期内日平均温度的变化过程，如图3-3 (a) 所示。根据图中葡萄生育期内平均温度变化可知，在2010年，春季气温较往年略低，在4月中旬气温才渐渐回升，4月下旬平均气温在15℃左右，葡萄萌芽较往年推迟；萌芽以后，到5月日平均气温逐渐升高，作物需水量也随之增大，尤其是进入果实膨大期后，7月平均气温达到最高，作物蒸发蒸腾量达到最大，到9月气温开始下降，大概在10月下旬和11月中旬开始进入冬季。

(2) 湿度变化。空气湿度对作物需水量有较大影响，空气相对湿度较小时，叶面与大气之间的水汽压差较大，叶片的蒸发加快，蒸腾量增加，棵间蒸发量也会增加，作物需水量增加；反之，作物需水量则会减小。空气湿度对葡萄生长发育的影响，虽然没有土壤水分那么明显，但是长期干燥也会引起叶片干枯、落花落果，减产和品质下降；相反，空气湿度过大则会引发病害，导致果实减产和品质下降，引起早期落叶、植株枯死的现象。试验年葡萄生育期内日平均相对湿度如图3-3 (b) 所示。由于空气湿度是与天气的阴晴及温度等其他气象因素密切相关的，吐哈盆地属于极度干旱地区，降雨稀少，气候干燥，所以空气湿度一般保

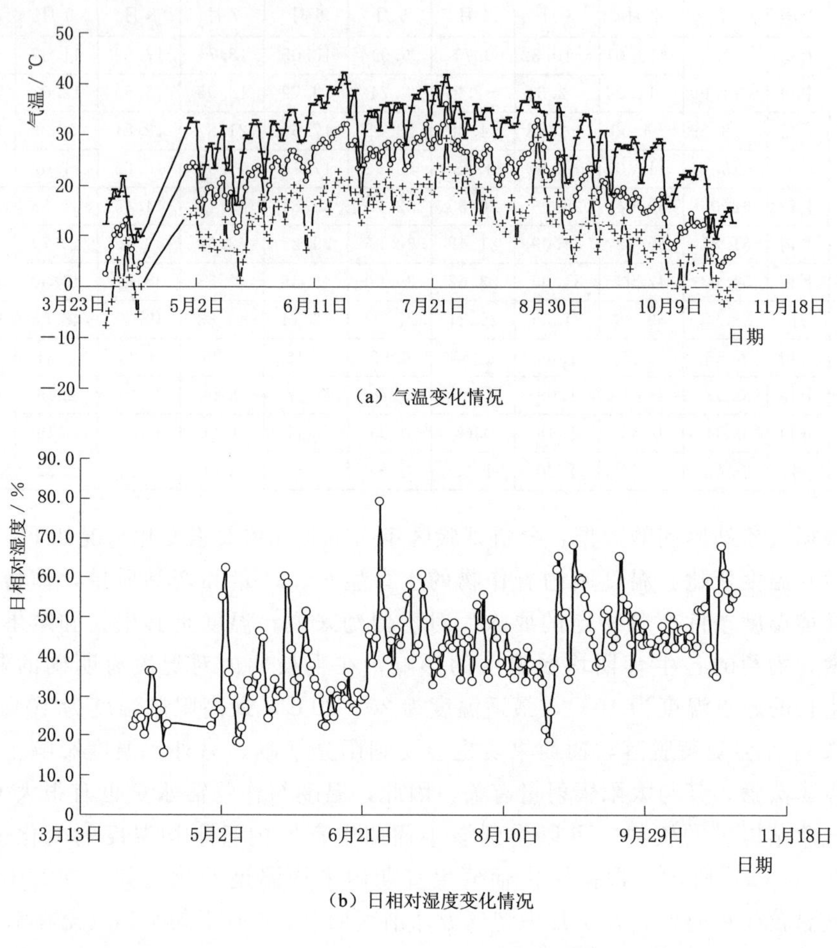

（a）气温变化情况

（b）日相对湿度变化情况

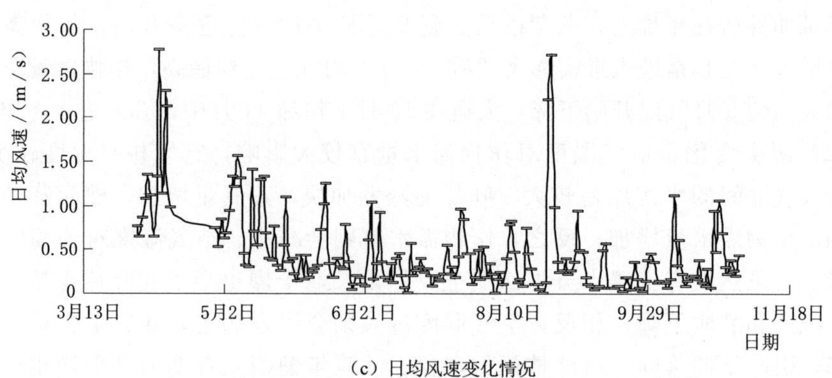

（c）日均风速变化情况

图 3－3 试验区气象要素变化动态

持在比较低的水平，只有在雨天时，空气相对湿度才相对较大。其中4—10月的日相对湿度平均值为42.48%，空气干燥，有利于葡萄生长发育。

(3) 风速变化。风是农业生产的环境因子之一，风速适度对改善农田环境条件起着重要作用。微风有利于花粉传播，调节二氧化碳的浓度和空气湿度，有利于葡萄的生理活动等。风速对作物需水量也有很大影响，风速越大，蒸腾过程越强；风速降低，蒸腾速度相应降低。但当风速太大时，气孔开度会减小从而蒸腾量减小，甚至气孔会完全关闭，使蒸腾完全停止，而且大风还会把嫩梢吹断，果穗吹落甚至破坏支架，所以测量风速对农业生产有积极作用。本试验葡萄生育期内地面以上2m高处风速日变化过程如图3-3 (c) 所示。由图可知，2010年试验区大风较往年要少，年平均风速不到2.0m/s，风力偏小，日平均风速极值出现在4月上旬和8月下旬，但没有造成多大的负面影响。

二、试验区土壤监测分析

土壤是葡萄吸收水分和营养物质的地方，葡萄对土壤的适应性极强，除了极其黏重的土壤、重盐碱地、沼泽地之外，其余土地均可栽培。试验区土地为戈壁砾石改良区，土壤剖面土质变化很大，栽培沟面下60cm以内土壤基本为砾石砂壤土，在20～40cm深度内埋有有机肥料，60cm内土壤平均容重为1.50g/cm^3，田间持水量11% (质量含水率)，60cm以下土层夹杂含有较多粗砂和砾石，在1m深度左右出现属于隔水层。有机质含量0.13%，碱解氮19.35mg/kg，有效磷1.78mg/kg，速效钾38.5mg/kg，总盐0.92g/kg，pH值9.61。

三、葡萄植株监测分析

(1) 葡萄枝蔓情况。葡萄枝蔓的主要功能有支撑树体向上生长，储存、传输营养物质等。试验地葡萄树于1998年种植，树龄为13年，平均枝蔓长度为365cm，分布较均匀，但枝蔓粗度长势相对不均，差异较大。

(2) 葡萄根系分布情况。葡萄的根系比较发达，主要作用就是把葡萄固定在土壤中，从中吸收水分和养分，并能储存营养物质，向上部输送，供给葡萄生长和结果。根系在土壤中的分布与土壤质地、气候条件、品种特性、地下水位和栽培技术有关。

为了研究试验葡萄根系的分布情况，在试验小区选取3株长势均匀的葡萄植株采用挖根法进行根系调查。垂直方向上，以葡萄栽培沟底表面为基准面，沟底以上60cm左右的垄为一分布层，沟底以下每20cm为一层，向下取至100cm深度；水平方向上，在两个栽培沟之间以沟垄交接处为起点每隔30cm取样，共取240cm；在两植株间以中点为起点每隔30cm取样，共取90cm。按照根系的粗细情况，将根系分为5个级别：细根小于2mm；中根2～5mm；中粗根 5～10mm；粗根 10～20mm；主根大于 20mm。每取一样，筛取其中全部根系，于干燥箱内 105℃恒温条件下烘干 8h 后称重，计算分析葡萄根系在垂直和水平方向上的分布，结果如图 3-4 所示。

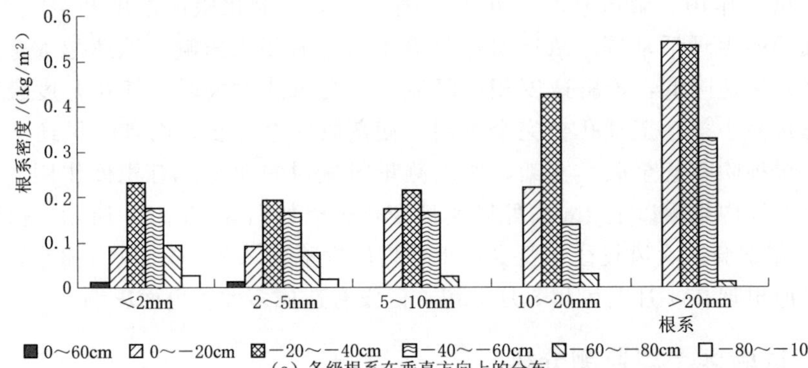

（a）各级根系在垂直方向上的分布

（栽培沟底面为基准面。正值是指基准面以上，60cm土层厚度内200cm×90cm水平面的平均值；负值指的是基准面以下，20cm土层厚度内240cm×90cm水平面的平均值）

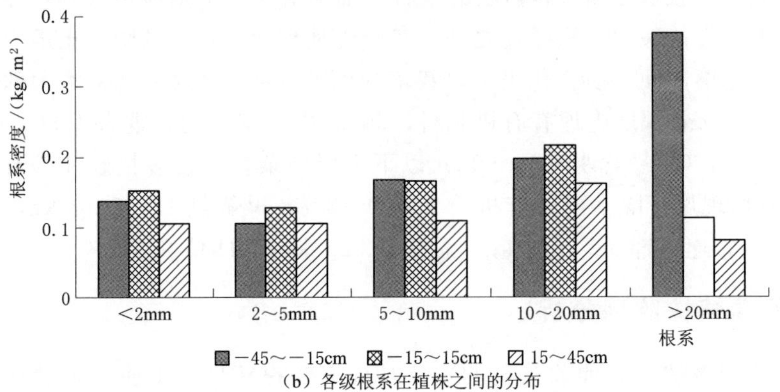

（b）各级根系在植株之间的分布

（以葡萄植株中间为起点，向东为正，向西为负，在90cm内240cm×10cm的平均值）

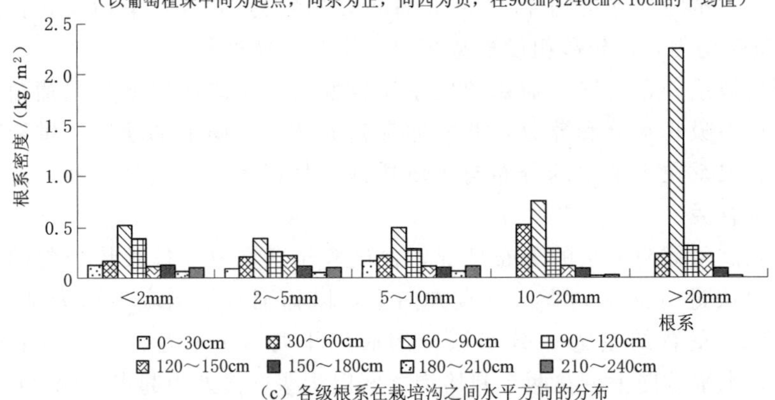

（c）各级根系在栽培沟之间水平方向的分布

（以一行葡萄栽培沟为起点，以下一栽培沟为终点，在30cm内100cm×90cm的平均值）

图 3-4 葡萄根系分布情况

从根系分布情况可以看出，在垂直方向上，吸收根在基准面下100cm内均有分布，在基准面40cm处最多，以后随着深度的增加而减小；粗根、主干根主要分布在基准面60cm深度内，但在基准面下80cm内也有较少分布；各根系在基准面下20～60cm范围内均出现集中分布高峰，分析主要原因在于该地区0～60cm深度内为砂壤土，60cm以下为砂石混合土质，由于前面沟灌方式，使土壤中的细颗粒沉积在此，造成该层土壤硬实，根系很难往下生长。在葡萄植株间，除主根分布在一侧较多之外，其余根系均在两树中间分布最多。在栽培沟之间的水平方向上，根系主要分布在120cm左右的范围内，其中大部分分布在以主干为轴心70cm范围内，向外逐渐减少。

四、葡萄物候期的田间管理

（1）试验地葡萄生育期。葡萄生长过程分为萌芽期、新梢生长期、花期、浆果生长期期、浆果成熟期和枝蔓成熟期6个生育阶段，大概150天。具体划分见表3-5。

表3-5　葡萄主要生育期的有效积温

物候期	萌芽期	新梢生长期	花期	浆果生长期	浆果成熟期	枝蔓成熟期
起始日期	4月18日	5月1日	6月1日	6月8日	7月14日	8月15日
日序数	108	121	152	159	195	227
有效积温/℃	198.30	772.11	921.19	1986.64	2920.98	3537.58

注　表中有效积温值是各物候期内的有效积温。

（2）试验地葡萄田间管理情况。2010年葡萄试验地的田间管理情况见表3-6。

表3-6　葡萄生长期内的田间管理情况

时间	主要管理措施	时间	主要管理措施
4月12日	葡萄出土上架，灌水	6月1日	开花
4月18日	葡萄开始萌芽	6月2日	灌水，施肥
4月22日	灌水，施肥	6月8日	灌水，施肥
5月1日	灌水	6月12日	灌水
5月4日	开始抹芽	6月16日	灌水
5月6日	灌水	6月21日	灌水
5月11日	灌水	6月27日	灌水
5月16日	灌水，施肥	7月2日	灌水，施肥
5月17日	喷药	7月6日	灌水
5月24日	灌水	7月10日	灌水
5月30日	灌水	7月16日	果实开始变软，灌水

续表

时间	主要管理措施	时间	主要管理措施
7月18日	修剪	8月16日	喷药
7月21日	灌水	8月18日	灌水
7月25日	灌水	8月20日	开始采摘葡萄
7月29日	灌水	8月25日	灌水
8月1日	喷药	9月2日	葡萄采摘结束
8月3日	灌水	9月3日	灌水
8月7日	灌水，喷药	9月12日	灌水
8月11日	灌水	9月13日	修剪
8月14日	灌水	9月28日	冬灌

第三节 吐哈盆地滴灌葡萄耗水规律研究

水分是葡萄植株各器官组织中的重要组成部分，并且直接参与有机物的合成与分解，以及各种生理和化学活动。葡萄植株的水分主要来源于根系从土壤水分中吸收部分，极少由叶片从空气中或叶面上吸收水分，所以，葡萄根系吸收水分的多少，对生长和结果有很大影响。本节首先分析了吐哈盆地滴灌葡萄在不同灌水量处理下不同生育时期不同土层深度的土壤水分变化，然后利用水量平衡方程计算了葡萄在各生育期的耗水量及耗水强度，最后按照彭曼-蒙蒂斯公式计算了当地参考作物需水量 ET_0，再利用耗水量与参考作物需水量的比值，计算了当地葡萄滴灌下的作物系数，得到以下规律：

(1) 通过对不同灌水量处理下葡萄各生育期的土壤含水率变化分析可知，当地葡萄吸收根系在垂直方向上主要分布在0～60cm土层内，水平方向上主要分布在1m宽度内，在此范围内土壤水分消耗较大。

(2) 不同灌水量的土壤水分含量不同，灌水量越大，土壤含水率越高；萌芽期各处理灌前土壤含水率较小，仅占田间持水量的30%～50%，各处理灌后土壤含水率占田间持水量的50%～70%；新梢生长期不同处理灌前土壤含水率占田间持水量的45%～60%，灌后土壤含水率为田间持水量的65%～75%；花期葡萄根系层灌前土壤含水率占田间持水量的40%～50%，灌后土壤含水率为田间持水量的60%～80%；果实膨大期各处理葡萄根系层灌前土壤平均含水率为田间持水量的45%～55%，灌后土壤平均含水率为田间持水量的65%～80%；成熟期各处理灌前土壤平均含水率为田间持水量的35%～45%，灌后土壤平均含水率为田间持水量的55%～65%。

(3) 通过分析葡萄各个生育阶段的耗水规律发现，灌水量越大，耗水量也越大；葡萄在全生育期的耗水量是个动态变量，在浆果生长期耗水量最大，浆果成熟期次之，然后是新梢生长期和枝蔓成熟期，萌芽期和花期的耗水量较小；葡萄滴灌下各生育期耗水强度分别为：萌芽期 3.14～3.7mm/d，新梢生长期 4.38～5.44mm/d，花期 4.66～5.94mm/d，果实膨大期 6.32～8.02mm/d，成熟期 6.02～6.67mm/d，枝蔓成熟期 2.66～3.58mm/d。

（4）利用彭曼-蒙蒂斯（Penman－Monteith）公式计算了当地参考作物需水量，得出了当地葡萄滴灌不同灌水量下的作物系数，在浆果生长期的作物系数最大，为当地计算作物需水量提供理论数据。

一、全生育期不同深度土层水分变化

葡萄属于耐旱作物，但在葡萄生长的全生育期内，也需要大量水分供给，才能保证正常的生长发育。因此，土壤中水分的多少对葡萄生长有着重要的影响。水分过多和过少都不利于葡萄的正常生长，因此需要时刻监测葡萄生长过程中的土壤水分状况，使土壤中水分保持在合理的有利于葡萄生长的范围内。葡萄的需水量是一个动态变量。灌水量的多少随葡萄生育期内需水量变化而变化。一般情况下，在葡萄上架时灌第一水应能够渗透到 40cm 的水层，催芽水在 20cm 以下的土层的持水量应保持在 60％左右，花前水应保证 40cm 的土层内达到最大持水量，使灌后 20 天之内土壤不至于因干旱引起植物萎蔫，催果水以达到土壤持水量的 60％～70％为宜。研究表明：当土壤含水量达到持水量的 60％～80％，土壤中的水分与空气状况最符合树体生长结果的需要。因此，当土壤含水量低于持水量的 60％以下，可根据树体的物候期需水状况调节灌水。当地葡萄根系分布较浅，通过挖坑观测，一般在 60cm 以内吸收根系分布集中。根据试验监测葡萄生育期 60cm 土层内的土壤含水率绘制土壤水分变化如图 3－5 所示（灌水量为中等 750mm）。

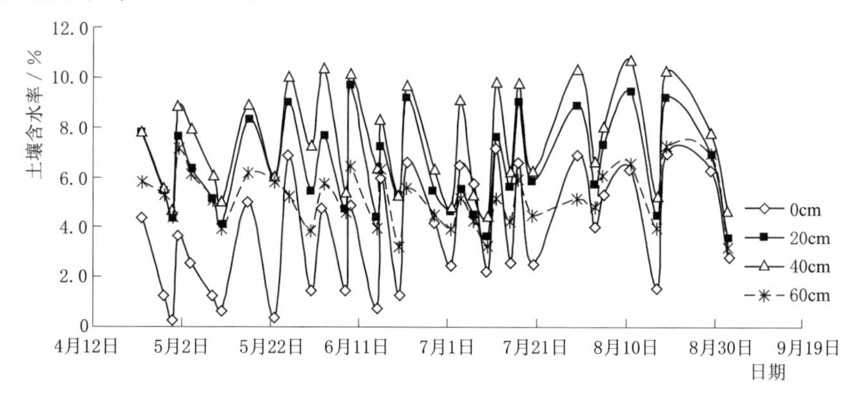

图 3－5　不同深度土层含水率变化

由图 3-5 可以看出，在不同深度土层内，表层含水率最低，20cm 和 40cm 深度的土壤含水率相差不大，到 60cm 深度土壤含水率降低；由于当地气温较高，蒸发强烈，表层土壤水分变化较大，中间土层次之，60cm 土层水分变化最小，说明根系主要吸收消耗利用 60cm 土层内的水分。

不同灌水量下土壤水分状况如图 3-6 所示。由图可以看出，随着灌溉定额的增加，相同土层处的土壤平均含水率越大；全生育期土壤平均含水率变化幅度随

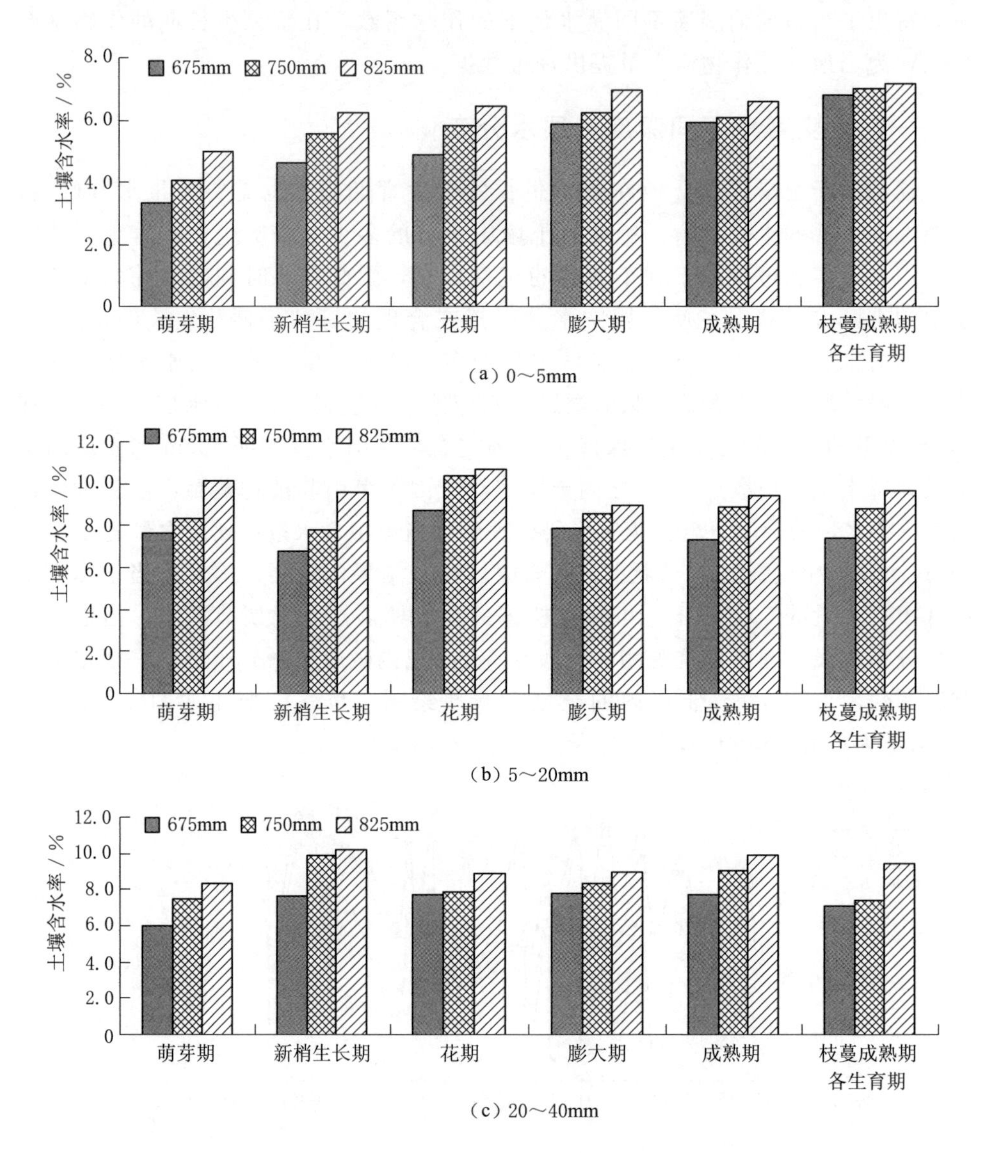

图 3-6（一） 不同灌水量下土壤平均含水率分布状况

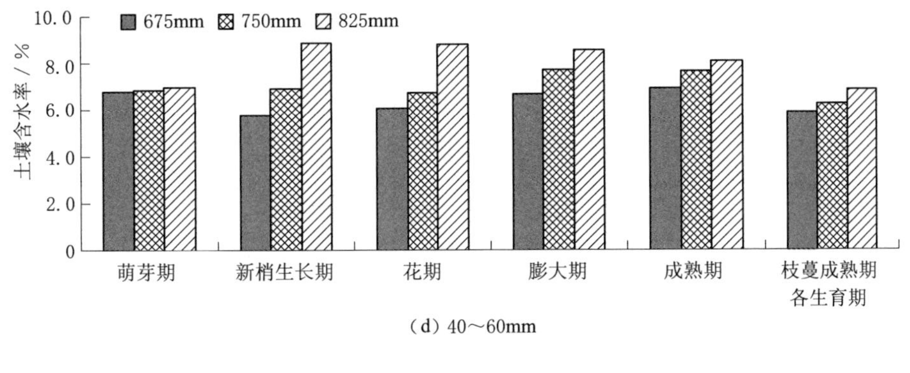

(d) 40～60mm

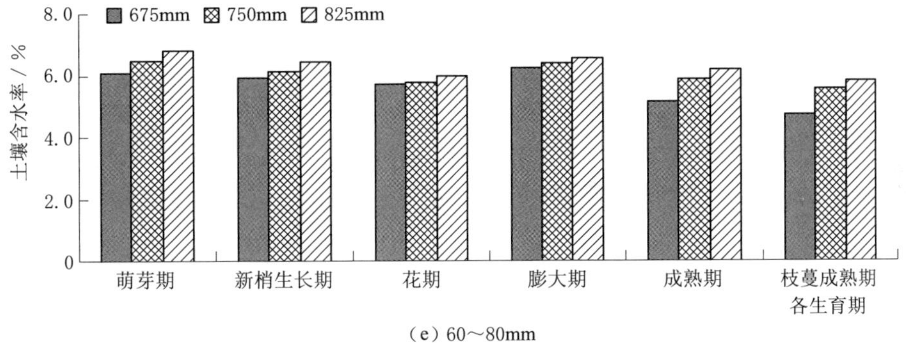

(e) 60～80mm

图 3-6（二） 不同灌水量下土壤平均含水率分布状况

着土层深度的增加逐渐减小，说明灌溉定额的增加对深层土壤水分影响较小。

二、不同灌溉定额下滴灌葡萄主要生育阶段土壤水分变化

1. 萌芽期土壤水分变化

葡萄萌芽期不同处理土壤含水率变化如图 3-7 所示。从图中可以看出，各处理土壤含水率变化趋势一致。在湿润带水平方向，灌水后各处理土壤含水率变化趋势呈双峰曲线，在棚架外侧滴灌带左右 30cm 处土壤含水率较高，向两侧方向递减，这是因为这两处正好是在葡萄根部和葡萄沟内，由于埋施肥料使该处地势低洼，水分积聚而造成土壤含水较高。从水平方向的土壤含水变化可以看出，在距葡萄根部 70cm 处灌水前后土壤含水率变化不大，说明湿润宽度为 70cm，在此范围内即葡萄沟内葡萄根系分布集中。从不同深度的土壤含水率变化来看，各处理灌水前后土壤含水率在 60cm 深度内变化较大，说明葡萄根系主要分布在 60cm 深度。从根系吸水层的土壤含水率大小看，萌芽期各处理灌前土壤含水率较小，仅占田间持水量的 30%～50%，各处理灌后土壤含水率占田间持水量的 50%～70%。

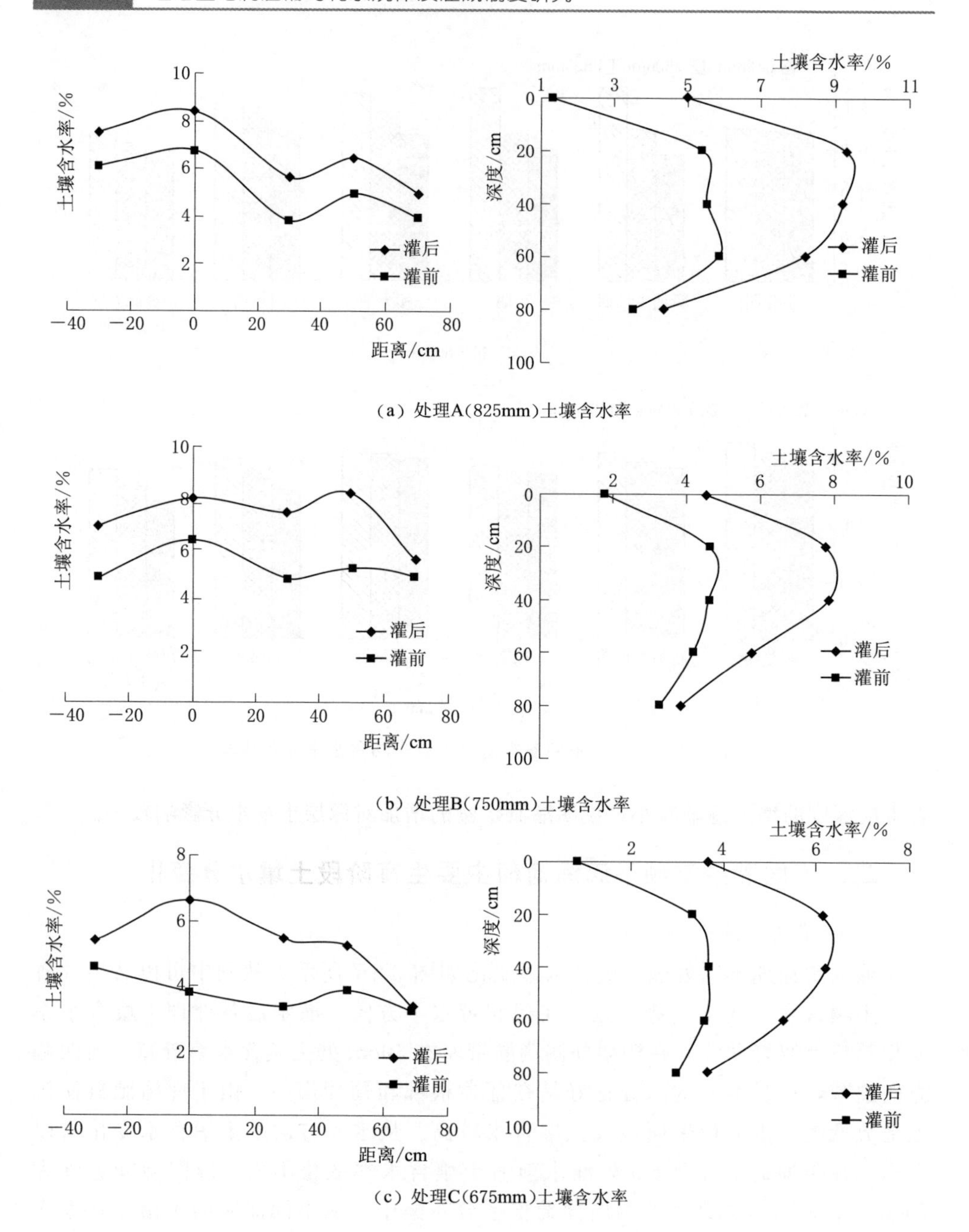

(a) 处理A(825mm)土壤含水率

(b) 处理B(750mm)土壤含水率

(c) 处理C(675mm)土壤含水率

图 3-7 葡萄萌芽期内土壤含水率变化

2. 新梢生长期土壤水分变化

葡萄新梢生长期不同处理土壤含水率变化如图 3-8 所示，从图中可以看出，不同灌水处理在葡萄沟内的湿润宽度大概为 1m，在距葡萄根部 70cm 范围内灌

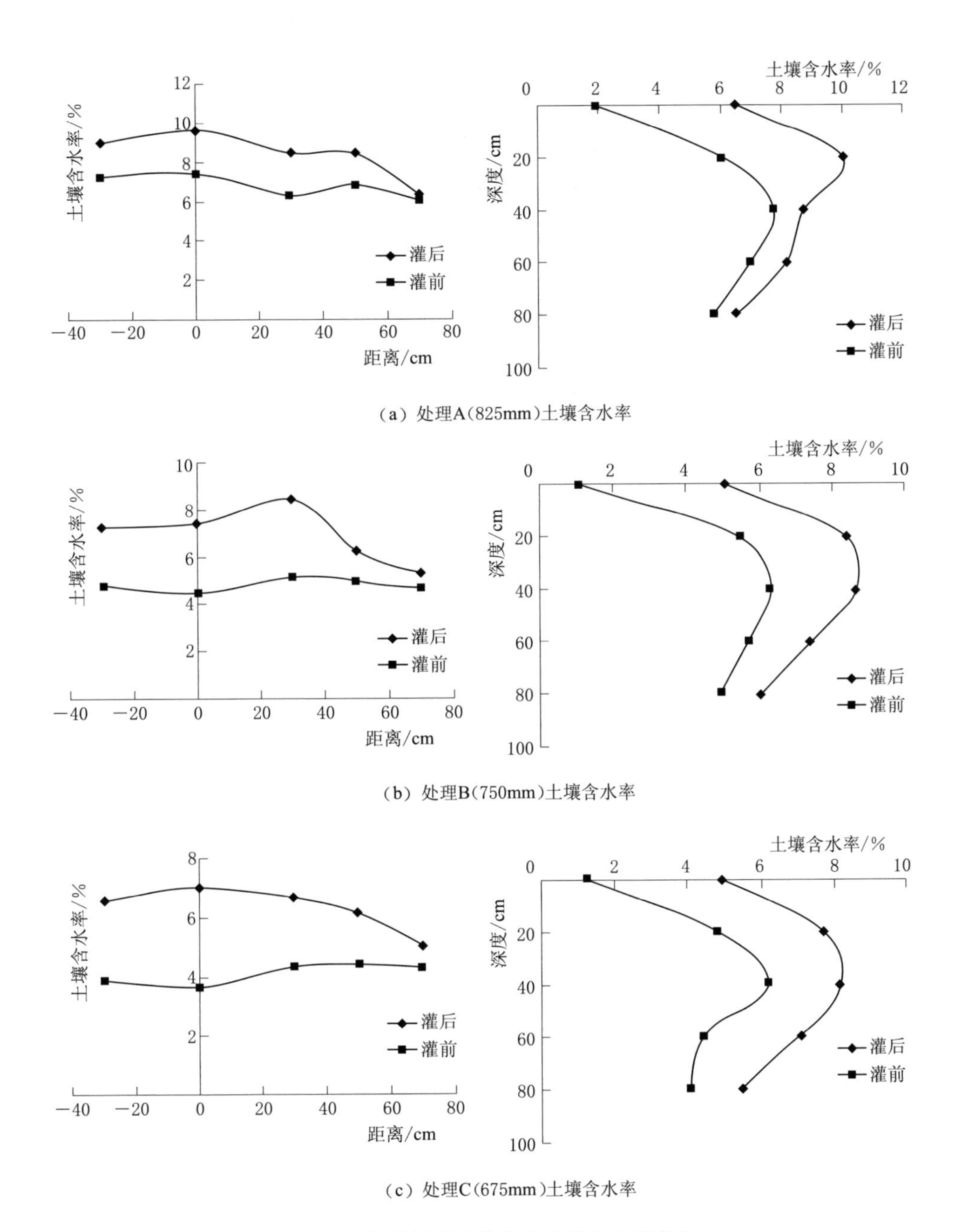

(a) 处理A(825mm)土壤含水率

(b) 处理B(750mm)土壤含水率

(c) 处理C(675mm)土壤含水率

图 3-8 葡萄新梢生长期内土壤含水率变化

水前后土壤含水率变化较大，说明该区域根系分布集中。从不同深度土壤含水率变化来看，在60cm深度内土壤水分变化明显，说明水分消耗较多，葡萄根系分布较集中。灌水量越大，土壤含水率越高。不同处理灌前土壤含水率占田间持水量的45%～60%，灌后土壤含水率为田间持水量的65%～75%。

3. 花期土壤水分变化

各处理葡萄花期的土壤含水率变化情况如图3-9所示，从图中可以发现，在花期，湿润带宽度也是1m左右，在湿润带范围内灌水前后的土壤含水率变

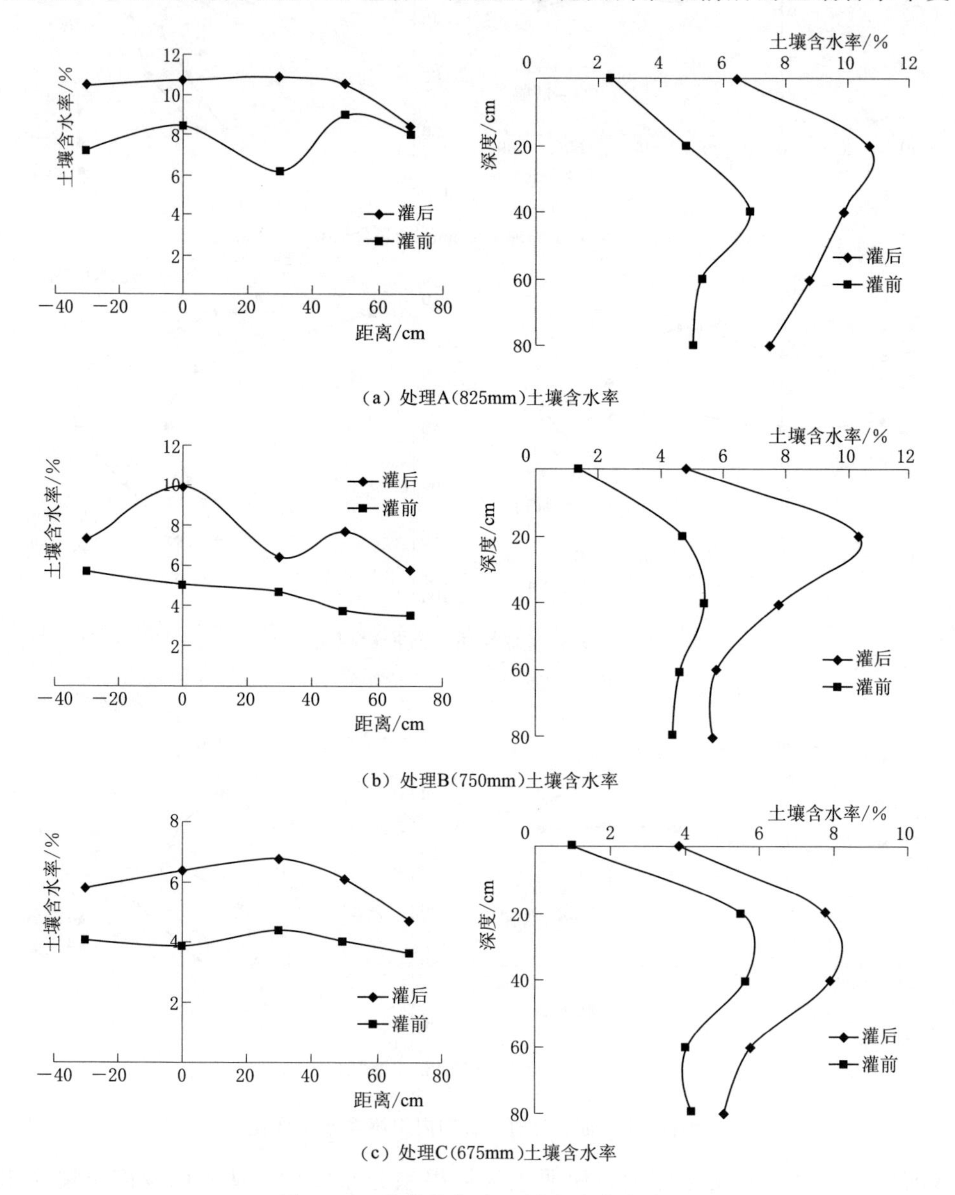

图3-9 葡萄花期内土壤含水率变化

化较明显，因此是葡萄根系集中分布的地方。从不同深度的土壤含水率变化看，水分变化集中在60cm深度内，该区域水分消耗较多，说明葡萄根系吸水层主要在该区域。在花期，葡萄根系层灌前土壤含水率占田间持水量的40％～50％，灌后土壤含水率为田间持水量的60％～80％，灌水量越大，土壤含水率越高。

4. 果实膨大期土壤水分变化

不同灌水处理葡萄果实膨大期的土壤含水率变化情况如图3-10所示，从图中可以看出，灌水后湿润宽度为1m左右，在湿润宽度范围内灌水前后的土壤水分变化较大，说明在果实膨大期葡萄根系主要集中在该区域吸水，即沟内葡萄根系较集中。从不同深度土壤含水率变化来看，在果实膨大期各处理灌水前后土壤含水率变化最大的区域位于60cm深度内，根系集中在此区域吸收水分。在果实膨大期，各处理葡萄根系层灌前土壤平均含水率为田间持水量的45％～55％，灌后土壤平均含水率为田间持水量的65％～80％。灌水量越大，土壤含水率越高。

5. 成熟期土壤水分变化

葡萄成熟期的土壤水分变化如图3-11所示。从图中可以看出，在葡萄成熟期各处理的湿润宽度大概为1m，在此范围内土壤水分变化较大。从不同深度的土壤水分变化看，水分消耗主要集中在60cm深度内，在20～40cm内土壤水分变化最大。各处理灌前土壤平均含水率为田间持水量的35％～45％，灌后土壤平均含水率为田间持水量的55％～65％，灌水量越大，土壤含水率越高。

三、不同灌溉定额下滴灌葡萄耗水量分析

1. 滴灌葡萄全生育期耗水量分析

农田水分的消耗主要由3部分组成，分别是植株蒸腾、棵间蒸发和田间渗漏。旱作物在正常灌溉情况下，深层渗漏是不被允许发生的，本试验中采用滴灌，田间渗漏量可忽略不计，故作物生育期耗水量由植株蒸腾和棵间蒸发组成。作物耗水量作为田间水量平衡的重要组成部分之一，是制定灌溉计划以及评价气候资源和水分供应状况的前提。通过研究农作物的耗水规律，不仅可以得到耗水量与产量之间的相互关系，而且还可以分析出耗水量在各生育阶段的分配规律以及耗水强度，从而制定出较合理的灌溉制度。

一般情况下，作物耗水量依靠降水、灌溉、地下水以及土壤中的水分补给。根据水量平衡方程：

$$W_t - W_0 = W_T + P_0 + K + M - ET \tag{3-1}$$

式中：W_0、W_t分别为时段初和任一时间t时的计划湿润层内的储水量，mm；W_T为由于计划湿润层增加而增加的水量，mm；P_0为土壤计划湿润层内保存的

有效雨量，mm；K 为时段 t 内地下水补给量，mm；M 为时段 t 内的灌溉水量，mm；ET 为时段 t 内的作物田间需水量，mm。

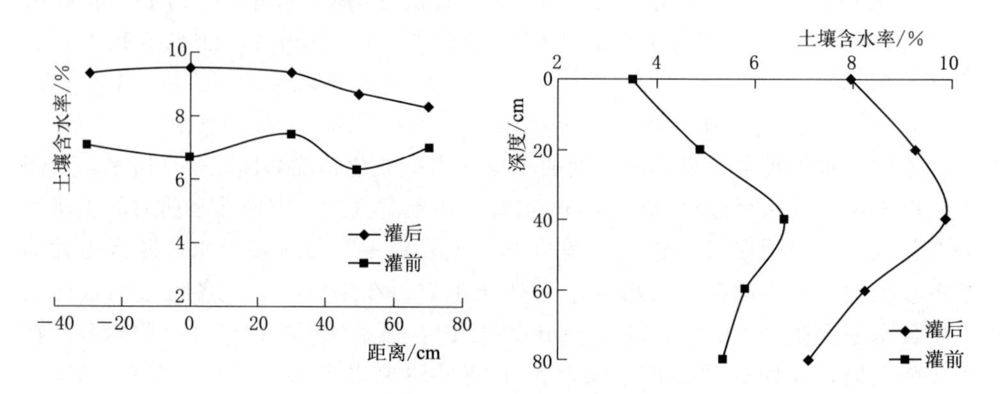

（a）处理A(825mm)土壤含水率

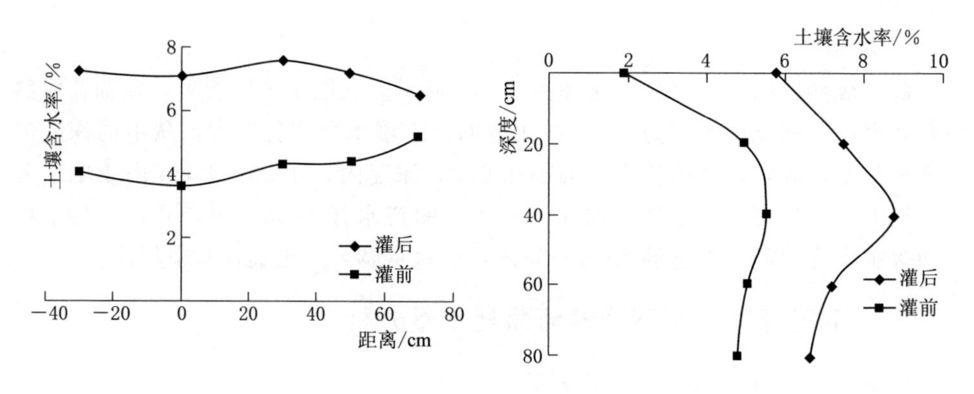

（b）处理B(750mm)土壤含水率

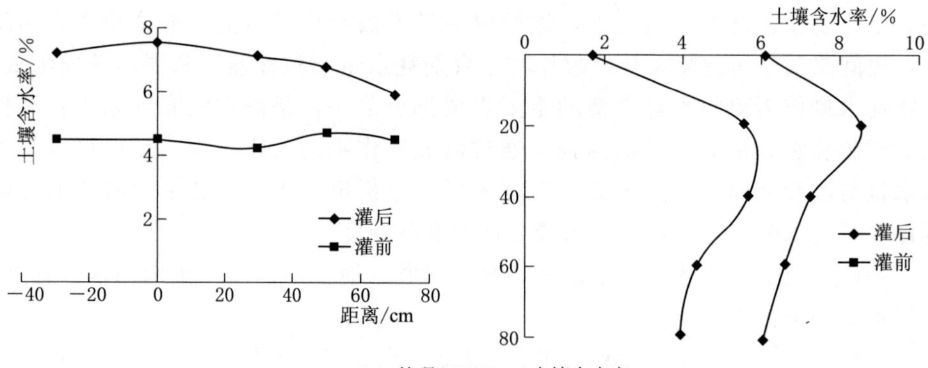

（c）处理C(675mm)土壤含水率

图 3-10 葡萄果实膨大期内土壤含水率变化

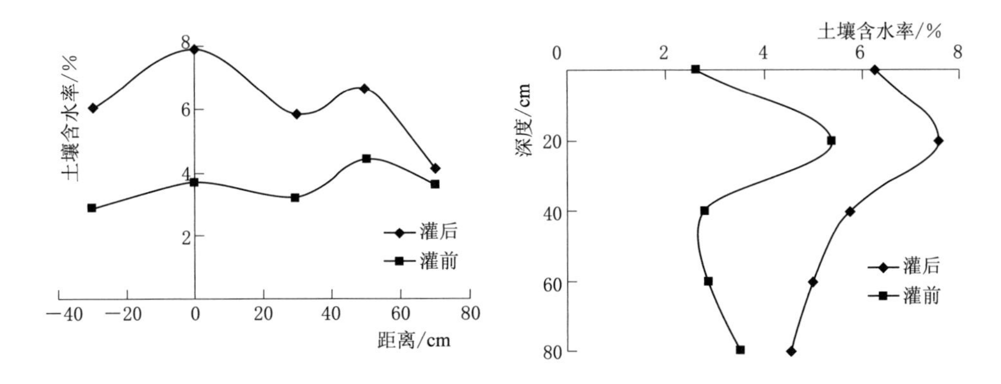

（a）处理A(825mm)土壤含水率

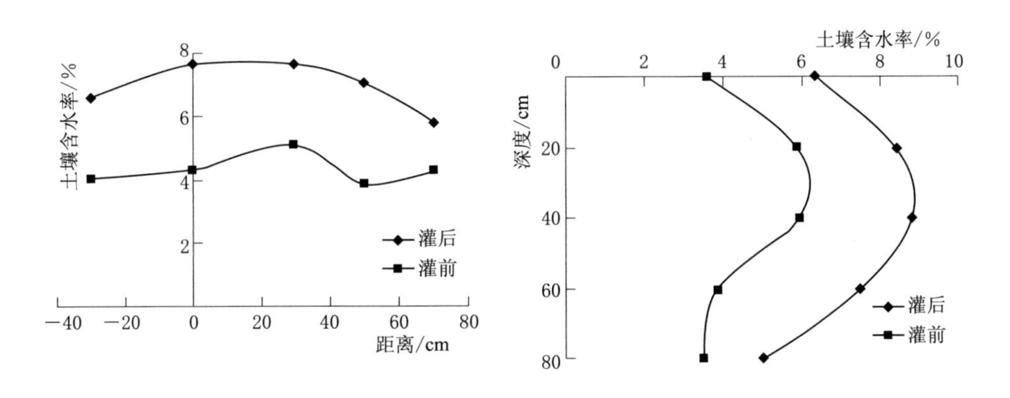

（b）处理B(750mm)土壤含水率

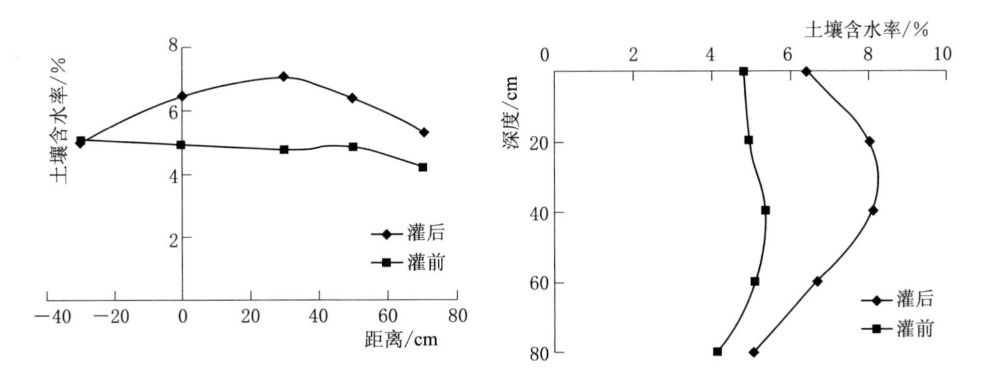

（c）处理C(675mm)土壤含水率

图 3-11 葡萄成熟期内土壤含水率变化

试验区地下水位较深，一般在10m以下，因此不考虑地下水补给，同时又不考虑深层渗漏，因此根据时段内灌水量、降水量及时段初末的土壤含水率，就可以利用式（3-1）计算试验区滴灌葡萄全生育期的总耗水量，如图3-12所示。由图可以看出，葡萄的耗水量随灌水量的增加而增加，处理C(675mm）葡萄全生育期的耗水量约为695mm，处理B(750mm）约为767mm，处理A(825mm)则到达838mm，很明显都消耗了土壤储水量，分别为20mm、17mm、13mm，随着灌水量增加，消耗土壤储水量降低。

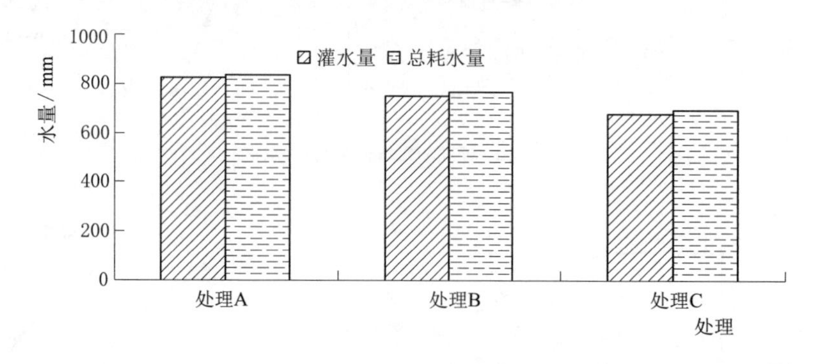

图3-12 葡萄滴灌灌水量和总耗水量

2. 滴灌葡萄各生育期耗水量及耗水强度分析

根据《灌溉试验规范》(SL 13—2004）规定，利用测定土壤含水率来测定葡萄蒸发腾发量时，蒸发腾发量可按式（3-2）计算：

$$ET_{1-2}=10\sum_{i=1}^{n}\gamma_i H_i(W_{i1}-W_{i2})+M+P+K-C \qquad (3-2)$$

式中：ET_{1-2}为阶段蒸发腾发量，mm；i为土壤层次号数；n为土壤层次总目数；γ_i为第i层土壤干容重，1.50g/cm^3；H_i为第i层土壤厚度，cm；W_{i1}为第i层土壤在时段始的含水量（干土重的百分率）；W_{i2}为第i层土壤在时段末的含水量（干土重的百分率）；M为时段内的灌水定额，mm；P为时段内的降水量，0mm；K为时段内的地下水补给量，0mm；C为时段内的排水量（地表排水与下层排水之和），0mm。

由于在不同生育期葡萄对水分的要求不同。在萌芽期，气温低，植株较小，故需水量较少；随着气温升高，葡萄生长加速，在新梢生长期葡萄对水分需求较多，花期间需水量减少，以后又逐渐增多；在浆果生长坐果后，葡萄快速生长，这期间是决定果实细胞数量的细胞分裂期，水分胁迫导致细胞数量减少，会使果树体积发生不可逆缩小，因此在浆果成熟期需水量达到高峰，在葡萄完全成熟后需水量逐渐减少。因此从葡萄的灌水管理方面来讲，葡萄萌芽到葡萄成熟这阶段的耗水量最重要，所以只计算了葡萄主要生育期（4—9月）的ET_c

值及耗水强度。计算结果见表 3-7。不同灌溉定额处理及生育阶段耗水情况如图3-13和图 3-14 所示。

表 3-7　　不同灌溉定额处理葡萄各生育阶段耗水规律

处理	项　目	生育阶段						
		萌芽期	新梢生长期	花期	浆果生长期	成熟期	枝蔓成熟期	全生育期
A (825mm)	耗水量/mm	48.10	168.60	41.59	276.58	213.57	89.40	837.84
	模比系数/%	5.67	20.12	4.96	33.01	25.49	10.67	100.00
	耗水强度/(mm/d)	3.70	5.44	5.94	8.02	6.67	3.58	5.69
B (750mm)	耗水量/mm	46.97	152.73	40.40	244.04	206.96	76.30	767.40
	模比系数/%	6.12	19.90	5.26	31.80	26.97	9.94	100.00
	耗水强度/(mm/d)	3.61	4.93	5.77	6.60	6.47	3.05	4.90
C (675mm)	耗水量/mm	40.82	135.70	32.60	227.46	192.59	66.40	695.57
	模比系数/%	5.87	19.51	4.69	32.70	27.69	9.55	100.00
	耗水强度/(mm/d)	3.14	4.38	4.66	6.32	6.02	2.66	4.31

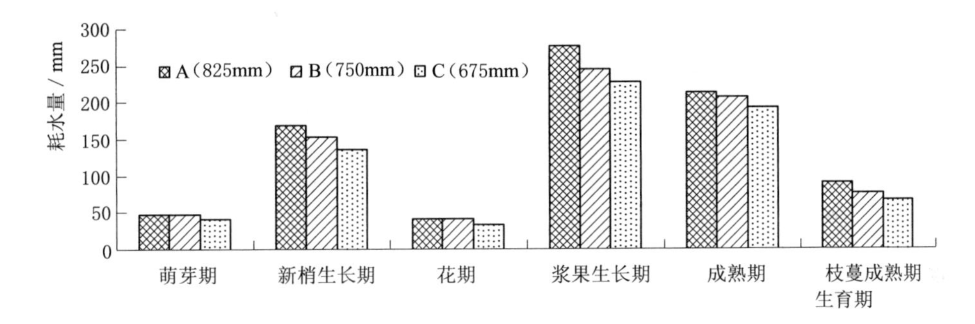

图 3-13　不同灌水处理的耗水量

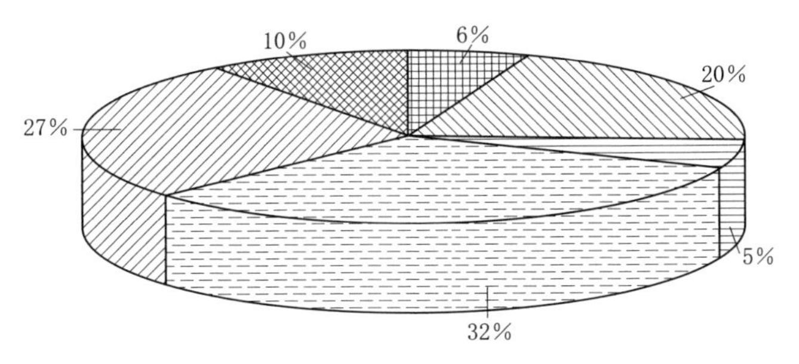

图 3-14　不同生育阶段的耗水量

根据表3-7中不同灌水处理葡萄各生育期的耗水量及模比系数计算结果，葡萄需水的基本规律是前期小，中期大，后期小。在葡萄新梢生长期由于气温的升高，蒸发量加大，各灌水处理下的耗水约占整个生育期耗水的20%；在果实膨大到果实成熟期，除受到气候的影响以外，营养生长和生殖生长齐头并进，植株生长和发育需要大量的水分和养分来供给制造干物质，需水量最大，需水模比系数已达60%左右，以上3个生育阶段的耗水已达到整个生育期耗水的80%左右，为葡萄生长发育期中的需水临界期。

从耗水强度变化规律看，不同灌溉处理葡萄在整个生育期内（4—9月）耗水呈现两头低中间高的变化趋势。在萌芽期，由于葡萄刚发芽，气温较低，葡萄蒸腾耗水只用于营养器官的生长发育，叶片很小，耗水强度不大，为3.14～3.7mm/d。随着葡萄进入新梢生长期，新梢和叶片迅速生长，同时果穗也在生长发育，耗水强度较大，为4.38～5.44mm/d。花期葡萄耗水强度为4.66～5.77mm/d。葡萄结果后（浆果生长期），葡萄的耗水强度在果实膨大后期达到最大值，为6.32～8.02mm/d。随着葡萄进入成熟期，葡萄主要进行果实的糖分积累，在此阶段葡萄耗水强度稍有降低，为6.02～6.67mm/d。进入完全成熟期后葡萄耗水仅仅维持自身的生命以及果实的充实，耗水强度降低，为2.66～3.58mm/d。总而言之，葡萄耗水强度在4月开始生长时较低，而后不断增加，到6—7月达到高峰，然后逐渐下降，这一变化过程与当地气温变化过程基本一致（图3-15）。在适宜的灌溉条件下，由于气温升高以及植株蒸腾能力增强，葡萄的耗水强度随之加大。花期过后，葡萄植株的生长状况发生了变化，逐渐由以前的营养生长、生殖生长并进转变成以生殖生长为主的生长趋势，日均气温也逐渐达到顶峰，故耗水强度较大，结果后期，此时气温在慢慢回落，加上果实不断被采摘，葡萄生理活动机能减弱，生长逐渐缓慢，需水强度逐渐下降。

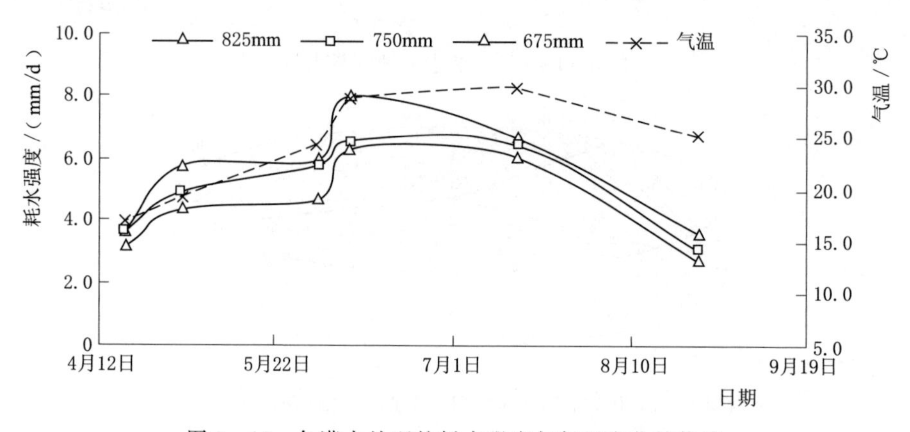

图3-15 各灌水处理的耗水强度与气温变化趋势线

四、作物系数 K_c 值的计算

1. 参考作物蒸发蒸腾量的计算

根据《灌溉试验规范》(SL 13—2004) 的规定，参考作物蒸发蒸腾量 ET_0 可按彭曼-蒙蒂斯 (Penman - Monteith) 公式计算：

$$ET_0 = \frac{0.408\Delta(R_n - G)\gamma \dfrac{900}{T+273}U_2(e_a - e_d)}{\Delta + \gamma(1 + 0.34U_2)} \tag{3-3}$$

$$\Delta = \frac{4098e_a}{(T+237.3)^2}$$

$$e_a = 0.611\exp\left(\frac{17.27T}{T+237.3}\right)$$

$$R_{nl} = 2.45\times10^{-9}(0.9n/N + 0.1)(0.34 - 0.14\sqrt{e_d})(T_{kx}^4 + T_{kn}^4)$$

$$e_d = RH_{mean}/\left[\frac{50}{e_a(T_{min})} + \frac{50}{e_a(T_{max})}\right]$$

式中：ET_0 为参考作物蒸发蒸腾量，mm/d；Δ 为温度-饱和水汽压关系曲线在 T 处的切线斜率，kPa/℃；T 为平均气温,℃；e_a 为饱和水汽压，kPa；R_n 为净辐射，MJ/(m^2 · d)，$R_n = R_{ns} - R_{nl}$；R_{ns} 为净短波辐射，MJ/(m^2 · d)，$R_{ns} = 0.77(0.25 + 0.5n/N)R_a$；$R_a$ 为大气边缘太阳辐射，MJ/(m^2 · d)；R_{nl} 为净长波辐射，MJ/(m^2 · d)；n 为实际日照时数，h；N 为最大可能日照时数，h，$N = 7.64W_s$；W_s 为日照时数角，rad，$W_s = \arccos(-\tan\psi\tan\delta)$；$\psi$ 为地理纬度，rad；δ 为日倾角，rad，$\delta = 0.409\sin(0.0172J - 1.39)$；$J$ 为日序数 (1 月 1 日为 1，逐日累加)；e_d 为实际水汽压，kPa，RH_{mean} 为平均相对湿度，%；T_{min} 为日最低气温,℃；T_{max} 为日最高气温,℃；T_{kx} 为最高绝对温度，K，$T_{kx} = T_{max} + 273$；T_{kn} 为最低绝对温度，K，$T_{kn} = T_{min} + 273$；G 为土壤热通量，MJ/(m^2 · d)，对于分月估算 ET_0，则第 m 月土壤热通量为 $G = 0.14(T_m - T_{m-1})$；T_m、T_{m-1} 分别为第 m、$m-1$ 月气温,℃；γ 为湿度表常数，kPa/℃，$\gamma = 0.00163P/\lambda$；$P$ 为气压，kPa；λ 为潜热，MJ/kg，$\lambda = 2.501 - (2.361\times10^{-3})T$；$u_2$ 为 2m 高处风速，m/s，$u_2 = 4.87u_h/\ln(67.8h - 5.42)$；$h$ 为风标高度，m；u_h 为风标高度处的实际风速，m/s。

根据气象站的气象资料，按彭曼-蒙蒂斯公式计算得到当地参考作物需水量。参考作物需水量的日变化图如图 3 - 16 所示。由图可见，葡萄 ET_0 在全生育内的变化规律是前期和后期较小，中期较大。最大值出现在 6 月，6 月的 ET_0 平均值为 5.70mm/d，然后是 7 月，为 5.44mm/d，其余依次是 8 月，为 5.06mm/d，5 月为 4.88mm/d，4 月为 4.02mm/d，9 月为 3.88mm/d，10 月为

2.76mm/d。

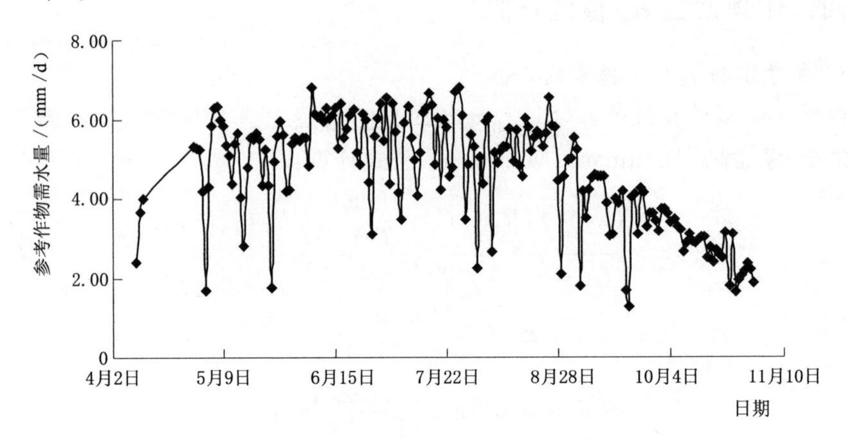

图 3-16 葡萄生育期内 ET_0 变化

2. 作物系数 K_c 值的计算

在较适宜的土壤水分条件下，作物系数 K_c 是实际作物需水量与参考作物蒸发蒸腾量的比值，反映了作物特性对耗水量的影响。其计算公式如下：

$$K_c = ET/ET_0 \tag{3-4}$$

式中：K_c 为作物系数；ET 为实际腾发量，mm/d；ET_0 为参考作物蒸发蒸腾量，mm/d。

按计算的耗水强度和参考作物需水量的比值得到作物系数 K_c，计算结果见表 3-8。由表中计算结果可以看出，不同的灌水量下，作物系数值也稍有差别，灌水量越大，作物系数值也越大，但在整个生育期的变化趋势基本相同，都是在生育前期较小，随着葡萄植株的生长发育，逐渐增大，到浆果生长期达到顶峰，然后缓慢减小，到枝蔓成熟期减小较明显。

表 3-8　葡萄各生育阶段平均作物系数 K_c 值

处理	萌芽期	新梢生长期	花期	浆果生长期	成熟期	枝蔓成熟期
A(825mm)	0.92	1.24	1.13	1.34	1.13	0.98
B(750mm)	0.90	1.13	1.10	1.10	1.09	0.83
C(675mm)	0.78	1.00	0.89	1.06	1.02	0.73

第四节 吐哈盆地滴灌葡萄生长指标与灌溉制度

灌水量对滴灌葡萄的生长及产量具有显著影响，本节分析研究了滴灌葡萄在不同灌水量下的生长情况及产量，初步制定出吐哈盆地滴灌葡萄的灌溉制度。

具体结论如下：

（1）葡萄在滴灌下的生长发育正常，在生育前期生长较快，后期较慢；葡萄产量不随灌水量的增加而增加，处理B(750mm）的产量最大，处理A(825mm）最小。

（2）通过理论分析计算结合当地丰产经验，得到吐哈盆地滴灌葡萄全生育期适宜灌溉定额为745mm，总灌水次数为27次。其中，萌芽期2次，生育期灌水量为44mm；新梢生长期5次，生育期灌水量为140mm；花期1次，生育期灌水量为28mm；浆果生长期7次，生育期灌水量为196mm；浆果成熟期8次，生育期灌水量为224mm；枝蔓成熟期3次，生育期灌水量为78mm；冬灌1次，生育期灌水量为35mm。

一、不同灌水量处理对葡萄生长发育的影响

1. 不同灌水处理下葡萄叶片生长发育情况

2010年不同灌水处理下叶片生长变化情况如图3-17所示，从图中可以看

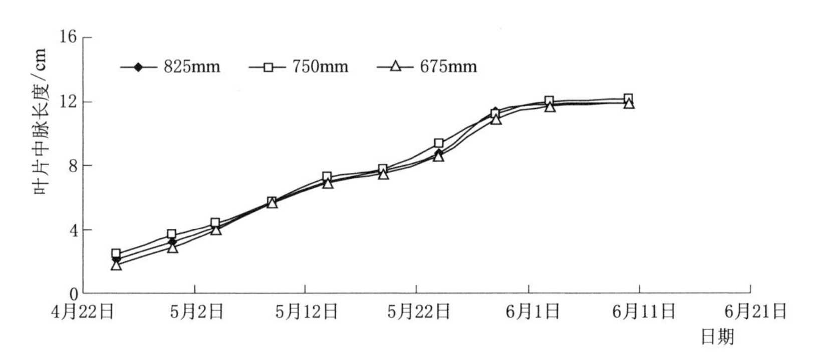

(a) 各处理叶片生长长度

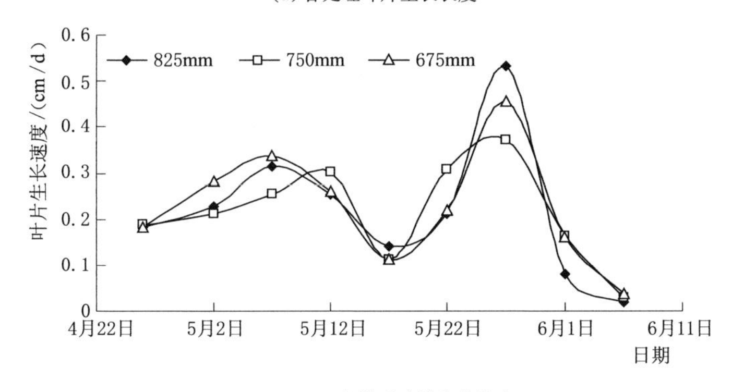

(b) 各处理叶片生长速度

图3-17 不同处理对叶片生长的影响

出，葡萄叶片在不同灌水处理下的生长变化一致，从叶片生长速度来看，生长变化趋势呈“双峰”形态，在5月5—9日，各处理叶片生长速度达到第一个顶峰，之后生长减慢，在5月19日之后又开始加快，到5月末达到第二个高峰，进入花期后叶片生长减慢，在花期结束时叶片几乎不再生长。从叶片大小来看，各处理葡萄叶片在生长过程中大小相差不大。

2. 不同灌水处理下葡萄新梢生长发育情况

2010年不同处理新梢（主梢）的生长情况如图3-18所示，从图中可以看出，各个处理的新梢在摘心（5月24日）之前生长较快，长度基本为70～90cm，主梢摘心后各处理生长减慢，几乎停止生长，长度基本为50～60cm。从各个处理主梢长度来看，处理B>处理A>处理C。从主梢生长速度来看，主梢

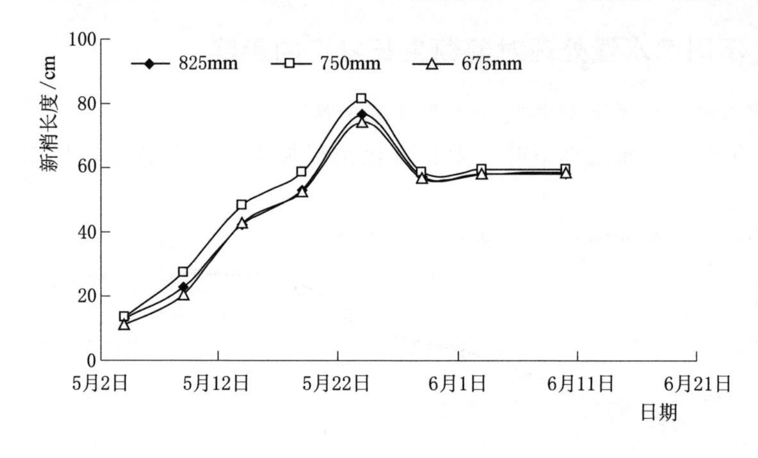

(a) 各处理新梢生长长度

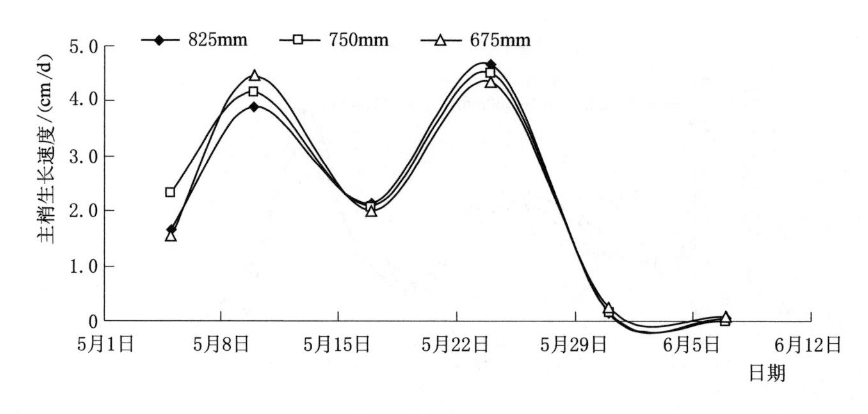

(b) 各处理新梢生长速度

图3-18 不同处理对新梢生长的影响

在 5 月 10 日之前生长加快，而在 5 月 10—17 日生长减慢，原因可能是土壤中水分不足造成的。在 5 月 17 日至葡萄摘心这段时间，生长速度加快。摘心后速度急剧减小，到花期（6 月初）基本为 0。

3. 不同灌水处理下葡萄果穗生长发育情况

2010 年不同处理果穗生长情况如图 3-19 所示。从图中可以看出，各处理果穗生长变化趋势较一致，在 7 月 7 日之前果实变化较明显，之后几乎不再生长，果穗平均长度基本为 29～32cm。从各处理果穗长度来看，在 6 月 10 日之前，处理 B>处理 C>处理 A，之后是处理 B>处理 A>处理 C。从生长速度看，在 5 月 19 日之前，处理 B 生长速度较大，处理 A 和处理 C 相差不大；在 5 月 20—29 日这段时间内，处理 C 的生长速度大于处理 A、B 的生长速度，而处理 A 和处理 B 生长速度相差不大；在 5 月 30 日—6 月 3 日这几天，各处理的葡萄果穗生长速度是处理 B>处理 C>处理 A；在 6 月 4—10 日这几天，各处理的葡

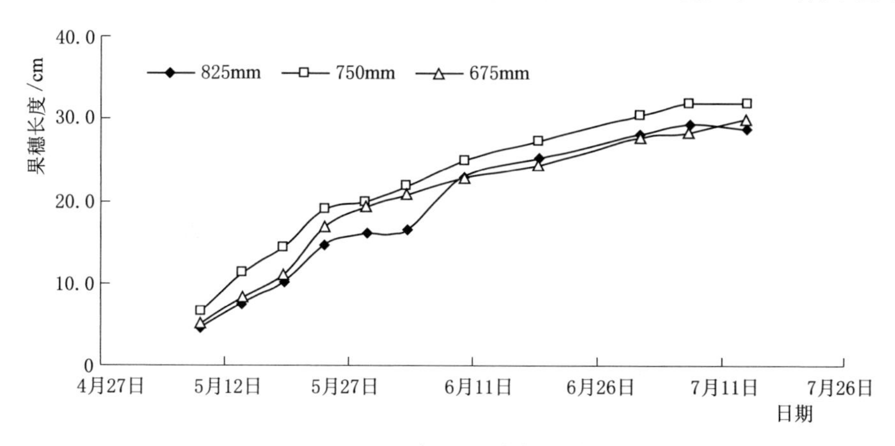

(a) 各处理果穗生长长度

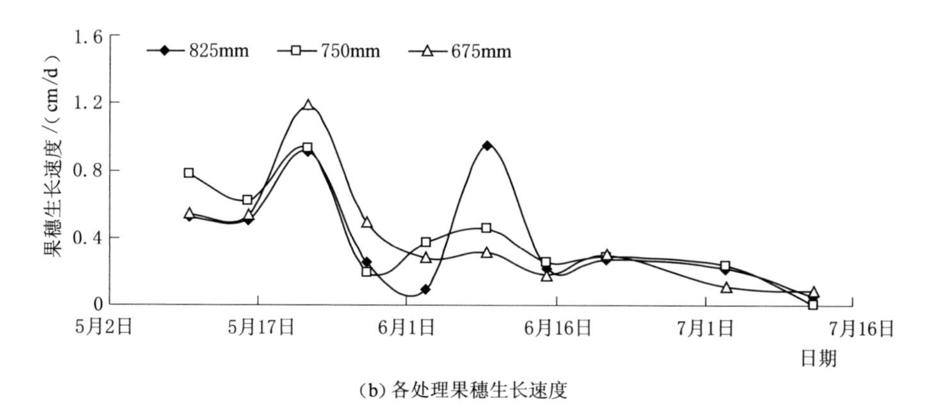

(b) 各处理果穗生长速度

图 3-19　不同处理对果穗生长的影响

萄果穗生长速度是处理 A＞处理 B＞处理 C；在 6 月 10 日之后，各处理的葡萄果穗生长速度相差不大。而从整个生长变化过程看，各处理前期生长速度较大，后期生长速度减小。

4. 不同灌水处理下葡萄果粒生长发育情况

2010 年各处理葡萄果粒生长情况如图 3－20 所示，从图中可以看出，各处理葡萄粒径生长变化一致，在 7 月 30 日之前粒径增长较明显，到 8 月初粒径几乎不再增长，各处理粒径大小相差不大。从果粒生长速度变化情况看，在 7 月初，处理 C 果粒生长速度较其他处理要大，在 7 月中旬，处理 B 生长较快，在 7 月下旬，处理 C 生长较快，到 7 月末时，各处理葡萄粒径生长速度几乎相等。从 7 月份整个生长过程看，前期生长较快，到 7 月末时生长缓慢，几乎为 0。

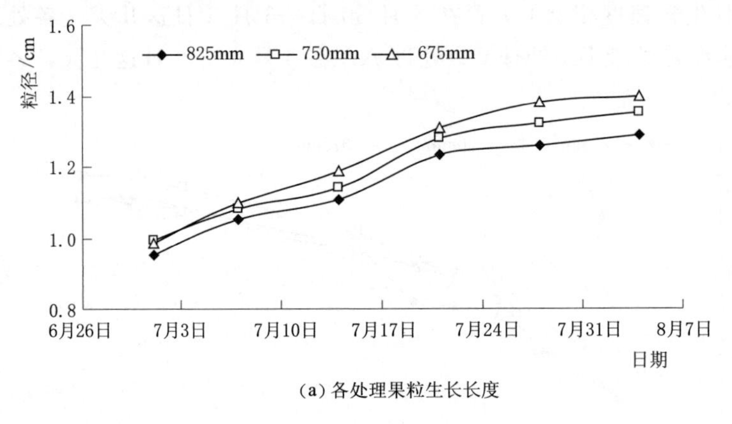

(a) 各处理果粒生长长度

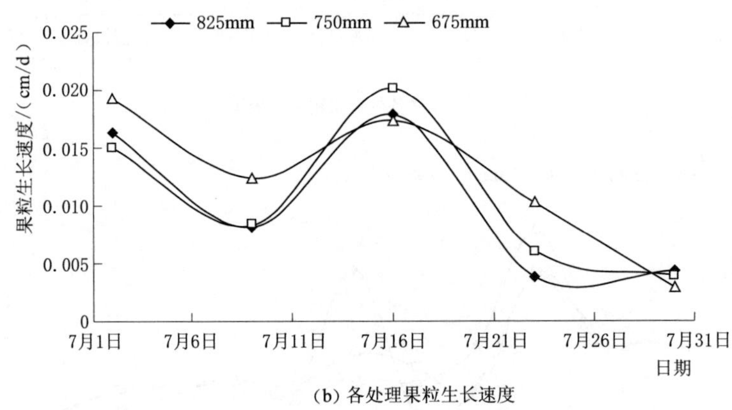

(b) 各处理果粒生长速度

图 3－20　不同处理对果粒生长的影响

综上所述，从图 3－17～图 3－20 中葡萄生长变化可知，在新梢生长期（5 月 1—31 日），叶片生长量达到全年生长量的 90％以上，果穗长度约占全年生长量的 60％。葡萄花期（6 月初）新梢生长减慢，有利于加强花序营养。在花期之后，进入浆果生长期（6月8日—7月15日），直至浆果开始成熟前，在此期间，葡萄生殖生长加快，果穗迅速生长，果粒也在不断膨大，而营养生长减弱，从图中可以看出在6月中旬左右，葡萄的叶片和新梢已不再变化。当果粒开始变软、透明而且具有弹性的时候，葡萄开始进入浆果成熟期（7月16日—8月10日），直至葡萄完全成熟为止。研究认为，当葡萄进入转色期时，浆果含糖量迅速增加，含酸量急速减少，新梢生长减缓、停止，枝条成熟加速进行。图中葡萄各个生长量的变化情况正好说明这一规律，在7月中下旬葡萄的果穗和果粒生长变化不再明显，葡萄生长主要是进行糖分的积累。

二、滴灌葡萄节水增产效果分析

根据调查数据显示，与当地农户习惯所采用的沟灌相比，葡萄采用滴灌技术后具有显著的节水增产效果，具体数据见表3-9和表3-10。由于当地在2008年开始实施滴灌葡萄试验，当地缺乏科学的施肥管理技术，再加上受到自然灾害影响，葡萄滴灌产量较沟灌略低，但滴灌节水平均达到39.7%；在2009年农户掌握了一定的管理技术，当年滴灌葡萄节水增产效果明显，节水率平均达到41.8%，增产率平均达到10.6%；2010年由于高温天气影响，沟灌灌水量较多，加上葡萄生产受白粉病灾害影响，沟灌产量下降，因此滴灌节水较多，平均达到56.3%，增产平均达到34%，又说明使用滴灌可以减少病虫害的危害。综合三年调查数据分析，当地葡萄采用滴灌技术后节水率平均达到45.9%，增产率平均达到11.7%。

表3-9　　葡萄年产量及灌溉水量表

年度	沟灌平均水量/(m^3/亩)	滴灌平均水量/(m^3/亩)	节水率/%	沟灌平均产量/(kg/亩)	滴灌平均产量/(kg/亩)	增产率/%
2008	722.8	410.0	43.3	774.3	709.8	−8.3
2009	938.5	547.8	41.6	1679.0	1837.0	9.4
2010	1508.6	500.0	66.9	1360	2045.2	50.4

注　表中数据为红星一场调查数据。

表3-10　　葡萄年产量及灌溉水量表

年度	沟灌平均水量/(m^3/亩)	滴灌平均水量/(m^3/亩)	节水率/%	沟灌平均产量/(kg/亩)	滴灌平均产量/(kg/亩)	增产率/%
2008	856	548	36	1005	906	−10.9
2009	978.5	567.8	42.0	1773	1980	11.7
2010	1091	594	45.6	1650	1940	17.6

注　表中数据为火箭农场调查数据。

三、吐哈盆地滴灌葡萄水分生产函数模型

1. 作物水分生产函数模型选用

水分是影响作物产量的一个重要因素。在农业生产水平基本一致的情况下，作物所消耗的水资源量与作物产量之间的关系就是作物水分生产函数，又称作物-水分反应模型。作物水分生产函数反映了作物产量随水量变化的规律，为灌溉系统的规划设计或某地区进行节水灌溉制定优化配水计划提供基本依据。

国内外学者从不同角度探讨水分与作物产量之间的关系，建立了很多作物水分生产模型，归纳起来大致可分为两类：一类是静态产量模型，也称为最终产量模型；另一类是动态产量模型，又称过程产量模型。静态模型通过对田间试验数据进行直接回归分析确定的，属于经验、半经验模型，研究历史比较长，其方程结构表达简单，所需的实测数据少，是目前应用的最多的模型。

根据《灌溉试验规范》（SL 13—2004）及试验站现有试验数据条件，本书选择静态模型对吐哈盆地滴灌葡萄灌溉制度的优化进行分析，本书选择以下模型来进行结果的比对以及比较不同模型对滴灌葡萄水分产量关系的适用性，以便为灌溉水量最优调控决策提供一定的依据。

（1）以灌溉定额为自变量的全生育期作物水分生产函数非线性模型。对于灌区管理人员和农民来说，往往更关心的是灌溉定额与产量的关系，国内外大量研究表明，灌溉定额与产量之间存在的关系常为抛物线关系形式：

$$Y = a_1 + b_1 W + c_1 W^2 \tag{3-5}$$

式中：Y 为作物产量；W 为灌溉定额；a_1，b_1，c_1为经验系数。

（2）以蒸发蒸腾量为自变量的全生育期作物水分生产函数非线性模型。据相关研究表明，作物产量与腾发量之间存在明显的非线性关系，可以通过二次曲线来表示：

$$Y = a_2 + b_2 ET + c_2 ET^2 \tag{3-6}$$

式中：Y 为作物产量；ET 为耗水量；a_2，b_2，c_2 为回归系数。

2. 吐哈盆地滴灌葡萄水分生产函数的拟合

为了确定吐哈盆地滴灌葡萄水分生产函数模型，需要用试验数据拟合方程来确定模型的经验系数，试验地滴灌葡萄的灌溉定额、耗水量及产量见表3-11。

表3-11　滴灌葡萄灌溉定额、耗水量及产量试验结果

灌溉定额 W/mm	825	750	675
耗水量 ET/mm	837.84	767.4	695.57
葡萄产量 Y/(kg/hm^2)	27610	34875	29550
灌溉水分生产率/(kg/m^3)	3.34	4.65	4.38

根据表 3-11 中灌溉定额和产量数据，由式（3-5）拟合得到以灌溉定额为自变量的滴灌葡萄全生育期水分生产函数：

$$Y=-1.1191W^2+1665.7W-584925 \tag{3-7}$$

根据表 3-11 中耗水量和产量数据，由式（3-6）拟合得到以耗水量为自变量的滴灌葡萄全生育期水分生产函数：

$$Y=-1.248ET^2+1897ET-687114 \tag{3-8}$$

两种滴灌葡萄水分生产函数拟合趋势曲线如图 3-21 和图 3-22 所示。

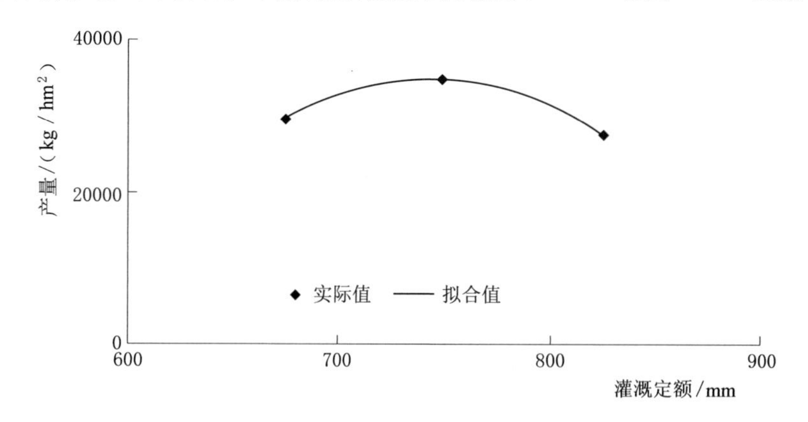

图 3-21 以灌溉定额为自变量的葡萄全生育期水分生产函数

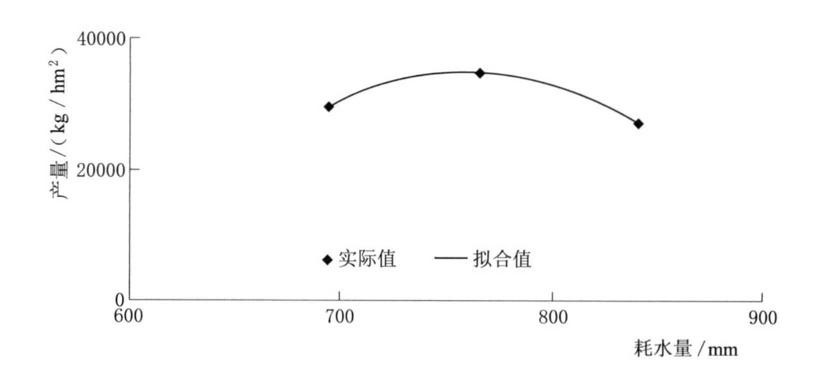

图 3-22 以耗水量为自变量的葡萄全生育期水分生产函数

通过比较以上两种水分生产函数模型，式（3-7）和式（3-8）均达到显著相关水平，表明在此灌溉定额处理下，以上两种水分生产函数模型均可用。

灌溉定额与耗水量的关系曲线如图 3-23 所示。其拟合公式为

$$ET=-0.0001W^2+1.1338W-13.45 \tag{3-9}$$

3. 水分生产率

在根据灌溉试验数据分析制定灌溉制度的过程中，除了考虑较适宜的作物

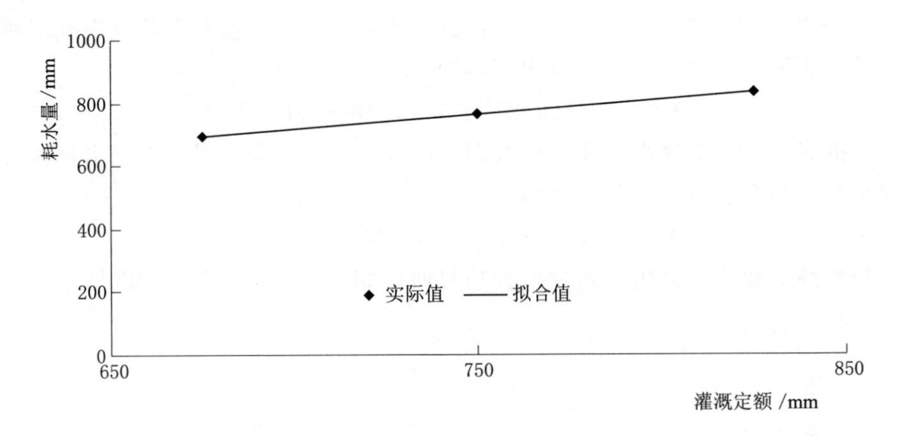

图 3-23 葡萄灌溉定额与耗水量之间的关系拟合

水分生产函数的拟合方程之外，水分生产率也是一个重要因素。在资源型缺水时，水分生产率是评价区域水分利用效率的最重要指标，也是衡量农业生产水平和农业用水科学性与合理性的综合指标。

灌溉水分生产率作为狭义的水分生产率的一种，是指单位灌溉水量所能生产的农产品的数量，它综合反映了灌区的农业生产水平、灌溉工程状况和灌溉管理水平，直接地显示出在灌区投入的单位灌溉水量的农作物产出效果。灌溉水分生产率把节约灌溉用水与农业生产有效地结合起来，既可以防止片面地追求农业增产而不惜大量增加灌溉用水量的倾向，又避免了片面地追求节约灌溉用水量而忽视农业产量的倾向。

由表 3-11 可以看出，在灌溉定额为 750mm 之前，灌溉定额越大，葡萄灌溉水分生产率也越大，但并不是一直呈递增趋势，在灌溉定额为 825mm 时，葡萄灌溉水分生产率反而减小到 3.34kg/m^3，处理 B 和处理 C 小区的葡萄灌溉水分生产率较高，而节水灌溉的目的就是要提高水分利用率，说明适宜灌溉定额较接近 750mm。

4. 滴灌葡萄灌溉定额的确定

滴灌葡萄全生育期的灌溉定额可以通过对作物水分生产函数的求解来确定。由以上分析得知，以灌溉定额为自变量的葡萄水分生产函数模型和以耗水量为自变量的葡萄水分生产函数模型均呈显著相关，为了得到较优的灌溉制度，分别对式（3-7）和式（3-8）求解。

式（3-7）对自变量 W 求导，得 $Y'=-2.238W+1665.7$。

令 $Y'=0$，得 $W=744.2$mm

代入式（3-7）求解，得 $Y=34893.7$kg/hm^2。

即以灌溉定额为自变量的葡萄水分生产函数模型确定的较优灌溉定额为

745.0mm，相应的葡萄产量为 34893.7kg/hm²。

式（3-8）对自变量 W 求导，得 $Y'=-2.496ET+1897$。

令 $Y'=0$，得 $ET=760.0$mm，代入式（3-8）求解，得 $Y=33761.2$kg/hm²。

即以耗水量为自变量的葡萄水分生产函数模型确定的较优耗水量为760.0mm，相应的葡萄产量为 33761.2kg/hm²。采用式（3-9）转化为较优灌溉定额为 729.1mm。

通过比较可知，两种水分生产函数得到的最优灌溉定额和相应的葡萄产量均比较接近，确定灌溉定额范围为 675～745mm，而通过水分利用率的比较来确定的灌溉定额为 750mm 左右。根据在作物水分生产率较高且节水情况下获得较高作物产量的原则下，最终确定吐哈盆地滴灌葡萄主要生育期较优灌溉定额为 745mm。

5. 吐哈盆地滴灌葡萄灌溉制度初步拟定

葡萄属于多年生植物，其灌溉制度应根据一年中葡萄不同生育期内的耗水量来制定。在萌芽期葡萄耗水量较小，这时水分不宜过多，以免阻碍地温回升，减缓枝条和叶片的生长；新梢生长期是葡萄当年生长的第一个需水高峰期，这时期的新梢生长量约占全年生长量的 60%～80%，此时期葡萄生殖生长和营养生长同时进行，气温高，蒸发量大，应保证充足的水分和养分；花期一般控制灌水，以免造成落花落果，所以需水量不大；当葡萄进入果实膨大期，这时是葡萄当年生长的第二个耗水水高峰期，果实需要灌浆并制造干物质，葡萄果实的水分含量在 85%以上，再加上高温，蒸发强烈，所以此时缺水会导致果粒偏小从而致使产量下降；当葡萄进入成熟采收季节时，为了防止过多水分而造成裂果腐烂发生，应适当控制水分；葡萄成熟以后随着气温开始降低，葡萄枝蔓生理活动变弱，为保证葡萄安全过冬，应尽可能减少水分，同时延长灌水周期。综上所述，葡萄的灌水关键时期为新梢生长期以及果实膨大转熟期，其余时期应适当控制灌水，以免对葡萄产量造成负面的影响。

通过以上理论计算结果，结合当地丰产经验，综合分析得出吐哈盆地成龄葡萄在滴灌条件下的灌溉制度见表 3-12。节水灌溉的主要目的就是提高水分利用效率，对于哈密试验点这种戈壁砾石改良的葡萄种植区，要使葡萄得到较高产量，全年滴灌灌水量宜为 745mm。

表 3-12　吐哈盆地滴灌葡萄灌溉制度

生育期	灌水次数/次	灌水定额/mm	灌水周期/d	灌溉定额/(m³/hm²)
萌芽期	2	22	6	440
新梢生长期	5	28	6	1400
花期	1	28	6	280

续表

生育期	灌水次数/次	灌水定额/mm	灌水周期/d	灌溉定额/(m^3/hm^2)
浆果生长期	7	28	5	1960
浆果成熟期	8	28	4	2240
枝蔓成熟期	3	26	10	780
冬灌	1	35	—	350
全生育期	27	—	—	7450

第四章　吐哈盆地滴灌葡萄水肥耦合效应研究

水肥利用效率低下已成为制约极端干旱区农业可持续发展的重要因素，本章通过研究不同水肥处理对滴灌葡萄耗水规律、生理生长及产量品质的影响，根据作物响应指标运用数学统计分析方法对适宜水肥用量进行综合评价，以期为优化区域内滴灌葡萄水肥管理提供理论依据。通过开展大田试验，以试验站内 15a（2003 年定植）成龄无核白葡萄树为试验材料，根据当地生产管理经验，设置灌水、施肥 2 因素，其中设灌水处理 4 个水平：600mm、675mm、750mm、825mm（分别标记为 W1、W2、W3、W4）；施肥处理 3 个水平：450kg/hm^2、750kg/hm^2、1050kg/hm^2（分别标记为 F1、F2、F3），采用 N∶P_2O_5∶K_2O=2∶1∶2施肥比例。试验按照上述处理水平进行完全组合设计，共 12 个处理，设 3 次重复。结果显示：

（1）灌水因素对耗水量的影响显著（$P<0.05$），灌水因素及水肥耦合效应对耗水强度的影响极显著（$P<0.01$），施肥对耗水量、耗水强度的影响不显著（$P>0.05$）。不同水肥处理下葡萄全生育期总耗水量维持在 665.96～902.9mm。浆果生长期和浆果成熟期为葡萄需水的高峰期。耗水强度随生育期的推进总体呈先增大再减小的趋势。其中 W3F2 处理下的耗水规律可视为区域内葡萄需水规律，结合气象数据计算葡萄作物系数萌芽期为 0.80，新梢生长期为 1.09，花期为 1.13，浆果生长期为 1.07，浆果成熟期为 1.03，枝蔓成熟期为 0.82，随生育期的推进总体呈先增大再减小的趋势。

（2）水肥耦合效应及灌水因素对不同时间节点下滴灌葡萄新梢长度和茎粗的影响均达到极显著水平（$P<0.01$），施肥因素对不同时间节点下滴灌葡萄新梢长度和茎粗的影响均达到显著水平（$P<0.05$），不同时间节点下滴灌葡萄新梢长度和茎粗在不同水肥处理下表现为：同一施肥条件下，葡萄新梢长度和茎粗随灌水量的增加呈先增大再减小的趋势，同一灌水条件下，葡萄新梢长度和茎粗随施肥量的增加而增加。

（3）水肥耦合效应对滴灌葡萄叶片相对含水率的影响达到显著水平（$P<0.05$），对叶片饱和含水率的影响达到极显著水平（$P<0.01$），叶片含水率在水肥区间内呈规律性变化趋势。不同水肥处理下滴灌葡萄叶片叶绿素相对含量随生育期的推进总体呈现逐渐增大的趋势，增长速率则呈现逐渐降低趋势，且同一时间节点下，叶片叶绿素相对含量与水肥用量呈正相关。

（4）水肥耦合效应对不同生育期滴灌葡萄叶片净光合速率（P_n）、蒸腾速率（T_r）、气孔导度（G_s）、胞间CO_2浓度（C_i）和叶片水分利用效率（WUE）的影响均达到极显著水平（$P<0.01$），不同水肥处理滴灌葡萄P_n、T_r、G_s和WUE均随生育期的推进呈现先增大再减小的趋势，在浆果生长期达到最大，C_i表现出相反趋势；不同生育期内各指标随水肥用量的增减均呈规律性变化趋势。

（5）水肥耦合效应对不同生育期滴灌葡萄叶片原初光化学的最大产量（F_v/F_m）、PSⅡ潜在光化学效率（F_v/F_0）、光化学淬灭系数（q^P）、非光化学淬灭系数（q^N）、光抑制程度（$1-q^P/q^N$）、PSⅡ实际光化学量子效率（ΦPSⅡ）和表观电子传递效率（ETR）的影响均达到极显著水平（$P<0.01$）；不同水肥处理下滴灌葡萄叶片F_v/F_m、F_v/F_0、q^P、ΦPSⅡ和ETR均随着生育期的推进呈现先增大再减小的趋势，在浆果生长期达到最大。而q^N和$1-q^P/q^N$表现出相反趋势；不同生育期内各指标随水肥用量的增减均呈规律性变化趋势。

（6）水肥耦合效应对滴灌葡萄产量、水肥利用效率及品质的影响均达到极显著水平（$P<0.01$），$iWUE$、PFP和产量分别在W2F3、W3F1和W3F2处理最高，其中W3F2处理产量相对于产量最小值W1F1处理增产29.76%，可溶性固形物、可滴定酸和维生素C分别在W3F2、W4F2、W4F3处理最高，其中可滴定酸和维生素C最优处理与W3F2处理均无显著性差异，品质指标总体在W3F2处理达到较优水平。

基于主成分分析法和灰色关联分析法对滴灌葡萄响应指标净光合速率（P_n）、原初光化学的最大产量（F_v/F_m）、产量、灌溉水利用效率、肥料偏生产力、可溶性固形物、可滴定酸及维生素C进行综合评价，得出最优水肥处理为W3F2（灌水量750mm，施肥量750kg/hm^2），其中N300kg/hm^2、$P_2O_5$150kg/hm^2、K_2O300kg/hm^2。运用多元回归法构建滴灌葡萄各响应指标与水肥用量的二元二次回归方程，结合归一化方法，以≥0.85最大值可接受区域定义为合理的可接受范围，最终确定极端干旱区滴灌葡萄水肥适宜用量为：灌水量725～825mm；施肥量684～889kg/hm^2，其中N273.6～355.6kg/hm^2、$P_2O_5$136.8～177.8kg/hm^2、K_2O273.6～355.6kg/hm^2。

第一节 试验材料与方法

一、试验地基本情况

试验于2018年4—10月在新疆生产建设兵团第十三师哈密垦区灌溉试验站进行（东经93°37′22″，北纬42°41′57″）。该地区地处中纬度亚欧大陆腹地，新疆维吾尔自治区最东端，受西风带控制影响，属典型型温带大陆干旱性气候。干燥少雨，温差大，年平均气温 9.8℃，年降水量 33.8mm，年蒸发量 3300mm，年均日照 3358h，全年太阳总辐射量 6397.35MJ/m^2，不小于 10℃积温 4058.3℃，无霜期 182 天。年平均风速 2.3～4.9m/s，盛行偏东风。2018 年试验开展期间各气象要素见图 4-1。试验地地下水埋深大于 8.0m，灌溉水源采用地下水，试验站内供试土壤（0～80cm）基本理化性质详见表 4-1。

表 4-1　　供试土壤基本理化性质

土层深度/cm	土壤类型	田间持水量/%	土壤容重/(g/cm^3)	有机质/(g/kg)	总氮/(g/kg)	速效磷/(mg/kg)	速效钾/(mg/kg)
0～20	砂土	17.52	1.58	10.52	0.51	22.09	215.54
20～40	壤砂土	18.34	1.56	8.53	0.49	20.23	141.25
40～60	壤砂土	18.22	1.54	9.09	0.50	22.45	152.41
60～80	砂土	17.92	1.60	7.86	0.47	17.66	192.55

二、田间试验布置

以新疆生产建设兵团第十三师哈密垦区灌溉试验站内 15 年（2003 年定植）成龄无核白葡萄树为试验材料开展大田小区试验，葡萄种植采用当地小棚架栽培、大沟种植模式，沟长 40m，沟宽 1.0m，沟深 0.5m。葡萄株距 1.0m，行距 5.0m，试验小区规格为长 40m、宽 6.0m，小区面积 240m^2，定植密度为 80 株/区。滴灌带铺设模式均采用 1 行 3 管，即在树根部及距树根两侧 30cm 处分别布置 1 根滴灌带，滴灌带使用单翼迷宫式，内径 16mm，壁厚 0.18mm，滴头间距 300mm，滴头设计流量 3.0L/h，滴灌带工作压力 0.08～0.10MPa。各小区处理均设有单独水表和施肥罐精确控制灌水施肥量，滴灌施肥均由水肥一体化设备控制。

三、试验设计

灌溉、施肥依据文献及当地无核白水肥管理经验，在此基础上设置灌水、施肥 2 因素，其中设灌水处理 4 水平：600mm、675mm、750mm、825mm（分别标记为 W1、W2、W3、W4）；施肥处理 3 水平：450kg/hm^2、750kg/hm^2、1050kg/hm^2（分别标记为 F1、F2、F3），采用 N：P_2O_5：K_2O=2：1：2 施肥比例，肥料施用类别分别为尿素 $CO(NH_2)_2$（N 质量分数 46.4%）、磷酸一铵 $NH_4H_2PO_4$（P_2O_5 质量分数 60.5%）、氯化钾 KCl（K_2O 质量分数 57%）。试验按照上述处理水平进行完全组合设计，共 12 个处理，设 3 次重复。具体试验设计详见表 4-2。

表 4-2　　试验处理设计

处理	灌水定额/mm	施肥量/(kg/hm²)			
		N	P_2O_5	K_2O	总计
W1F1	600	180	90	180	450
W1F2	600	300	150	300	750
W1F3	600	420	210	420	1050
W2F1	675	180	90	180	450
W2F2	675	300	150	300	750
W2F3	675	420	210	420	1050
W3F1	750	180	90	180	450
W3F2	750	300	150	300	750
W3F3	750	420	210	420	1050
W4F1	825	180	90	180	450
W4F2	825	300	150	300	750
W4F3	825	420	210	420	1050

无核白在整个生育期内具有明显阶段性，根据无核白在不同阶段的生长特性，将其生育期划分为 6 个阶段，即：萌芽期（4 月 16—28 日）、新梢生长期（4 月 29 日—5 月 28 日）、花期（5 月 29 日—6 月 7 日）、浆果生长期（6 月 8 日—7 月 12 日）、浆果成熟期（7 月 13 日—8 月 21 日）、枝蔓成熟期（8 月 22 日—9 月 15 日），生育期总计 153 天。灌水、施肥采取少量多次原则，每次灌水、施肥量均相同。施肥时将肥料完全溶解于施肥罐中，施肥前 30min 滴水，停水前 30min 结束施肥。不同生育期灌水、施肥处理情况详见表 4-3。

表 4-3　　各生育期灌水、施肥处理

生育期	水处理						肥处理			
	灌水定额/mm				灌水次数/次	灌水周期/天	施肥量/(kg/hm²)			施肥次数/次
	W1	W2	W3	W4			F1	F2	F3	
萌芽期	25	28.125	31.25	34.375	1	12	45	75	105	1
新梢生长期	125	140.625	156.25	171.875	5	7	90	150	210	2
花期	25	28.125	31.25	34.375	1	7	45	75	105	1
浆果生长期	200	225	250	275	8	5	180	300	420	4
浆果成熟期	175	196.875	218.75	240.625	7	5	90	150	210	2
枝蔓成熟期	50	56.25	62.5	68.75	2	12	0	0	0	0
全生育期	600	675	750	825	24	153	450	750	1050	10

四、测试项目及方法

1. 滴灌葡萄生育期内田间管理

试验开展期间，对葡萄生育期内田间管理措施进行监测，具体情况见表 4-4。

表 4-4　　葡萄生育期内田间管理措施

日期	相关管理措施	日期	相关管理措施
4月9日	葡萄上架；春灌	6月24日	灌水；施肥
4月16日	萌芽	6月29日	灌水
4月18日	灌水；施肥	7月4日	灌水；施肥
4月26日	展叶	7月9日	灌水
4月30日	灌水	7月14日	灌水；施肥
5月7日	灌水；施肥	7月17日	施药
5月9日	抹芽	7月19日	灌水
5月14日	灌水	7月24日	灌水；施肥；剪枝
5月18日	施药	7月29日	灌水
5月21日	灌水；施肥	8月3日	灌水；施肥
5月26日	剪枝；摘心	8月8日	灌水
5月28日	灌水	8月13日	灌水；施药
6月1日	开花	8月18日	灌水
6月4日	灌水；施肥	8月20日	采收葡萄
6月9日	灌水	8月30日	灌水
6月14日	灌水；施肥	9月11日	灌水
6月19日	灌水	9月13日	剪枝
6月22日	施药	10月3日	冬灌

2. 气象数据测定

气象监测数据包含降雨、气温、太阳辐射、风速、风向、日照时数和水面蒸发等。利用自动气象站对试验田区域内气象情况进行自动定时观测。为保证气象数据的准确性性和完整性，所测得的数据与新疆生产建设兵团第十三师红星一场场部气象数据相互补充验证。

3. 土壤含水率测定

使用美国 CPN 公司产 503DR 中子仪于萌芽期（4月16日）开始至枝蔓成熟期（9月15日）期间每隔5天测定土壤含水率，在灌水前后及降雨后加测。各小区处理在距植株底部 20cm、40cm 处各布置一根中子管，测试深度为

80cm，每10cm读取一组数据。试验开始前，采用取土烘干法对中子仪进行标定，标定数字方程为

$$\theta_V = 0.168x - 0.013 \qquad (R^2 = 0.924) \tag{4-1}$$

式中：θ_V 为土壤体积含水率，%；0.168、-0.013分别为标定方程斜率和截距；x 为中子仪相对计数率，$x = cnt/std$，其中 cnt 为中子仪测定土壤中子数计数值，std 为标准介质（25℃时中子仪在纯水或室内仪器的防护层内）条件下的标准计数。

4. 参考作物蒸发蒸腾量

根据气象站所提供的观测资料，采用FAO-56推荐的Penman-Monteith公式计算葡萄生育期内参考作物蒸发蒸腾量，计算公式（Zhang Y 等，2018）为

$$ET_0 = \frac{0.408\Delta(R_n - G) + \gamma \dfrac{900}{T+273}u_2(e_s - e_a)}{\Delta + \gamma(1 + 0.34u_2)}$$

式中：ET_0 为参考作物蒸发蒸腾量，mm/d；Δ 为饱和水汽压与温度曲线的斜率，kPa/℃；R_n 为作物冠层表面的净辐射，MJ/(m^2·d)；G 为土壤热通量，MJ/(m^2·d)；T 为日平均气温，℃；u_2 为2m高度处的风速，m/s；e_s 为饱和水汽压，kPa；e_a为实际水汽压，kPa；$e_s - e_a$为饱和水汽压差，kPa；γ 为干湿表常数，kPa/℃。

5. 作物耗水量

根据《灌溉试验规范》（SL 13—2015）及相关文献，葡萄生育期内阶段耗水量采用田间水量平衡公式计算，计算公式为

$$ET_{1-2} = 10\sum_{i=1}^{n} H_i(W_{i1} - W_{i2}) + M + P + K - C$$

式中：ET_{1-2}为阶段作物耗水量，mm；i 为土壤层次计数；n 为土壤层次总数；H_i 为第 i 层土壤厚度，cm；W_{i1}为第 i 层土壤在时段始的体积含水率，%；W_{i2}为第 i 层土壤在时段末的体积含水率，%；M 为时段内灌水定额，mm；P 为时段内的降雨量，mm；K 为时段内的地下水补给量，mm；C 为时段内的排水量，mm。

在本试验研究中，时段内灌水定额 M 可由水表读数精确计算；时段内有效降雨 P 由于研究区地处极端干旱区，降雨少且蒸发强烈，忽略不计；时段内地下水补给量 K 由于试验地地下水埋深大于8.0m，忽略不计；阶段内排水量 C 由于研究区内土层在80～90cm处出现隔水层，无排水，忽略不计。

6. 作物系数

作物系数计算式可用实测计算的作物需水量（ET）与时段内参考作物蒸发

蒸腾量（ET_0）的比值表示，计算公式为

$$K_c = ET/ET_0$$

式中：K_c 为作物系数；ET 为作物需水量，mm；ET_0 为参考作物蒸发蒸腾量，mm。

7. 生长指标

新梢长度：为保证试验数据采集的准确性、合理性，数据采集前在每个试验处理小区内选取 3 株长势均匀的植株，在每株上标记 3 根新梢。于 4 月 23 日进行第一次测量，此后每 10 天测定一次，至植株摘心前（5 月 23 日）停止监测，共计 4 次。所用工具为卷尺。

新梢茎粗：在新梢长度监测所标记的新梢上同期进行茎粗数据采集。所用工具为数显游标卡尺。

8. 生理指标

（1）叶片含水率。叶片含水率指标包含叶片相对含水率与叶片饱和含水率两部分。本试验采用饱和称量法进行测定。于 7 月 5 日（浆果生长期，灌水后 1 天）8：00 采摘叶片，随机选取各处理植株上部长势均匀、未受病虫害的新成熟健康叶片 10 片，采摘后拂去表面尘土，立即称量其鲜重，然后将其放入装有蒸馏水的烧杯中浸泡至饱和（8h），称取饱和鲜重，然后在烘箱中 105℃杀青 2h 再于 85℃干燥至恒重（48h），称取干重。由以上数据对叶片含水率指标进行计算：

$$L_R = (W_f - W_d)/(W_s - W_d)$$

$$L_S = (W_s - W_d)/W_d$$

式中：L_R为叶片相对含水率，%；L_S为叶片饱和含水率，%；W_f为叶片鲜重，g；W_d为叶片干重，g；W_s 为叶片饱和鲜重，g。

（2）叶绿素相对含量（SPAD 值）。本试验使用日本 KONICA MINOLTA 公司生产的 SPAD－502PLUS 便携式叶绿素仪测定叶绿素相对含量。在新梢生长期和花期每 10 天测定一次，浆果生长期和浆果成熟期每 14 天测定一次，全生育期共测定 9 次。测定时每个处理选取 3 株长势均匀植株，每个植株随机选取 5 片叶片，取平均值确定处理叶绿素相对含量。测量位置位于距叶片基部 2/3 处。

（3）光合指标。选择不同生育期内晴朗无云的一天，使用美国 CID 公司生产的 CI－340 手持式光合作用测量系统于 5 月 22 日（新梢生长期）、6 月 5 日（花期）、6 月 30 日（浆果生长期）、8 月 4 日（浆果成熟期）在 10：00—12：00 间选取长势均匀、发育良好的植株取新梢顶端向下第 5～7 片长势均匀的功能叶进行测定，测定计算项目包括净光合速率（P_n）、蒸腾速率（T_r）、气孔导度（G_s）、胞间 CO_2 浓度（C_i）和叶片水分利用效率（WUE）。测定时每个叶片连续采集 3 组稳定数据，3 片叶片所采集数据的平均值作为处理光合指标数据。其中，叶片水分利用效率的计算公式为

$$WUE = P_n / T_r$$

（4）叶绿素荧光参数指标。4个生育期荧光参数的测定与光合指标的测定同期进行，所选功能叶片与光合指标测定选取一致。使用德国WALZ公司生产的PAM-2500型便携式叶绿素荧光测量系统测定叶绿素荧光参数。在测定日期当天凌晨破晓前（4：00），用弱测量光测定初始荧光（F_0），随后进行饱和脉冲光处理［6000μmol/(m^2·s)，脉冲时间0.8s］测定最大荧光（F_m）。在测定自然光条件下叶绿素荧光参数前，手动输入相应处理叶片的初始荧光（F_0）和最大荧光（F_m）。在10：00—12：00间以自然光为光化光测定稳态荧光（F_s），随后打开饱和脉冲［6000μmol/(m^2·s)，脉冲时间0.8s］测定相应处理光适应下的最大荧光（F'_m），然后打开远红外光［6～7μmol/(m^2·s)，持续时间6s］给一次瞬时照射测定最小荧光（F'_0）。根据以上测得数据，参考相应计算方法，计算原初光化学的最大产量（F_v/F_m）、PSⅡ潜在光化学效率（F_v/F_0）、光化学淬灭系数（q^P）、非光化学淬灭系数（q^N）、光抑制程度（$1-q^P/q^N$）、PSⅡ实际光化学量子效率（ΦPSⅡ）及表观电子传递速率（ETR），具体计算公式为

$$F_v/F_m = (F_m - F_0)/F_m$$

$$F_v/F_0 = (F_m - F_0)/F_0$$

$$q^P = (F'_m - F_s)/(F'_m - F'_0)$$

$$q^N = 1 - (F'_m - F'_0)/(F_m - F_0)$$

$$\Phi PS\text{Ⅱ} = (F'_m - F_s)/F'_m$$

$$ETR = PAR \cdot ETR\text{-}Factor \cdot P_{PS2}/P_{PPS} \cdot \Phi PS\text{Ⅱ}$$

式中：F_v为暗适应状态下最大可变荧光；PAR为光合有效辐射，μmol/(m^2·s)；ETR-$Factor$为吸光系数，在可见光范围内（400～700nm）高等植物吸光系数经验值约为0.84；P_{PS2}/P_{PPS}为PSⅡ光合色素吸收的光量子占总光合吸收的光量子比例（本研究中假设PSⅡ和PSⅠ接收的光量子数量相同，即$P_{PS2}/P_{PPS}=0.5$）。

9. 产量品质指标

（1）产量。于浆果成熟期在每个小区选定5棵进行采摘，取平均值，再折合为公顷产量。

（2）品质。测产后取各处理500g葡萄鲜样，委托农业农村部食品质量监督检验测试中心（石河子）测定可溶性固形物、可滴定酸、维生素C品质指标。其中：可溶性固形物采用日本ATAGO公司生产的手持数显折射仪PAL-1测定；可滴定酸采用酸碱滴定法测定；维生素C采用分光光度法测定。

10. 灌溉水肥利用效率与增产效应

灌溉水利用效率（$iWUE$）计算公式为

$$iWUE = Y/I$$

式中：Y为葡萄产量，kg/hm^2；I为灌溉定额，m^3/hm^2。

肥料偏生产力（PFP）计算公式为

$$PFP = Y/F$$

式中：Y 为葡萄产量，kg/hm^2；F 为施肥量，kg/hm^2。

增产效应（E_i）计算公式为

$$E_i = (Y_X - Y_L)/Y_L$$

式中：Y_X 为某水肥处理葡萄产量，kg/hm^2；Y_L 为 W1F1 水肥处理葡萄产量，kg/hm^2。

11. 数据归一化

滴灌葡萄各响应指标数据采用线性归一化（$Min—Max$ 归一化）进行计算：

$$X_{norm} = \frac{X - X_{min}}{X_{max} - X_{min}}$$

式中：X_{norm} 为归一化后值；X 为需要进行归一化的原始数据；X_{min} 为原始数据最小值；X_{max} 为原始数据最大值。

五、数据分析

使用 Microsoft Excel 2016、MATLAB 2016 进行数据处理计算，SPSS 22.0 统计软件进行数据统计分析，Origin 2017 进行数据绘图。

第二节　水肥耦合对滴灌葡萄耗水规律的影响

水肥耦合效应对葡萄耗水规律存在影响，其中灌水对耗水量的影响显著（$P<0.05$），灌水及水肥耦合对耗水强度的影响极显著（$P<0.01$），施肥对耗水量、耗水强度的影响不显著（$P>0.05$）。不同水肥处理下葡萄全生育期总耗水量维持在 665.96～902.9mm，由于前期储水量的影响均大于灌溉定额，不同生育期内葡萄耗水量随生育期的推进呈现先增后减再增再减的变化趋势。浆果生长期和浆果成熟期为葡萄需水的高峰期，耗水强度随生育期的推进总体呈先增大再减小的趋势。不同阶段耗水强度和时间存在显著的二次曲线关系，其中 W3F2 处理下的耗水规律可视为区域内葡萄需水规律。葡萄作物系数萌芽期为 0.80，新梢生长期为 1.09，花期为 1.13，浆果生长期为 1.07，浆果成熟期为 1.03，枝蔓成熟期为 0.82，随生育期的推进总体呈先增大再减小的趋势且与时间存在显著的二次曲线关系。

提高作物产量与品质因素是实现高产高效的基础，而水肥耦合技术的关键在于“以水促肥，以肥调水”，通过合理的灌溉施肥达到高产优质的目的。本试验条件下，W3F2 处理水肥供应量适宜，满足葡萄生长发育，有利于提高葡萄产量及品质。在 W3 灌溉水平下，全生育期平均土壤含水率维持在田间持水量的

80%以上，土壤水分充足，因此 W3F2 处理下的耗水规律可视为区域内葡萄需水规律，同时可在该处理基础上进行作物系数的计算分析。

作物耗水规律是地区水利资源规划、灌排工程规划及设计和农田灌排工程运行管理的基本依据，在地区农业生产实践中占据重要地位。本研究表明，作物耗水量在浆果生长期达到峰值，在萌芽期最低，主要是由于在浆果生长期生长发育进入了全生育期最活跃的阶段，而在萌芽期时葡萄树叶片未展开，作物本身生理生长活动消耗水量并不大，这与何建斌（2013）、张学优（2018）、张国军等（2016）的研究结果存在相似之处。作物各生育期内耗水量及全生育期总耗水量在同一灌水处理下随施肥量的增加而略有增加，在同一施肥处理下随灌溉定额的增加而明显增加，受灌水影响显著，施肥未达到显著水平，这与何园球（2003）、刘晓宏等（2006）的研究结果存在差异，一方面是由于研究作物不同，另一方面是由于试验区地处极端干旱区，作物对水分响应比较明显。研究发现作物耗水强度在生育期内动态变化呈先增大后减小趋势，耗水强度和时间存在显著二次曲线变化规律。由于各处理葡萄其他田间管理措施及所处外界环境相同，所以不同水肥处理下各生育期内耗水模数差异不大。

作物系数是确定作物需水量的基础和依据，反映了作物自身的生物学特性、土壤水肥状况以及田间管理水平等因素对作物需水量的影响。杨慧慧（2011）研究表明，葡萄作物系数在浆果生长期达到最大值；钱翠等（2012）研究表明，当归作物系数生育期内呈先增大后减小的趋势。本试验条件下，作物系数在生育期内呈先增大后减小的变化趋势，并和时间存在显著二次曲线变化规律，研究结果与以上有相似之处。

一、生育期内参考作物蒸发蒸腾量的动态变化

参考作物蒸发蒸腾量的变化是反映各气象要素的综合指标，其根据试验站内自动气象站采集的各气象要素，使用彭曼公式在作物全生育期内进行逐日计算，计算所得结果及其动态变化情况见图 4-1。从图中可看出，参考作物蒸发蒸腾量在葡萄全生育期内随时间变化表现为：先增加后减小，呈中间高两头低的特性，数值分布呈现单拱形。在其动态变化过程中多次出现峰值，时间主要集中在 5 月 10 日—8 月 8 日，且峰值出现无明显变化规律与时间间隔。图中峰值部分位置相对来说比较靠前，造成这种现象的主要原因是由于试验区内在新梢生长期—花期（4 月 29 日—6 月 7 日）期间多有大风天气。

葡萄不同生育期内日均参考作物蒸发蒸腾量变化情况见表 4-5，从表中可以看出，萌芽期日均参考作物蒸发蒸腾量为 4.661mm/d，数值相对较低，主要原因是此时期温度相对较低，日照时数少；新梢生长期、花期时间段内虽然温度上升不明显，但受日照时数增加和多发大风天气影响，两个生育期内日均参

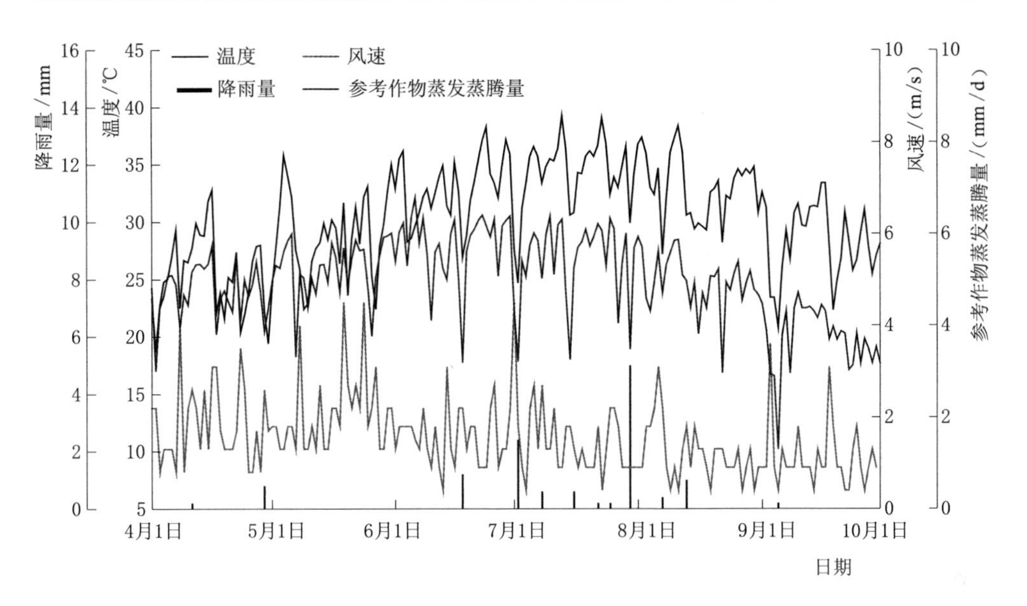

图 4-1 葡萄生育期内气象要素及参考作物蒸发蒸腾量

考作物蒸发蒸腾量相对于萌芽期有明显上升，分别达到 5.504mm/d、5.359mm/d，其中花期相较于新梢生长期日均参考作物蒸发蒸腾量下降 0.145mm/d，主要是由于花期时间较短且受大风天气影响较小；浆果生长期内温度提高较快，日照时数、辐射强度进一步增加，日均参考作物蒸发蒸腾量达到全生育期内峰值 5.560mm/d；相较于浆果生长期，浆果成熟期内日照时数变化不大，但太阳辐射强度有所降低且出现少量降雨情况，导致参考作物蒸发蒸腾量降低到 5.170mm/d；进入枝蔓成熟期，参考作物蒸发蒸腾量降低至 4.301mm/d，达到全生育期内最小值，主要是受此期间温度降低、日照时数与太阳辐射强度减小和大风天气减少等条件因素影响。

表 4-5　　葡萄不同生育期内日均参考作物蒸发蒸腾量及其构成　　单位：mm/d

参数	生育期					
	萌芽期	新梢生长期	花期	浆果生长期	浆果成熟期	枝蔓成熟期
ET_0	4.661	5.504	5.359	5.560	5.170	4.301
ET_{rad}	2.746	3.353	3.479	4.962	4.617	3.249
ET_{aero}	1.915	2.151	1.880	0.598	0.553	1.052

在 FAO 对 Penman-Monteith 公式的解释说明中，将参考作物蒸发蒸腾量的数值划分为两部分，其中包含辐射项（ET_{rad}）和空气动力学项（ET_{aero}），其含义分别为太阳辐射及蒸发表面上方大气的对流、紊流和干燥程度对参考作物

蒸发蒸腾量的影响，两者在参考作物蒸发蒸腾量中所占比例受地区地理和气候因素影响，且随着时间的变化呈现动态变化特性。试验区内葡萄不同生育期内参考作物蒸发蒸腾量及其构成情况见表 4-5，从表中可以看出，生育期内参考作物蒸发蒸腾量构成因素中 ET_{rad} 占比均大于 ET_{aero}，在占比相对较小的萌芽期 ET_{rad} 占比也达 58.9%，在浆果生长期 ET_{rad} 占比达到最大值 89.2%。通过对 Penman-Monteith 计算公式分析，造成此现象的主要原因是由于试验区地处极端干旱区，即降雨少、风沙大、日照强烈、太阳辐射辐射强度大且气候干燥。从表中还可以看出，随着生育期的推进，ET_{rad} 的变化表现为先增大后减小，于浆果生长期达到峰值 4.962mm/d，总体变化趋势与 ET_0 相同。由于 ET_{aero} 主要受蒸发表面上方大气的对流、紊流和干燥程度等综合因素影响，其数值随生育期变化具有波动性且无明显趋势，相对于在数值上的变化，ET_{aero} 在 ET_0 中占比变化有一定趋势，主要表现为：在枝蔓成熟期前 ET_{aero} 占比随生育期推进逐渐下降；在花期前 ET_{aero} 所占比例相对较大，进一步反映了试验区内花期前大风天气较多的特点。

二、生育期内不同水肥处理土壤含水率动态变化

以 0～80cm 土壤含水率平均值绘制各处理土壤含水率动态变化图，如图 4-2

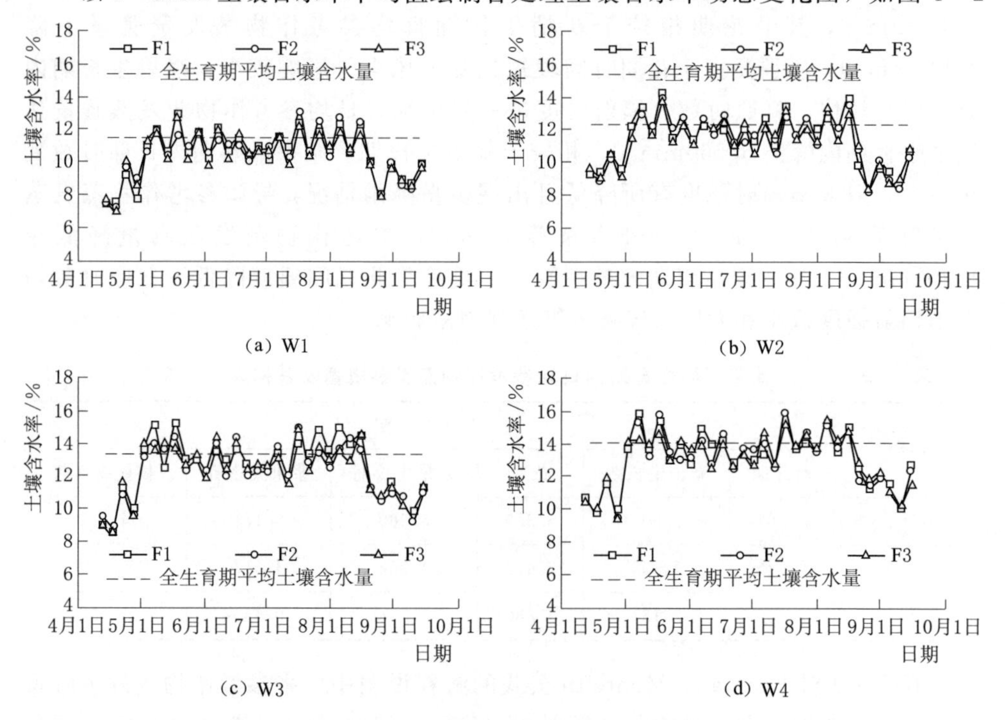

图 4-2 生育期内不同水肥处理土壤含水率动态变化

所示，各处理土壤含水率的变化规律基本相似，总体呈现先增大再减小趋势。在萌芽期和新梢生长前期，土壤含水率处于较低水平，主要是由于该时期生长发育缓慢，灌溉周期较长；随着作物生长发育，灌溉周期缩短，土壤含水率自新梢生长中期至浆果成熟期均维持在较高水平；进入枝蔓成熟期后，作物生长发育减缓，灌溉周期变长，土壤含水率有所降低。全生育期平均土壤含水率随灌溉定额增大而增大，其中 W3、W4 处理含水率分别为 13.35%、14.04%，均高于 12.8%（田间持水率的 80%），处于最优水分状态。同一灌溉处理下，土壤含水率随施肥量增加而减小，总体表现为 F1>F2>F3，即在 W4F1 处理下土壤含水率保持较高水平，全生育期平均值为 14.07%，在 W1F3 处理水平较低，全生育期平均值为 11.36%，W1F3 较 W4F1 降低 2.71%。

三、生育期内不同水肥处理下滴灌葡萄耗水规律

作物耗水量的大小直接反映作物生长发育过程对水分的消耗程度。利用中子仪实测的土壤体积含水率、灌水定额及降雨数据资料，计算不同水肥处理下葡萄在生育期内不同阶段的作物耗水量，分析生育期内不同水肥处理下葡萄耗水规律。不同水肥处理下滴灌葡萄各生育期内作物耗水量大小及其变化规律详如图 4-3 所示。从图中可以看出，不同生育期内作物耗水量各处理平均值大小总体表现为：浆果生长期>浆果成熟期>新梢生长期>枝蔓成熟期>花期>萌芽期。葡萄的 6 个物候期中，在浆果生长期和浆果成熟期作物耗水量达到较高水平，各处理平均值分别为 210.78mm、208.00mm；在萌芽期作物耗水量主要是由棵间蒸发造成，因此该时期作物耗水量处于最低水平，各处理平均值为 53.49mm。在同一灌溉处理下，同一生育期内作物耗水量随施肥量的增加而增加，均在 F3 水平下最大值，以生理生长活动较为活跃的浆果生长期为例：在 W1 灌溉条件下，F3 比 F1、F2 处理分别高 2.07%、1.28%；在 W2 灌溉条件下，F3 比 F1、F2 处理分别高 3.21%、1.87%；在 W3 灌溉条件下，F3 比 F1、F2 处理分别高 2.54%、1.5%；在 W4 灌溉条件下，F3 比 F1、F2 处理分别高 2.2%、1.1%。在同一施肥处理下，同一生育期内作物耗水量随灌溉定额的增加而增加，均在 W4 水平下最大值，同样以生理生长活动较为活跃的浆果生长期为例：在 F1 施肥条件下，W4 比 W1、W2 与 W3 处理分别高 30.16%、25.88%、18.4%；在 F2 施肥条件下，W4 比 W1、W2 与 W3 处理分别高 30.56%、25.59%、18.48%；在 F3 施肥条件下，W4 比 W1、W2 与 W3 处理分别高 30.33%、24.65%、18.01%；在水肥耦合条件下，该时期作物耗水量最高处理（W4F3）比最低处理（W1F1）高 33.03%。方差分析显示，灌水对作物耗水量的影响显著（$P<0.05$）；施肥虽然产生一定影响，但影响较小，并未达到显著水平（$P>0.05$）。说明在作物生长发育过程中，灌水对作物耗水量的影响较大。

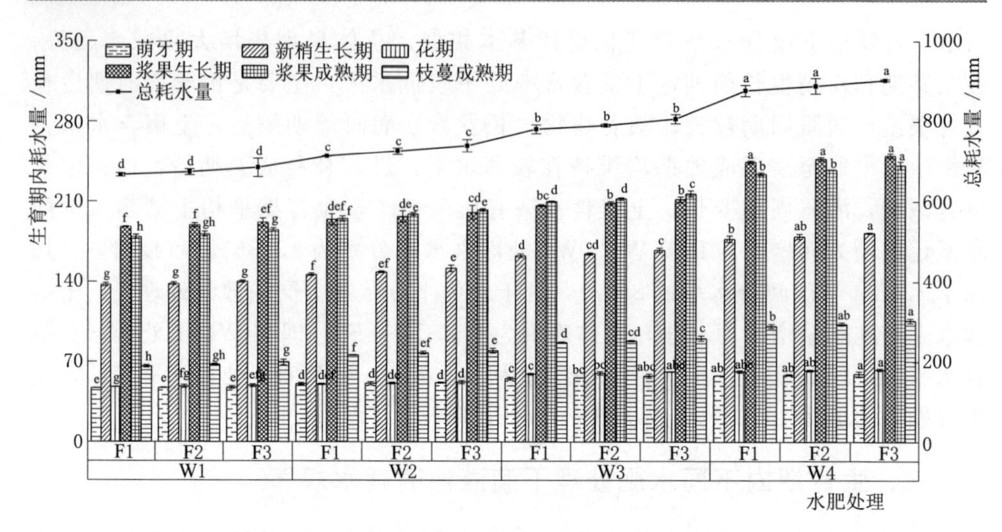

图 4-3 不同水肥处理对滴灌葡萄耗水规律的影响

[柱状图中同一生育期不同小写字母表示处理间差异显著（$P<0.05$），折线图中不同小写字母表示处理间差异显著（$P<0.05$）]

不同水肥处理下全生育期总耗水量变化情况如图 4-3 所示，从图中可以看出，在同一灌溉处理下，作物总耗水量随施肥量的增加而略有增加，总体表现为 F3>F2>F1，同一灌溉定额下若以 F3 水平时总耗水量为 100%，则 F2 水平时为 98.01%～98.44%，平均为 98.24%，F1 水平时为 96.47～97.32%，平均为 96.95%；在同一施肥处理下，作物总耗水量随灌溉定额的增加而明显增加，总体表现为 W4>W3>W2>W1，同一施肥水平下若以 W4 水平时总耗水量为 100%，则 W3 水平时为 88.92%～89.31%，平均为 89.08%，W2 水平时为 81.28%～81.86%，平均为 81.58%，W1 水平时为 75.73%～75.91%，平均为 75.81%；在水肥耦合条件下，作物总耗水量最高处理（W4F3）比最低处理（W1F1）高 35.58%。方差分析显示，灌水对作物总耗水量的影响显著，且达到极显著水平（$P<0.01$）；施肥虽然产生一定影响，但影响较小，并未达到显著水平（$P>0.05$）。说明灌水对作物总耗水量的影响显著。

耗水模数是指作物在某一阶段或时期耗水量在整个生育期耗水量中所占的比例（常用百分数表示），其主要受日耗水强度与生育期长短因素影响，反映了作物在不同生育阶段对水分的敏感程度。不同水肥处理下滴灌葡萄各生育期耗水模数详见表 4-6。从表中可以看出，不同水肥处理下滴灌葡萄各生育期耗水模数变化规律与作物耗水量一致。各处理耗水模数均在浆果生长期达到峰值 26.26%～28.21%，平均为 27.36%，说明该生育期为葡萄整个生育期内需水关键时期；在浆果成熟期，各处理耗水模数为 26.69%～27.45%，平均为 27.01%，为滴灌葡萄第二需水关键期；其次为新梢生长期，该时期葡萄生长发育较快，需水量相对较大，各处理耗水模数为20.20%～20.84%，平均为20.53%；在枝蔓成熟期，随着温度降低，耗水模数相对上一生育期开始降低，各处理耗水模数为9.92%～11.73%，平均为10.90%；由于花期持续时间较短，因此该生育期内耗水模数较小，为7.02%～7.62%，平均为7.24%；萌芽期内叶片尚未展开未产生蒸腾耗水，耗水模数达到最低水平，为6.57%～7.17%，平均为6.96%。由于生育期的长短在影响耗水模数的因素中占主导地位，造成在不同生育期耗水模数差异较大且有明显变化规律，而同一生育期内不同水肥处理下耗水模数差异不大且没有明显变化规律，也进一步说明了水肥因素对耗水模数影响较小。

表4-6　不同水肥处理下滴灌葡萄各生育期耗水模数

水肥处理	耗水模数/%						
	萌芽期	新梢生长期	花期	浆果生长期	浆果成熟期	枝蔓成熟期	全生育期
W1F1	7.07	20.65	7.23	28.21	26.92	9.92	100.00
W1F2	7.04	20.56	7.22	28.13	26.99	10.05	100.00
W1F3	6.98	20.51	7.22	28.03	27.08	10.19	100.00
W2F1	7.13	20.52	7.09	27.25	27.35	10.66	100.00
W2F2	7.06	20.49	7.11	27.14	27.45	10.75	100.00
W2F3	7.02	20.54	7.10	27.13	27.42	10.79	100.00
W3F1	7.09	20.84	7.60	26.45	26.89	11.12	100.00
W3F2	7.11	20.82	7.61	26.40	26.89	11.18	100.00
W3F3	7.17	20.80	7.62	26.26	26.90	11.25	100.00
W4F1	6.64	20.24	7.02	27.88	26.69	11.54	100.00
W4F2	6.61	20.20	7.03	27.82	26.75	11.59	100.00
W4F3	6.57	20.23	7.02	27.68	26.77	11.73	100.00
平均	6.96	20.53	7.24	27.36	27.01	10.90	100.00

四、生育期内不同水肥处理下滴灌葡萄耗水强度的动态变化

水肥耦合对不同生育期滴灌葡萄耗水强度的影响及方差分析见表4-7。从表中可以看出，不同水肥处理下耗水强度萌芽期为3.14～3.95mm/d、新梢生长期为4.58～6.09mm/d、花期为4.82～6.34mm/d、浆果生长期为5.37～7.14mm/d、浆果成熟期为4.48～6.04mm/d、枝蔓成熟期为2.64～4.24mm/d。在浆果生长期达到最大值，各处理平均值为6.02mm/d；在萌芽期与枝蔓成熟期达到较低水平，各处理平均值为分别为3.57mm/d、3.38mm/d。在同一灌溉处理下，同一生育期内作物耗水强度随施肥量的增加而增加，均在F3水平下最大

值，以生理生长活动较为活跃的浆果生长期为例：在W1灌溉条件下，F3比F1、F2处理分别高2.05%、1.29%；在W2灌溉条件下，F3比F1、F2处理分别高3.24%、1.96%；在W3灌溉条件下，F3比F1、F2处理分别高2.54%、1.51%；在W4灌溉条件下，F3比F1、F2处理分别高2.15%、1.13%。在同一施肥处理下，同一生育期内作物耗水强度随灌溉定额的增加而增加，均在W4水平下最大值，同样以生理生长活动较为活跃的浆果生长期为例：在F1施肥条件下，W4比W1、W2与W3处理分别高30.17%、25.95%、18.47%；在F2施肥条件下，W4比W1、W2与W3处理分别高30.5%、25.62%、18.46%；在F3施肥条件下，W4比W1、W2与W3处理分别高30.29%、24.61%、18.02%；在水肥耦合条件下，该时期作物耗水强度最高处理（W4F3）比最低处理（W1F1）高32.96%。方差分析显示，灌水及水肥耦合对作物耗水强度的影响明显，达到极显著水平（$P<0.01$）；施肥虽然产生一定影响，但影响较小，并未达到显著水平（$P>0.05$）。说明在作物生长发育过程中，相对于施肥因素，灌水及水肥耦合可对作物耗水强度产生显著影响。

表4-7 水肥耦合对不同生育期滴灌葡萄耗水强度的影响及方差分析

水肥处理	耗水强度/(mm/d)					
	萌芽期	新梢生长期	花期	浆果生长期	浆果成熟期	枝蔓成熟期
W1F1	3.14±0.01e	4.58±0.04e	4.82±0.04f	5.37±0.03f	4.48±0.10g	2.64±0.18h
W1F2	3.16±0.18de	4.61±0.21de	4.86±0.11ef	5.41±0.16f	4.54±0.11g	2.71±0.14gh
W1F3	3.19±0.10de	4.68±0.08de	4.94±0.11ef	5.48±0.11ef	4.63±0.01fg	2.79±0.37fgh
W2F1	3.39±0.06cde	4.88±0.01cde	5.06±0.03def	5.55±0.01def	4.87±0.16ef	3.04±0.16efg
W2F2	3.42±0.03cde	4.95±0.17cde	5.15±0.20de	5.62±0.04de	4.98±0.06de	3.12±0.11def
W2F3	3.46±0.10bcd	5.06±0.08bcd	5.25±0.14d	5.73±0.06cd	5.07±0.08cde	3.19±0.01cde
W3F1	3.69±0.01abc	5.43±0.04abc	5.94±0.03c	5.90±0.04bc	5.25±0.14bcd	3.47±0.14bcd
W3F2	3.74±0.16ab	5.48±0.13ab	6.02±0.21bc	5.96±0.08b	5.31±0.16bc	3.53±0.03bc
W3F3	3.85±0.10a	5.59±0.01a	6.15±0.11abc	6.05±0.14b	5.42±0.20b	3.63±0.25b
W4F1	3.88±0.01a	5.92±0.01a	6.16±0.07abc	6.99±0.04a	5.85±0.11a	4.05±0.16a
W4F2	3.92±0.17a	5.98±0.08a	6.25±0.16ab	7.06±0.03a	5.94±0.16a	4.12±0.08a
W4F3	3.95±0.30a	6.09±0.04a	6.34±0.10a	7.14±0.13a	6.04±0.06a	4.24±0.04a
双因素方差分析（*F*值检验）						
W	140.040**	174.906**	166.836**	282.449**	129.498**	164.684**
F	0.051	0.066	0.069	0.041	0.091	0.072
W×F	10.950**	61.772**	48.127**	116.467**	38.474**	21.458**

注 数值为"平均值±标准差"，同一列不同小写字母表示处理间差异显著（$P<0.05$）；*表示在$P=0.05$水平差异显著，**表示在$P=0.01$水平差异显著。以下表中同。

为准确详细了解葡萄生长发育过程中耗水强度的动态变化，在葡萄萌芽期（4 月 16 日）至枝蔓成熟期（9 月 15 日）期间，以每 5 天为一阶段，共计 31 个阶段，计算每一阶段内葡萄耗水强度，绘制整个生育期内不同水肥处理下耗水强度动态变化图。不同水肥处理下滴灌葡萄阶段耗水强度的动态变化详见图 4-4。从图中可以看出，不同水肥处理下作物耗水强度随时间的推进总体呈先增大再减小的趋势，在浆果生长期维持较高水平。在同一灌溉处理下，作物耗水强度随施肥量的增加而增加，均在 F3 水平下最大值，但在 3 个施肥水平上差异不大；在同一施肥处理下，耗水强度随灌溉定额的增加而增加，均在 W4 水平下最大值，且在 4 个灌溉水平上存在较大差异。总体上与表 4-3 不同生育期滴灌葡萄耗水强度变化趋势一致。

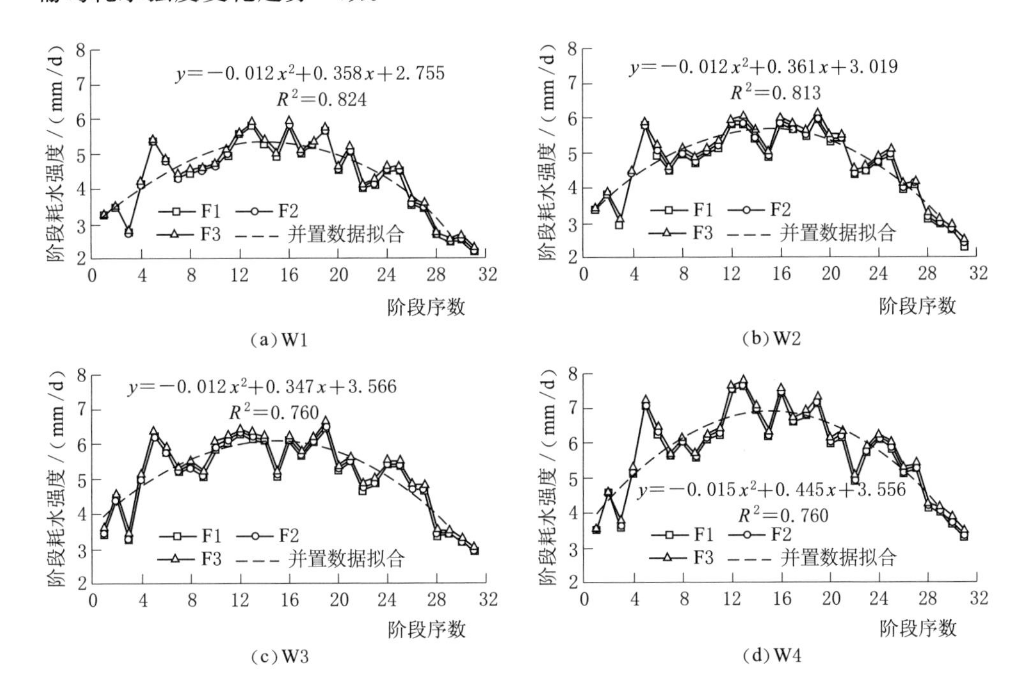

图 4-4 不同水肥处理下滴灌葡萄阶段耗水强度的动态变化

由于不同水肥处理下耗水强度随时间的推进有明显规律性。为研究耗水强度随时间的变化规律，对不同水处理下对应 3 个施肥水平的耗水强度随时间变化进行了数据拟合分析。根据表 4-7 中方差分析，由于施肥水平并未对耗水强度产生显著影响，因此在进行数据拟合时，对同一灌溉水平下 3 个施肥水平所对应的数据进行了并置数据拟合，即只拟合一个方程。从拟合出的 4 个方程可以看出，在不同灌水处理下，滴灌葡萄耗水强度和时间均存在显著的二次曲线关系。

五、充分灌溉条件下生育期内作物系数的动态变化

以产量及品质指标为反馈，确定在W3F2处理基础上计算研究区内滴灌无核白葡萄作物系数。从表4-8可以看出，作物系数萌芽期为0.80、新梢生长期为1.09、花期为1.13、浆果生长期为1.07、浆果成熟期为1.03、枝蔓成熟期为0.82，随生育期的推进整体呈现先增大再减小的趋势，其中在花期、浆果生长期和新梢生长期达到较高水平，在萌芽期与枝蔓成熟期达到较低水平。

表4-8　充分灌溉条件下不同生育期滴灌葡萄作物系数 K_c

充分灌溉处理	萌芽期	新梢生长期	花期	浆果生长期	浆果成熟期	枝蔓成熟期
W3F2	0.80±0.03	1.09±0.04	1.13±0.02	1.07±0.09	1.03±0.07	0.82±0.04

为准确详细了解葡萄生长发育过程中作物系数的动态变化，在葡萄萌芽期（4月16日）至枝蔓成熟期（9月15日）期间，以每5天为一阶段，共计31个阶段，计算每一阶段内葡萄作物系数，绘制W3F2处理作物系数随时间变化的动态图并对其进行拟合。从图4-5可以看出，作物系数随时间的推进总体呈先增大再减小的趋势，并和时间均存在显著的二次曲线关系。

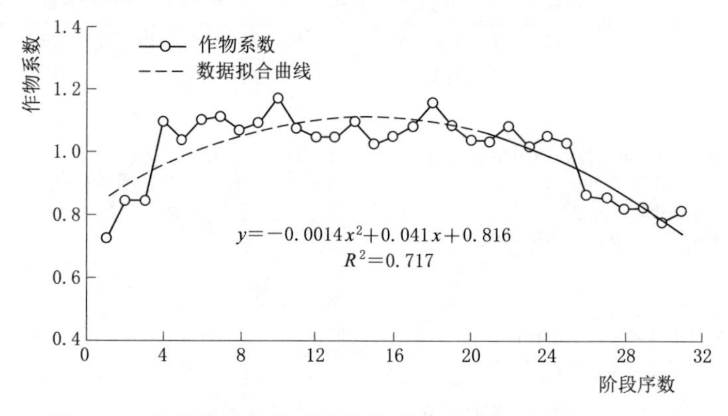

图4-5　充分灌溉条件下滴灌葡萄阶段作物系数的动态变化

第三节　水肥耦合对滴灌葡萄生理生长及产量品质的影响

不同水肥处理下滴灌葡萄生理、生长、产量及品质等指标存在差异，数值变化均有规律性，水肥耦合作用对各响应指标影响显著，合理的水肥用量为滴灌葡萄提供良好生长环境，对各响应指标产生积极影响。不同水肥处理下滴灌葡萄叶绿素相对含量、光合和叶绿素荧光指标随生育期的推进均发生变化且具有规律性。

作为葡萄植株生长发育的主要性状，新梢长度和茎粗可在一定程度上反映植株的营养状况。本研究表明，葡萄新梢长度在同一施肥条件下，随灌水量的增加先增大再减小，同一灌水条件下，随施肥量的增加而增大，在W3F3处理取得最大值；不同水肥处理对新梢茎粗的影响与新梢长度一致。主要是由于过量的灌水量容易造成地表径流及水分深层迁移等情况，导致水分和养分造成一定程度流失，进而影响作物生长状况；同时，过量的肥料施用促进了植株细胞分裂与增长，使植株出现“徒长”现象。这与王秀康等（2016）对作物生长发育情况研究结果相似。

叶片含水率可在一定程度上反映作物水分及土壤水肥亏缺状况。周罕觅等（2015）认为叶片相对含水率随灌水量的增加而升高且低肥处理对叶片相对含水率的影响最显著，而叶片饱和含水率则呈现相反趋势；干旱条件下施氮可降低叶片保水能力，朱再标等（2005）认为高氮处理下叶片相对含水率降低明显。本研究表明，葡萄叶片相对含水率在同一施肥条件下，随灌水量的增加而增大，同一灌水条件下，随施肥量的增加而减小，在W4F1处理取得最大值；叶片饱和含水率变化趋势与叶片相对含水率相反，在W1F3处理取得最大值，这与以上学者研究结果存在相似之处。

叶绿素是植物进行光合作用的一类绿色色素，其含量可作为衡量作物光合能力的指标。Nayyar等（2010）认为干旱胁迫可使作物叶绿素含量降低；杨建军（2018）认为叶绿素含量随灌水量和施肥量的增加而提高，呈正相关关系。本研究表明，不同水肥处理下滴灌葡萄叶片叶绿素相对含量随生育期的推进总体呈现逐渐增大的趋势，叶绿素相对含量与水肥用量呈正相关；即在水肥耦合条件下，葡萄叶片叶绿素相对含量的最大值出现在W4F3处理，最小值出现在W1F1处理，这与以上学者的结论相似。与本研究结果不同，Wang C等（2016）认为，叶绿素含量随着施肥量的增加呈现先增大再减小的趋势，可见不同灌水施肥条件下作物叶绿素含量变化会存在差异。

光合作用是植物吸收光能，把二氧化碳和水等无机物合成富能有机物同时释放氧气的过程，植物生长发育过程中沿着有利于光合作用进行的方向发展，进而达到适应周围生长环境的目的。通过提升光合作用转化度将是未来提高作物产量的一个重要方式。本研究表明，同一灌水处理下，光合指标P_n、T_r、G_s和WUE随施肥量的增加呈先增大再减小的变化趋势，同一施肥处理下，光合指标P_n、T_r、G_s和WUE随灌水量的增加而增大，均在W4F2处理取得最大值且W3F2处理与W4F2处理无显著性差异（$P>0.05$），而C_i表现相反，在W4F2取得最小值，呈现出明显的非气孔因素。说明水分胁迫在一定程度上影响植物光合作用，同时过高或过低的施肥量也会影响光合作用的进行，适宜的水肥用量才能使光合转化效率达到较高水平。这与权丽双等（2016）研究结论相似。

叶绿素荧光动力学技术可实现对环境胁迫下植物光合系统快速、无损伤的探测。正常情况下，叶绿素所吸收的光能通过光合电子传递、叶绿素荧光发射和热耗散途径进行消耗。作物受生长环境胁迫可能会影响光合电子传递，造成叶绿素结构损伤。本研究发现，F_v/F_m 和 F_v/F_0 作为环境胁迫和光抑制程度良好指标的探针，F_v/F_m 变化与水肥用量呈正相关且最大值处理 W4F3 与 W3F3 处理间无显著性差异，说明适当增加水肥用量可提高 F_v/F_m，同时在对 F_v/F_m 影响中，施肥因素大于灌水因素，说明增加施肥量可缓解因水分胁迫引起的光抑制和光损伤，F_v/F_0 变化与水肥用量呈正相关且最大值处理 W4F3 与 W3F3 处理间无显著性差异；过少、过量的水肥施用量对 q^P、ΦPSⅡ和 ETR 存在拮抗作用，水肥胁迫环境下作物受光合底物限制，使作物所能利用的光能减少，吸收的光量子大部分以热能形式散失而不用于光合作用的进行，作物生理活动受到抑制，导致光合作用、光化学淬灭系数下降，非光化学系数增大，进而表现出 PSⅡ实际光化学量子效率降低，光抑制程度增加。说明合理的水肥用量可提高原初光化学的最大产量、PSⅡ潜在光化学效率、光化学淬灭系数、PSⅡ实际光化学量子效率及表观电子传递速率，降低非光化学淬灭系数和光抑制程度；这与 Wu F Z 等（2008）、Shangguan Z 等（2000）研究结果相似。

作物产量和品质指标是直接影响经济收入的主要因素，合理的水肥用量可提高作物产量和品质，达到农业生产中低投入、高产出的目标。Liu 等（2011）认为在一定范围内作物产量与灌水量和施肥量呈正相关，超过一定的灌水施肥水平会使作物增产效应降低或减产，品质下降；Singandhupe 等（2003）认为增加灌水量会使灌溉水利用效率降低；Zhang 等（2018）认为随着施肥量的增加肥料利用效率降低。本研究表明，水肥耦合作用对产量、品质及水肥利用效率影响显著，产量在 W3F2 处理获得最大值，相对于产量最小值 W1F1 处理增产 29.76%；品质指标在 W3F2 处理达到较优水平，说明合理的水肥用量能够提高作物产量品质指标，达到提质增效的目的。研究结果与前人研究存在相似之处。

一、不同水肥处理对滴灌葡萄生长指标的影响

1. 不同水肥处理对滴灌葡萄新梢长度的影响

不同水肥处理对滴灌葡萄新梢长度的影响见表 4－9。其中水肥耦合及灌水因素对不同时间节点下滴灌葡萄新梢长度的影响均达到极显著水平（$P<0.01$）；施肥因素对不同时间节点下滴灌葡萄新梢长度的影响均达到显著水平（$P<0.05$）。

从表 4－9 中可看出，不同时间节点下滴灌葡萄新梢长度在不同水肥处理下表现为：同一施肥条件下，葡萄新梢长度随灌水量的增加呈先增大再减小的趋势，具体表现为：W3＞W4＞W2＞W1；同一灌水条件下，葡萄新梢长度随施肥

量的增加而增加（即 F3＞F2＞F1）。其中，以最终葡萄新梢长度（5 月 23 日）为例进行分析：不同水肥处理下滴灌葡萄新梢长度为 98.75～112.96cm，新梢长度最大值处理 W3F3 比最小值处理 W1F1 高 14.39%；在 W1 灌溉条件下，F3 比 F1、F2 处理分别高 6.72%、2.97%；在 W2 灌溉条件下，F3 比 F1、F2 处理分别高 5.58%、2.29%；在 W3 灌溉条件下，F3 比 F1、F2 处理分别高 4.09%、2.47%；在 W4 灌溉条件下，F3 比 F1、F2 处理分别高 4.94%、2.85%。在 F1 施肥条件下，W3 比 W1、W2 与 W4 处理分别高 9.69%、4.80%、3.14%；在 F2 施肥条件下，W3 比 W1、W2 与 W4 处理分别高 7.71%、3.14%、2.68%；在 F3 施肥条件下，W3 比 W1、W2 与 W4 处理分别高 7.57%、3.32%、2.30%。由分析可看出，不同水肥处理对滴灌葡萄新梢长度的影响存在差异，其中灌水因素对新梢长度的影响要大于施肥因素。说明合理的水肥用量可使滴灌葡萄新梢长度维持在较高水平。

表 4-9　不同水肥处理对滴灌葡萄新梢长度的影响　单位：cm

水肥处理	4 月 23 日	5 月 3 日	5 月 13 日	5 月 23 日
W1F1	19.31±1.85e	39.21±0.30g	65.21±1.97g	98.75±2.47f
W1F2	21.56±1.19de	41.46±0.76fg	68.31±0.27f	102.35±1.91e
W1F3	23.64±0.91cd	44.57±0.81def	71.44±2.04de	105.39±1.97cde
W2F1	21.84±1.19de	42.63±1.23ef	70.23±0.89ef	103.55±2.19de
W2F2	24.32±1.16cd	45.33±0.47cde	72.96±0.51cde	106.88±1.24bcd
W2F3	26.16±0.23bc	48.12±1.58b	74.33±1.65bcd	109.33±0.47ab
W3F1	25.74±1.05bc	46.46±2.06bcd	73.15±0.21cde	108.52±2.15bc
W3F2	28.56±1.78ab	48.68±0.96ab	75.24±1.64abc	110.24±1.05ab
W3F3	30.65±1.63a	51.58±2.23a	77.96±1.47a	112.96±1.36a
W4F1	22.07±1.51de	43.26±1.78def	70.22±1.10ef	105.22±1.73cde
W4F2	24.57±0.81cd	46.85±1.91bc	74.07±1.32bcd	107.36±0.93bcd
W4F3	26.93±2.73bc	48.27±0.95b	76.52±1.10ab	110.42±0.82ab
双因素方差分析（*F* 值检验）				
W	8.504**	7.698**	7.782**	9.275**
F	5.313*	6.344**	6.377**	5.011*
W×F	9.624**	12.497**	14.807**	11.636**

2. 不同水肥处理对滴灌葡萄新梢茎粗的影响

不同水肥处理对滴灌葡萄新梢茎粗的影响见表 4-10。其中水肥耦合及灌水因素对不同时间节点下滴灌葡萄新梢茎粗的影响均达到极显著水平（$P<0.01$）；施肥因素对不同时间节点下滴灌葡萄新梢茎粗的影响均达到显著水平（$P<0.05$）。

从表4-10中可看出，不同时间节点下滴灌葡萄新梢茎粗在不同水肥处理下表现为：同一施肥条件下，葡萄新梢茎粗随灌水量的增加呈先增大再减小的趋势，具体表现为：W3＞W4＞W2＞W1；同一灌水条件下，葡萄新梢长度随施肥量的增加而增加（即F3＞F2＞F1），总体表现与新梢长度一致。同样以最终葡萄新梢茎粗（5月23日）为例进行分析：不同水肥处理下滴灌葡萄新梢茎粗为9.82～12.33mm，新梢长度最大值处理W3F3比最小值处理W1F1高25.56%；在W1灌溉条件下，F3比F1、F2处理分别高3.97%、2.41%；在W2灌溉条件下，F3比F1、F2处理分别高7.59%、4.70%；在W3灌溉条件下，F3比F1、F2处理分别高13.3%、6.57%；在W4灌溉条件下，F3比F1、F2处理分别高12.96%、5.34%。在F1施肥条件下，W3比W1、W2与W4处理分别高10.79%、7.30%、2.16%；在F2施肥条件下，W3比W1、W2与W4处理分别高10.57%、11.04%、1.31%；在F3施肥条件下，W3比W1、W2与W4处理分别高20.76%、13.02%、2.49%。由分析可看出，不同水肥处理对滴灌葡萄新梢茎粗的影响存在差异，其中灌水因素对新梢茎粗的影响要大于施肥因素。说明合理的水肥用量可使滴灌葡萄新梢茎粗维持在较高水平。

表4-10　　不同水肥处理对滴灌葡萄新梢茎粗的影响　　单位：mm

水肥处理	4月23日	5月3日	5月13日	5月23日
W1F1	6.65±0.07h	8.74±0.08h	9.58±0.11g	9.82±0.13h
W1F2	7.17±0.10g	8.94±0.20gh	9.71±0.08fg	9.97±0.10gh
W1F3	7.32±0.03efg	9.06±0.08fg	9.94±0.06ef	10.21±0.13fg
W2F1	7.25±0.21fg	8.98±0.11g	9.79±0.13efg	10.14±0.06gh
W2F2	7.41±0.08def	9.12±0.03efg	9.97±0.10e	10.42±0.11ef
W2F3	7.58±0.11bcd	9.37±0.10cd	10.56±0.08d	10.91±0.16d
W3F1	7.55±0.07cde	9.32±0.03de	10.52±0.17d	10.88±0.13d
W3F2	7.61±0.10bc	9.76±0.08b	11.17±0.10b	11.57±0.10c
W3F3	8.02±0.04a	10.55±0.07a	12.02±0.17a	12.33±0.10a
W4F1	7.37±0.10efg	9.25±0.07def	9.98±0.08e	10.65±0.07de
W4F2	7.52±0.03cde	9.44±0.06cd	10.41±0.07d	11.42±0.14c
W4F3	7.75±0.07b	9.57±0.10bc	10.87±0.10c	12.03±0.18b
双因素方差分析（*F*值检验）				
W	8.850**	10.070**	12.206**	13.485**
F	5.103*	3.551*	4.058*	3.803*
W×F	24.222**	50.286**	83.281**	91.280**

二、不同水肥处理对滴灌葡萄生理指标的影响

1. 不同水肥处理对滴灌葡萄叶片含水率的影响

不同水肥处理对滴灌葡萄叶片含水率的影响如图 4－6 所示。其中水肥耦合作用对滴灌葡萄叶片相对含水率（L_R）的影响达到显著水平（$P<0.05$），对叶片饱和含水率（L_S）的影响达到极显著水平（$P<0.01$）；灌水因素对滴灌葡萄叶片相对含水率及叶片饱和含水率的影响均达到极显著水平（$P<0.01$）；施肥因素对滴灌葡萄叶片相对含水率及叶片饱和含水率的影响均未达到显著水平（$P>0.05$）。

从图 4－6 中可看出，滴灌葡萄叶片相对含水率在不同水肥处理下表现为：同一施肥条件下，葡萄叶片相对含水率随灌水量的增加而增大（即 W4＞W3＞W2＞W1）；同一灌水条件下，葡萄叶片相对含水率随施肥量的增加而减小（即 F1＞F2＞F3）。其中，在同一施肥条件下，W4、W3、W2 灌水处理葡萄叶片相对含水率相较于 W1 灌水处理增加情况表现为：F1 处理下，W4、W3、W2 灌水处理葡萄叶片相对含水率相较于 W1 灌水处理分别增加 8.28％、7.38％、6.26％；F2 处理下，W4、W3、W2 灌水处理葡萄叶片相对含水率相较于 W1 灌水处理分别增加 8.04％、7.25％、5.10％；F3 处理下，W4、W3、W2 灌水处理葡萄叶片相对含水率相较于 W1 灌水处理分别增加 7.95％、7.01％、3.15％；F1 施肥处理下总体增加较多。在同一灌水条件下，F1、F2 施肥处理葡萄叶片相对含水率相较于 F3 施肥处理增加情况表现为：W1 处理下，F1、F2 施肥处理葡萄叶片相对含水率相较于 F3 施肥处理分别增加 4.01％、3.15％；W2 处理下，F1、F2 施肥处理葡萄叶片相对含水率相较于 F3 施肥处理分别增加 7.14％、5.10％；W3 处理下，F1、F2 施肥处理葡萄叶片相对含水率相较于 F3 施肥处理分别增加 4.36％、3.38％；W3 处理下，F1、F2 施肥处理葡萄叶片相对含水率相较于 F3 施肥处理分别增加 4.33％、3.24％。说明水肥耦合条件下，葡萄叶片相对含水率可侧面反映土壤水分亏缺情况。

从图 4－6 中还可看出，滴灌葡萄叶片饱和含水率在不同水肥处理下表现为：同一施肥条件下，葡萄叶片饱和含水率随灌水量的增加而减小（即 W4＜W3＜W2＜W1）；同一灌水条件下，葡萄叶片饱和含水率随施肥量的增加而增大（即 F1＜F2＜F3）。其中，在同一施肥条件下，W4、W3、W2 灌水处理葡萄叶片饱和含水率相较于 W1 灌水处理增加情况表现为：F1 处理下，W4、W3、W2 灌水处理葡萄叶片饱和含水率相较于 W1 灌水处理分别减小 12.00％、6.70％、5.00％；F2 处理下，W4、W3、W2 灌水处理葡萄叶片饱和含水率相较于 W1 灌水处理分别减小 16.82％、11.22％、10.30％；F3 处理下，W4、W3、W2 灌水处理葡萄叶片饱和含水率相较于 W1 灌水处理分别减小 13.43％、11.03％、

8.33%；F2施肥处理下总体减小较多。在同一灌水条件下，F1、F2施肥处理葡萄叶片饱和含水率相较于F3施肥处理增加情况表现为：W1处理下，F1、F2施肥处理葡萄叶片饱和含水率相较于F3施肥处理分别减小7.41%、0.93%；W2处理下，F1、F2施肥处理葡萄叶片饱和含水率相较于F3施肥处理分别减小4.04%、3.01%，W3处理下，F1、F2施肥处理葡萄叶片饱和含水率相较于F3施肥处理分别减小3.21%、1.13%；W3处理下，F1、F2施肥处理葡萄叶片饱和含水率相较于F3施肥处理分别减小5.88%、4.81%。滴灌葡萄叶片饱和含水率总体变化趋势与叶片相对含水率相反，说明水肥耦合条件下，滴灌葡萄叶片饱和含水率也可侧面反映土壤水分亏缺情况。

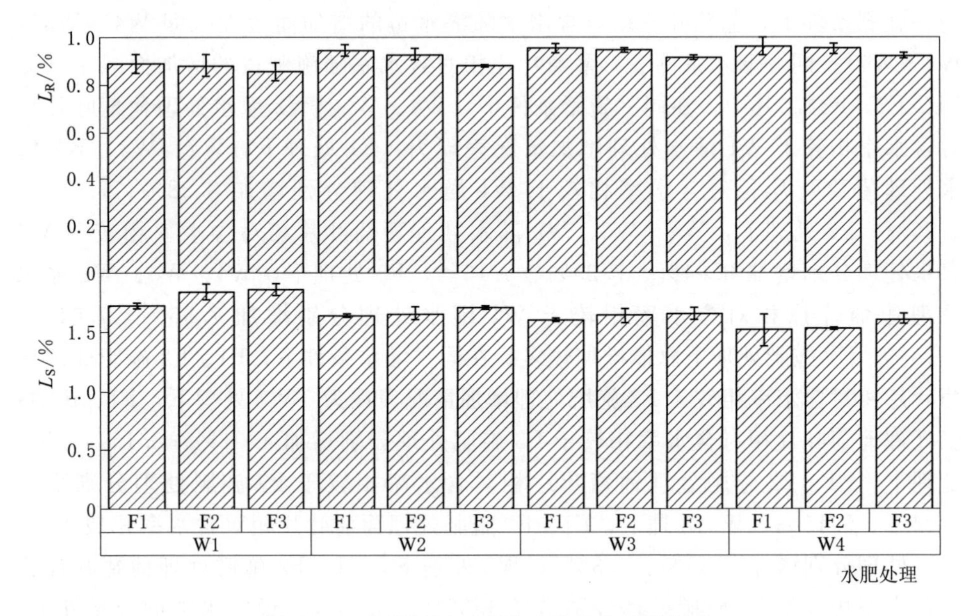

图4-6 水肥用量对葡萄叶片含水率的影响

2. 不同水肥处理对滴灌葡萄叶绿素相对含量的影响

叶绿素相对含量（SPAD值）能较好地反映表征叶片绿度，其值与叶绿素含量成正比，为无量纲数值（Dwyer L M等，2001；Blackmer T M等，1994）。不同水肥处理下滴灌葡萄生育期内叶片叶绿素相对含量变化趋势如图4-7所示。不同水肥处理下滴灌葡萄叶片叶绿素相对含量随生育期的推进总体呈现逐渐增大的趋势。其中，在新梢生长期和花期，叶片处于不断生长阶段，使该时期叶片叶绿素相对含量增加迅速；在浆果生长期，浆果生长发育迅速，而叶片生长速度相对上一生育期降低，使该时期叶片叶绿素相对含量增长速率相对降低；在浆果成熟期，浆果逐渐趋于成熟，叶片生长基本停止，使该时期叶绿素相对含量增加缓慢且趋于平缓。同一时间条件下，不同水肥处理间叶片叶绿素相对含量存在差异，总体表现为：同一施肥条件下，葡萄叶片叶绿素相对含量随灌水量的增加而增大（即 W4＞W3＞W2＞W1）；同一灌水条件下，葡萄叶片叶绿素相对含量随施肥量的增加而增大（即 F3＞F2＞F1）；即在水肥耦合条件下，葡萄叶片叶绿素相对含量的最大值出现在 W4F3 处理，最小值出现在 W1F1 处理。不同水肥处理条件下叶片叶绿素相对含量变化存在明显规律性，说明叶绿素相对含量指标可以较好地反映滴灌葡萄水肥亏缺情况。

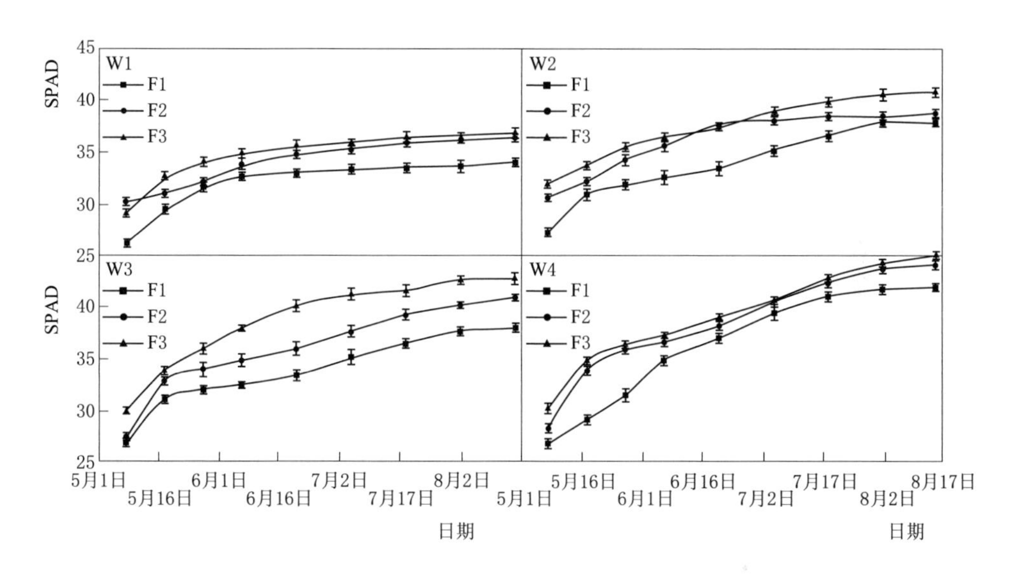

图 4-7　水肥用量对滴灌葡萄生育期内叶片叶绿素相对含量变化的影响

3. 不同水肥处理对滴灌葡萄光合指标的影响

（1）不同水肥处理对滴灌葡萄叶片净光合速率（P_n）和蒸腾速率（T_r）的影响。不同水肥处理对不同生育期内滴灌葡萄叶片净光合速率（P_n）和蒸腾速率（T_r）的影响见表 4-11。其中水肥耦合作用对不同生育期滴灌葡萄叶片 P_n 和 T_r 的影响均达到极显著水平（$P<0.01$）；灌水因素对不同生育期葡萄叶片 P_n 和 T_r 的影响均达到极显著水平（$P<0.01$）；施肥因素对不同生育期葡萄叶片 P_n 和 T_r 的影响均未达到显著水平（$P>0.05$）。

从表 4-11 中可看出，滴灌葡萄叶片 P_n 在浆果生长期达到最高水平，各水肥处理平均值为 29.73μmol/(m² · s)，在新梢生长期处于最低水平，各水肥处理平均值为 12.58μmol/(m² · s)，随生育期的推进总体呈现先增大再减小的变化趋势。不同生育期内滴灌葡萄叶片 P_n 在不同水肥处理下表现为：同一施肥条件下，葡萄叶片 P_n 随灌水量的增加而增大（即 W4＞W3＞W2＞W1）；同一灌

表 4-11　　水肥用量对滴灌葡萄叶片 P_n 和 T_r 的影响

处理	净光合速率 P_n/[μmol/(m^2·s)]				蒸腾速率 T_r/[mmol/(m^2·s)]			
	新梢生长期	花期	浆果生长期	浆果成熟期	新梢生长期	花期	浆果生长期	浆果成熟期
W1F1	10.06±0.06g	14.92±0.16h	25.00±0.04h	19.25±0.07h	3.09±0.06h	4.12±0.03h	5.27±0.10h	4.66±0.04h
W1F2	11.23±0.03f	16.04±0.08g	25.80±0.07g	21.00±0.04g	3.17±0.04gh	4.19±0.13gh	5.32±0.03gh	4.72±0.03gh
W1F3	10.92±0.13f	15.91±0.06g	25.23±0.04h	19.56±0.06h	3.24±0.08g	4.27±0.10fg	5.41±0.01fg	4.79±0.06fg
W2F1	11.71±0.16e	17.02±0.28f	27.93±0.18f	21.89±0.01f	3.36±0.06f	4.36±0.08ef	5.48±0.06ef	4.85±0.07ef
W2F2	12.66±0.21d	18.84±0.41d	30.55±0.07e	24.21±0.44d	3.42±0.03ef	4.41±0.01ef	5.54±0.06e	4.89±0.01ef
W2F3	11.75±0.23e	17.79±0.14e	28.09±0.13f	23.24±0.62e	3.51±0.01de	4.49±0.04de	5.60±0.04de	4.91±0.03e
W3F1	12.68±0.03d	19.01±0.27d	30.98±0.03d	23.43±0.04e	3.57±0.10cd	4.62±0.03cd	5.68±0.03cd	5.03±0.10d
W3F2	14.38±0.08a	22.95±0.06a	33.27±0.04a	27.86±0.06a	3.82±0.03a	4.89±0.04a	5.95±0.07a	5.31±0.01a
W3F3	13.27±0.23c	20.00±0.06c	31.98±0.11c	25.28±0.03c	3.64±0.06bc	4.70±0.04bc	5.73±0.04c	5.11±0.03cd
W4F1	13.82±0.27b	21.52±0.42b	32.00±0.16c	25.55±0.07c	3.71±0.01ab	4.74±0.06bc	5.79±0.01bc	5.17±0.03bc
W4F2	14.41±0.01a	23.01±0.04a	33.45±0.07a	27.90±0.08a	3.83±0.04a	4.90±0.06a	5.97±0.10a	5.33±0.04a
W4F3	14.03±0.04b	21.87±0.18b	32.50±0.17b	26.70±0.14b	3.77±0.03a	4.80±0.03ab	5.86±0.03ab	5.23±0.03ab
双因素方差分析（F 值检验）								
W	43.004**	40.827**	80.635**	30.823**	55.166**	52.093**	38.383**	44.068**
F	1.251	1.191	0.697	1.869	0.563	0.544	0.724	0.699
W×F	183.907**	320.043**	1759.637**	356.471**	47.742**	37.370**	35.846**	48.722**

水条件下，葡萄叶片 P_n 随施肥量的增加先增大再减小（即 F2＞F3＞F1），即在水肥耦合条件下，葡萄叶片 P_n 的最大值出现在 W4F2 处理，最小值出现在 W1F1 处理，且各生育期 W3F2 处理与 W4F2 处理均无显著性差异（$P>0.05$）。不同水肥处理条件下叶片 P_n 变化存在明显规律性，说明 P_n 可以较好反映滴灌葡萄水肥亏缺情况。

从表 4-11 中还可看出，滴灌葡萄叶片 T_r 在浆果生长期达到最高水平，各水肥处理平均值为 5.63mmol/(m^2·s)，在新梢生长期处于最低水平，各水肥处理平均值为 3.51mmol/(m^2·s)，随生育期的推进总体呈现先增大再减小的变化趋势，与 P_n 变化情况一致。不同生育期内滴灌葡萄叶片 T_r 在不同水肥处理下表现为：同一施肥条件下，葡萄叶片 T_r 随灌水量的增加而增大（即 W4＞W3＞W2＞W1）；同一灌水条件下，其中在 W1、W2 灌水水平下，葡萄叶片 T_r 随施肥量的增加而增大（即 F3＞F2＞F1），在 W3、W4 灌水水平下，葡萄叶片 T_r 随施肥量的增加先增大再减小（即 F2＞F3＞F1），即在水肥耦合条件下，葡萄叶片 T_r 的最大值出现在 W4F2 处理，最小值出现在 W1F1 处理，且各生育期 W3F2 处理与 W4F2 处理均无显著性差异（$P>0.05$）。不同水肥处理条件下叶片 T_r 变化存在明显规律性，说明 T_r 也可以较好反映滴灌葡萄水肥亏缺情况。

综上，合理的水肥用量可减少葡萄叶片脱落酸含量而增加细胞分裂素及生长素含量，从而提高了滴灌葡萄叶片 P_n 和 T_r。

（2）不同水肥处理对滴灌葡萄叶片气孔导度（G_s）和胞间 CO_2 浓度（C_i）的影响。不同水肥处理对不同生育期内滴灌葡萄叶片气孔导度（G_s）和胞间 CO_2 浓度（C_i）的影响见表 4-12。其中水肥耦合作用对不同生育期滴灌葡萄叶片 G_s 和 C_i 的影响均达到极显著水平（$P<0.01$）；灌水因素对不同生育期葡萄叶片 G_s 和 C_i 的影响均达到极显著水平（$P<0.01$）；施肥因素对不同生育期葡萄叶片 G_s 和 C_i 的影响均未达到显著水平（$P>0.05$）。

从表 4-12 中可看出，滴灌葡萄叶片 G_s 在浆果生长期达到最高水平，各水肥处理平均值为 282.82mmol/(m^2·s)，在新梢生长期处于最低水平，各水肥处理平均值为 126.24mmol/(m^2·s)，随生育期的推进总体呈现先增大再减小的变化趋势，与 P_n、T_r 变化情况一致。不同生育期内滴灌葡萄叶片 G_s 在不同水肥处理下表现为：同一施肥条件下，葡萄叶片 G_s 随灌水量的增加而增大（即 W4＞W3＞W2＞W1）；同一灌水条件下，葡萄叶片 G_s 随施肥量的增加先增大再减小（即 F2＞F3＞F1），即在水肥耦合条件下，葡萄叶片 G_s 的最大值出现在 W4F2 处理，最小值出现在 W1F1 处理，且各生育期 W3F2 处理与 W4F2 处理均无显著性差异（$P>0.05$）。不同水肥处理条件下叶片 G_s 变化存在明显规律性，说明 G_s 可以较好反映滴灌葡萄水肥亏缺情况。

表 4-12 水肥用量对滴灌葡萄叶片气孔导度（G_s）和胞间 CO_2 浓度（C_i）的影响

处理	气孔导度 G_s/[mmol/(m^2·s)]				胞间 CO_2 浓度 C_i/[μmol/(m^2·s)]			
	新梢生长期	花期	浆果生长期	浆果成熟期	新梢生长期	花期	浆果生长期	浆果成熟期
W1F1	101.32±0.96g	156.31±0.98h	223.47±0.66i	185.62±2.29j	354.45±2.05a	285.76±2.49a	190.97±5.70a	238.47±2.07a
W1F2	115.21±0.30ef	177.23±3.92f	252.76±1.07g	210.39±1.97h	330.04±2.88c	260.44±2.21c	163.75±1.06de	220.71±5.24b
W1F3	108.57±2.02fg	165.38±6.53g	241.14±1.61h	198.67±3.78i	342.35±6.15b	272.85±5.44b	176.22±1.73b	231.55±5.02a
W2F1	116.77±3.15ef	182.45±3.46f	263.87±5.47f	225.97±8.44g	336.67±3.78bc	268.46±0.65b	173.56±5.03bc	220.72±6.67b
W2F2	127.15±1.20cd	215.38±0.54cd	294.61±0.86cd	250.00±2.83de	301.21±5.95ef	236.78±2.52e	156.32±4.70e	195.99±2.81d
W2F3	120.23±0.33de	198.76±1.75e	278.09±0.13e	235.47±6.32f	321.15±4.45d	248.78±3.93d	167.88±4.07cd	208.77±1.08c
W3F1	126.99±1.43cd	207.65±7.99d	288.69±5.22d	242.79±3.95ef	302.88±2.66e	243.84±5.43d	148.29±3.24f	192.14±1.61d
W3F2	144.24±2.49a	239.78±0.31a	322.66±0.93a	280.96±1.47a	278.87±1.23gh	212.73±3.86g	120.66±0.48h	160.34±4.72f
W3F3	133.12±1.24bc	218.66±1.90c	293.78±5.35cd	253.41±0.58cd	294.34±1.90f	228.97±1.37f	130.18±4.50g	182.23±4.56e
W4F1	136.65±11.81ab	222.23±3.15c	300.23±7.40c	260.22±1.10c	281.23±1.74g	212.22±3.14g	134.53±3.49g	158.63±5.13f
W4F2	145.52±2.15a	240.32±0.45a	323.95±1.34a	283.13±2.64a	256.51±2.14i	185.56±0.79h	102.42±2.01i	135.54±2.17h
W4F3	139.06±4.16ab	230.39±0.55b	310.55±2.05b	270.46±0.65b	270.76±5.32h	206.54±2.18g	113.51±2.14h	147.94±2.91g
双因素方差分析（F 值检验）								
W	27.957**	32.542**	32.071**	35.792**	37.461**	31.915**	30.851**	57.503**
F	1.724	1.866	1.973	1.701	1.689	2.011	1.984	1.059
W×F	25.543**	128.274**	160.288**	140.424**	138.033**	178.836**	122.079**	144.658**

从表 4-12 还可看出，滴灌葡萄叶片 C_i 在新梢生长期达到最高水平，各水肥处理平均值为 305.87μmol/(m² · s)，在浆果生长期处于最低水平，各水肥处理平均值为 148.19μmol/(m² · s)，随生育期的变化趋势与 P_n、T_r、G_s 变化情况相反。不同生育期内滴灌葡萄叶片 C_i 在不同水肥处理下表现为：同一施肥条件下，葡萄叶片 C_i 随灌水量的增加而减小（即 W1>W2>W3>W4）；同一灌水条件下葡萄叶片 C_i 随施肥量的增加先减小再增大（即 F1>F3>F2），即在水肥耦合条件下，葡萄叶片 C_i 的最大值出现在 W1F1 处理，最小值出现在 W4F2 处理。不同水肥处理条件下叶片 C_i 变化存在明显规律性，说明 C_i 也可以较好反映滴灌葡萄水肥亏缺情况。

综上，合理的水肥用量能够促进作物蒸腾耗水与矿质元素的迁移，降低硝酸还原酶的活性而使叶绿素含量增加及维管束鞘细胞的碳水化合物得到积累进而使葡萄叶片气体交换能力提高，最终影响葡萄光合碳化能力。

（3）不同水肥处理对滴灌葡萄叶片水分利用效率（*WUE*）的影响。不同水肥处理对不同生育期内滴灌葡萄叶片水分利用效率（*WUE*）的影响见表 4-13。其中水肥耦合作用对不同生育期滴灌葡萄叶片 *WUE* 的影响达到极显著水平（$P<0.01$）；灌水因素对不同生育期葡萄叶片 *WUE* 的影响达到极显著水平（$P<0.01$）；施肥因素对不同生育期葡萄叶片 *WUE* 的影响均未达到显著水平（$P>0.05$）。

从表 4-13 中可看出，滴灌葡萄叶片 *WUE* 在浆果生长期达到最高水平，各水肥处理平均值为 5.27μmol/mmol，在新梢生长期处于最低水平，各水肥处理平均值为 3.57μmol/mmol，随生育期的推进总体呈现先增大再减小的变化趋势，与 P_n、T_r、G_s 变化情况一致。在新梢生长期 *WUE* 为 3.25～3.76μmol/mmol，且最大值水肥处理 W4F2 与 W3F2 间无显著性差异（$P>0.05$）；花期 *WUE* 为 3.62～4.70μmol/mmol，且最大值水肥处理 W4F2 与 W3F2 间无显著性差异（$P>0.05$）；浆果生长期 *WUE* 为 4.74～5.60μmol/mmol，且最大值水肥处理 W4F2 与 W3F2 间无显著性差异（$P>0.05$）；浆果成熟期 *WUE* 为 4.13～5.23μmol/mmol，且最大值水肥处理 W4F2 与 W3F2 间无显著性差异（$P>0.05$）。说明 W3F2 处理水肥耦合作用明显，可达到节水省肥的目的。

表 4-13　　水肥用量对滴灌葡萄功能叶水分利用效率（*WUE*）的影响

处理	叶片水分利用效率 *WUE*/(μmol/mmol)			
	新梢生长期	花期	浆果生长期	浆果成熟期
W1F1	3.25±0.08f	3.62±0.06f	4.74±0.10de	4.13±0.05g
W1F2	3.54±0.04cd	3.83±0.14de	4.85±0.04d	4.45±0.04f
W1F3	3.37±0.05ef	3.73±0.10ef	4.66±0.00e	4.08±0.04g
W2F1	3.48±0.01de	3.90±0.14de	5.10±0.09c	4.51±0.07ef
W2F2	3.70±0.09abc	4.27±0.08b	5.51±0.04ab	4.95±0.10bc

续表

处理	叶片水分利用效率 *WUE*/(μmol/mmol)			
	新梢生长期	花期	浆果生长期	浆果成熟期
W2F3	3.34±0.08ef	3.96±0.01cd	5.02±0.06c	4.73±0.15d
W3F1	3.55±0.11bcd	4.11±0.08bc	5.45±0.03b	4.66±0.10de
W3F2	3.76±0.05a	4.69±0.05a	5.59±0.07ab	5.25±0.02a
W3F3	3.64±0.12abcd	4.26±0.03b	5.58±0.02ab	4.95±0.02bc
W4F1	3.72±0.09a	4.54±0.14a	5.53±0.01ab	4.94±0.01c
W4F2	3.76±0.05a	4.70±0.05a	5.60±0.10a	5.23±0.03a
W4F3	3.72±0.02ab	4.56±0.01a	5.55±0.06ab	5.11±0.05ab
双因素方差分析（*F* 值检验）				
W	8.820**	25.039**	43.326**	20.875**
F	3.188	1.754	0.698	2.565
W×F	11.831**	37.396**	70.199**	8.946**

4. 不同水肥处理对滴灌葡萄叶绿素荧光参数指标的影响

(1) 不同水肥处理对滴灌葡萄叶片原初光化学的最大产量（F_v/F_m）和 PSⅡ潜在光化学效率（F_v/F_0）的影响。不同水肥处理对不同生育期内滴灌葡萄叶片原初光化学的最大产量（F_v/F_m）和 PSⅡ潜在光化学效率（F_v/F_0）的影响见表 4-14。其中水肥耦合作用对不同生育期滴灌葡萄叶片 F_v/F_m 与 F_v/F_0 的影响均达到极显著水平（$P<0.01$）；灌水因素对不同生育期葡萄叶片 F_v/F_m 的影响表现为：在新梢生长期达到显著水平（$P<0.05$），在其余 3 个生育期均未达到显著水平（$P>0.05$），对不同生育期滴灌葡萄叶片 F_v/F_0 均达到极显著水平（$P<0.01$）；施肥因素对不同生育期葡萄叶片 F_v/F_m 与 F_v/F_0 的影响均达到极显著水平（$P<0.01$）。

F_v/F_m 作为衡量作物光合性的重要参数，可反映所有 PSⅡ反应中心均处于开放状态时的量子产量，是表明胁迫和光抑制程度良好指标的探针。从表 4-14 水肥用量对滴灌葡萄叶片原初光化学的最大产量（F_v/F_m）和 PSⅡ潜在光化学效率（F_v/F_0）的影响中可看出，滴灌葡萄叶片 F_v/F_m 在浆果生长期达到最高水平，各水肥处理平均值为 0.781，在新梢生长期处于最低水平，各水肥处理平均值为 0.728，随生育期的推进总体呈现先增大再减小的变化趋势，与 P_n、T_r、G_s、WUE 变化情况一致。不同生育期内滴灌葡萄叶片 F_v/F_m 在不同水肥处理下表现为：同一施肥条件下，葡萄叶片 F_v/F_m 随灌水量的增加而增大（即 W4>W3>W2>W1）；同一灌水条件下，葡萄叶片 F_v/F_m 随施肥量的增加而增大（即 F3>F2>F1），即在水肥耦合条件下，葡萄叶片 F_v/F_m 的最大值出现在 W4F3 处理，最小值出现在 W1F1 处理且各生育期的最大值水肥处理 W4F3 与 W3F2、W3F3 间除在新梢生长期外均无显著性差异（$P>0.05$）。

表 4-14 水肥用量对滴灌葡萄叶片原初光化学的最大产量（F_v/F_m）和 PSⅡ潜在光化学效率（F_v/F_0）的影响

处理	原初光化学的最大产量 F_v/F_m				PSⅡ潜在光化学效率 F_v/F_0			
	新梢生长期	花期	浆果生长期	浆果成熟期	新梢生长期	花期	浆果生长期	浆果成熟期
W1F1	0.602±0.02i	0.621±0.02h	0.653±0.01f	0.638±0.02f	2.015±0.08h	2.332±0.11h	2.966±0.03h	2.665±0.13g
W1F2	0.704±0.01fg	0.732±0.01fg	0.761±0.02cd	0.740±0.01cd	2.747±0.07ef	3.146±0.06f	3.714±0.08f	3.422±0.03e
W1F3	0.730±0.01ef	0.763±0.01def	0.798±0.02bc	0.769±0.02bc	2.851±0.11ef	3.256±0.07ef	3.823±0.07ef	3.542±0.08de
W2F1	0.637±0.02hi	0.656±0.02h	0.690±0.03ef	0.670±0.01ef	2.341±0.09g	2.766±0.13g	3.326±0.15g	3.053±0.09f
W2F2	0.736±0.01def	0.777±0.01cde	0.805±0.01abc	0.776±0.02bc	3.155±0.105d	3.516±0.10cd	4.097±0.07d	3.803±0.03c
W2F3	0.756±0.02cde	0.793±0.02bcd	0.821±0.03ab	0.808±0.02ab	3.252±0.061cd	3.596±0.05c	4.182±0.08d	3.881±0.11c
W3F1	0.674±0.02gh	0.707±0.02g	0.725±0.01de	0.710±0.02de	2.655±0.106f	3.095±0.06f	3.682±0.11f	3.377±0.11e
W3F2	0.773±0.01bcd	0.804±0.01abc	0.825±0.02ab	0.813±0.01ab	3.432±0.061bc	3.837±0.06b	4.433±0.09c	4.187±0.05b
W3F3	0.785±0.02abc	0.820±0.02ab	0.837±0.01ab	0.824±0.03a	3.530±0.127ab	3.916±0.09ab	4.507±0.08abc	4.287±0.13ab
W4F1	0.712±0.01fg	0.753±0.01ef	0.771±0.03c	0.758±0.01c	2.921±0.112e	3.386±0.11de	3.987±0.04de	3.727±0.07c
W4F2	0.807±0.02ab	0.825±0.02ab	0.841±0.02ab	0.830±0.04a	3.658±0.116a	4.036±0.08ab	4.674±0.12ab	4.355±0.078ab
W4F3	0.815±0.01a	0.832±0.01a	0.849±0.01a	0.841±0.02a	3.704±0.023a	4.096±0.12a	4.741±0.10a	4.421±0.030a
双因素方差分析（F 值检验）								
W	3.349*	3.085	2.131	2.866	4.896**	5.764**	6.219**	6.249**
F	17.639**	17.570**	21.946**	18.100**	13.266**	11.246**	10.531**	10.398**
W×F	30.097**	34.131**	20.204**	23.204**	64.184**	70.890**	69.735**	77.308**

F_v/F_0 反映PSⅡ潜在光化学效率，其作用与 F_v/F_m 相似，均为表明光化学状况的重要参数。从表 4-14 中可看出，滴灌葡萄叶片 F_v/F_0 在浆果生长期达到最高水平，各水肥处理平均值为 4.011，在新梢生长期处于最低水平，各水肥处理平均值为 3.022，随生育期的推进总体呈现先增大再减小的变化趋势，与 P_n、T_r、G_s、WUE、F_v/F_m 变化情况一致。不同生育期内滴灌葡萄叶片 F_v/F_0 在不同水肥处理下表现为：同一施肥条件下，葡萄叶片 F_v/F_0 随灌水量的增加而增大（即 W4＞W3＞W2＞W1）；同一灌水条件下，葡萄叶片 F_v/F_0 随施肥量的增加而增大（即 F3＞F2＞F1），即在水肥耦合条件下，葡萄叶片 F_v/F_m 的最大值出现在 W4F3 处理，最小值出现在 W1F1 处理且各生育期最大值水肥处理 W4F3 与 W3F3 间均无显著性差异（$P>0.05$），处理间变化规律与 F_v/F_m 变化规律一致。

综上，合理的水肥用量能够提高葡萄叶片中 RUBP 羧化酶活性，进而提高 F_v/F_m、F_v/F_0，从而达到提高作物光合产物累积量的目的。

(2) 不同水肥处理对滴灌葡萄叶片光化学淬灭系数（q^P）、非光化学淬灭系数（q^N）及光抑制程度的影响。不同水肥处理对不同生育期内滴灌葡萄叶片光化学淬灭系数（q^P）和非光化学淬灭系数（q^N）的影响见表 4-15。其中水肥耦合作用对不同生育期滴灌葡萄叶片 q^P 与 q^N 的影响均达到极显著水平（$P<0.01$）；灌水因素对不同生育期葡萄叶片 q^P 与 q^N 的影响均达到极显著水平（$P<0.01$）；施肥因素对不同生育期葡萄叶片 q^P 与 q^N 的影响均达到显著水平（$P<0.05$）。

q^P 是指激发能被开放的反应中心捕获并转化为化学能而导致的荧光淬灭，反映了PSⅡ稳定性原初电子受体 QA 的氧化还原状态和PSⅡ反应中心的开放程度，进一步反映了作物的光合效率及对光能的利用情况。从表 4-15 中可看出，滴灌葡萄叶片 q^P 在浆果生长期达到最高水平，各水肥处理平均值为 0.760，在新梢生长期处于最低水平，各水肥处理平均值为 0.467，随生育期的推进总体呈现先增大再减小的变化趋势，与 P_n、T_r、G_s、WUE、F_v/F_m、F_v/F_0 变化情况一致。不同生育期内滴灌葡萄叶片 q^P 在不同水肥处理下表现为：同一施肥条件下，葡萄叶片 q^P 随灌水量的增加先增大再减小（即 W3＞W4＞W2＞W1）；同一灌水条件下，葡萄叶片 q^P 随施肥量的增加先增加再减小（即 F2＞F1＞F3），即在水肥耦合条件下，葡萄叶片 q^P 的最大值出现在 W3F2 处理，最小值出现在 W1F3 处理。

q^N 表示了光合场所受损伤的程度，是作物的一种自我保护机制，反映了PSⅡ反应中心对天线色素吸收过量光能后的以热能形式耗散掉的光能部分。从表 4-15 中可看出，滴灌葡萄叶片 q^N 在浆果生长期达到最高水平，各水肥处理平均值为 0.787，在新梢生长期处于最低水平，各水肥处理平均值为 0.598，随生育期的推进总体呈现先增大再减小的变化趋势，与 P_n、T_r、G_s、WUE、F_v/F_m、

表 4-15　水肥用量对滴灌葡萄叶片光化学淬灭系数（q^P）和非光化学淬灭系数（q^N）的影响

处理	光化学淬灭系数 q^P				非光化学淬灭系数 q^N			
	新梢生长期	花期	浆果生长期	浆果成熟期	新梢生长期	花期	浆果生长期	浆果成熟期
W1F1	0.378±0.02g	0.501±0.01fg	0.659±0.01g	0.629±0.01f	0.683±0.02a	0.779±0.02ab	0.865±0.02ab	0.823±0.02ab
W1F2	0.423±0.03fg	0.536±0.01ef	0.690±0.02fg	0.673±0.03ef	0.647±0.04abc	0.743±0.03bc	0.840±0.01bc	0.791±0.03bcd
W1F3	0.301±0.01h	0.442±0.02g	0.603±0.03h	0.557±0.02g	0.694±0.03a	0.796±0.02a	0.884±0.02a	0.843±0.02a
W2F1	0.453±0.03def	0.591±0.03de	0.762±0.02de	0.728±0.01cd	0.603±0.02cde	0.708±0.01de	0.787±0.01de	0.752±0.01de
W2F2	0.484±0.01cd	0.632±0.02cd	0.805±0.01cd	0.767±0.02c	0.569±0.01defg	0.688±0.01ef	0.745±0.02ef	0.715±0.02efg
W2F3	0.393±0.01g	0.524±0.03f	0.694±0.02fg	0.662±0.02ef	0.662±0.02ab	0.762±0.02abc	0.838±0.02bc	0.805±0.01abc
W3F1	0.568±0.01b	0.715±0.02ab	0.863±0.02ab	0.829±0.03ab	0.534±0.01fgh	0.617±0.02gh	0.724±0.02fg	0.676±0.02gh
W3F2	0.618±0.02a	0.773±0.03a	0.907±0.04a	0.873±0.04a	0.501±0.02h	0.603±0.01h	0.690±0.01g	0.654±0.01h
W3F3	0.478±0.03cde	0.623±0.04d	0.782±0.03d	0.756±0.01c	0.584±0.02def	0.698±0.03ef	0.768±0.03ef	0.728±0.03ef
W4F1	0.514±0.04c	0.646±0.02cd	0.793±0.02cd	0.766±0.01c	0.557±0.04efg	0.657±0.02fg	0.757±0.01ef	0.720±0.01efg
W4F2	0.566±0.01b	0.688±0.05bc	0.833±0.01bc	0.814±0.02b	0.523±0.02gh	0.639±0.01gh	0.731±0.03fg	0.689±0.02fgh
W4F3	0.429±0.02efg	0.558±0.01ef	0.724±0.01ef	0.695±0.01de	0.623±0.02bcd	0.727±0.02cde	0.817±0.02cd	0.773±0.02cd
双因素方差分析（F 值检验）								
W	11.286**	13.267**	15.358**	14.397**	11.824**	12.358**	13.441**	13.261**
F	5.195*	4.118*	3.834*	4.235*	3.882*	4.017*	3.736*	3.856*
W×F	32.874**	23.906**	34.234**	37.291**	15.237**	21.966**	20.860**	19.841**

F_v/F_0、q^P 变化情况一致。不同生育期内滴灌葡萄叶片 q^N 在不同水肥处理下表现为：同一施肥条件下，葡萄叶片 q^N 随灌水量的增加先减小再增大（即 W1>W2>W4>W3）；同一灌水条件下，葡萄叶片 q^P 随施肥量的增加先减小再增大（即 F3>F1>F2），即在水肥耦合条件下，葡萄叶片 q^P 的最大值出现在 W1F3 处理，最小值出现在 W3F2 处理，各生育期不同水肥用量之间变化规律总体与 q^P 相反。

不同水肥处理对不同生育期内滴灌葡萄叶片光抑制程度的影响见表 4-16。其中水肥耦合作用对不同生育期滴灌葡萄叶片光抑制程度的影响达到极显著水平（$P<0.01$）；灌水因素对不同生育期葡萄叶片光抑制程度的影响达到极显著水平（$P<0.01$）；施肥因素对不同生育期葡萄叶片光抑制程度的影响未达到显著水平（$P>0.05$）。

表 4-16　　水肥用量对滴灌葡萄叶片光抑制程度的影响

处理	光抑制程度 $1-q^P/q^N$			
	新梢生长期	花期	浆果生长期	浆果成熟期
W1F1	0.447±0.04ab	0.357±0.03b	0.238±0.01b	0.236±001b
W1F2	0.346±0.01bc	0.279±0.01cd	0.179±0.01c	0.149±010c
W1F3	0.566±0.01a	0.445±0.01a	0.318±0.02a	0.339±001a
W2F1	0.249±0.07cde	0.165±0.03e	0.032±0.01e	0.032±001e
W2F2	0.149±0.01ef	0.081±0.01f	−0.081±0.01g	−0.073±001f
W2F3	0.406±0.03b	0.312±0.03bc	0.172±0.01c	0.178±001c
W3F1	−0.064±0.01g	−0.159±0.00i	−0.192±0.01i	−0.226±010h
W3F2	−0.234±0.09h	−0.282±0.02j	−0.314±0.03j	−0.335±005i
W3F3	0.182±0.03def	0.107±0.02f	−0.018±0.01f	−0.038±002f
W4F1	0.077±0.13f	0.017±0.00g	−0.048±0.01f	−0.064±001f
W4F2	−0.082±0.06g	−0.077±0.06h	−0.140±0.03h	−0.181±001g
W4F3	0.311±0.06bcd	0.232±0.01d	0.114±0.01d	0.101±003d
双因素方差分析（F 值检验）				
W	8.820**	25.039**	43.326**	20.875**
F	3.188	1.754	0.698	2.565
W×F	11.831**	37.396**	70.199**	8.946**

从表 4-16 中可看出，滴灌葡萄叶片光抑制程度在新梢生长期达到最高水平，各水肥处理平均值为 0.196，在浆果成熟期处于最低水平，各水肥处理平均值为 0.010，随生育期的推进总体呈现逐渐减小趋势，大致趋势 F_v/F_m、F_v/F_0

相反。在新梢生长期光抑制程度为−0.234～0.566；花期为−0.282～0.445；浆果生长期为−0.314～0.318；浆果成熟期为−0.335～0.339；各生育期均在W3F2处理取得最小值，与F_v/F_m、F_v/F_0情况相反，进一步说明W3F2处理光抑制程度较小。

综上，合理的水肥用量能够提高PSⅡ反应中心的开放程度及光化学活性，减小作物光抑制程度，进而达到提高作物光合能力的目的。

（3）不同水肥处理对滴灌葡萄叶片PSⅡ实际光化学量子效率（ΦPSⅡ）及表观电子传递速率（ETR）的影响。不同水肥处理对不同生育期内滴灌葡萄叶片PSⅡ实际光化学量子效率（ΦPSⅡ）及表观电子传递速率（ETR）的影响见表4-17。其中水肥耦合作用对不同生育期滴灌葡萄叶片ΦPSⅡ与ETR的影响均达到极显著水平（$P<0.01$）；灌水因素对不同生育期葡萄叶片ΦPSⅡ与ETR的影响均达到极显著水平（$P<0.01$）；施肥因素对不同生育期葡萄叶片ΦPSⅡ与ETR的影响均达到显著水平（$P<0.05$）。

ΦPSⅡ是指实际的电子传递的量子效率，反映了PSⅡ与PSⅠ的传递情况。从表4-17中可看出，滴灌葡萄叶片ΦPSⅡ在浆果生长期达到最高水平，各水肥处理平均值为0.584，在新梢生长期处于最低水平，各水肥处理平均值为0.338，随生育期的推进总体呈现先增大再减小的变化趋势，与P_n、T_r、G_s、WUE、F_v/F_m、F_v/F_0、q^P变化情况一致。不同生育期内滴灌葡萄叶片ΦPSⅡ在不同水肥处理下表现为：同一施肥条件下，葡萄叶片ΦPSⅡ随灌水量的增加先增大再减小（即W3＞W4＞W2＞W1）；同一灌水条件下，葡萄叶片ΦPSⅡ随施肥量的增加先增加再减小（即F2＞F3＞F1），即在水肥耦合条件下，葡萄叶片ΦPSⅡ的最大值出现在W3F2处理，最小值出现在W1F1处理。

ETR是指叶片的表观光电子传递效率。从表4-17中可看出，滴灌葡萄叶片ETR在浆果生长期达到最高水平，各水肥处理平均值为127.778μmol/(m²·s)，在新梢生长期处于最低水平，各水肥处理平均值为57.417μmol/(m²·s)，随生育期的推进总体呈现先增大再减小的变化趋势，与P_n、T_r、G_s、WUE、F_v/F_m、F_v/F_0、q^P、ΦPSⅡ的变化情况一致。不同生育期内滴灌葡萄叶片ETR在不同水肥处理下表现为：同一施肥条件下，葡萄叶片ETR随灌水量的增加先增大再减小（即W3＞W4＞W2＞W1）；同一灌水条件下，葡萄叶片ETR随施肥量的增加先增加再减小（即F2＞F3＞F1），即在水肥耦合条件下，葡萄叶片ETR的最大值出现在W3F2处理，最小值出现在W1F1处理，各生育期不同水肥用量之间变化规律与ΦPSⅡ一致。

综上，合理的水肥用量能够提高作物叶片抗氧化能力，减缓膜脂氧化速度，增强光合电子能力，进而达到提高作物光合能力的目的。

表 4-17　水肥用量对滴灌葡萄叶片 PSⅡ实际光化学量子效率（ΦPSⅡ）及表观电子传递速率（*ETR*）的影响

处理	ΦPSⅡ				*ETR*/[μmol/（m²·s）]			
	新梢生长期	花期	浆果生长期	浆果成熟期	新梢生长期	花期	浆果生长期	浆果成熟期
W1F1	0.218±0.03d	0.311±0.01h	0.425±0.01h	0.401±0.02g	37.006±5.18d	58.933±2.53h	93.070±1.88h	78.037±3.80g
W1F2	0.298±0.02c	0.392±0.01efg	0.525±0.03g	0.498±0.03e	50.654±3.03c	74.319±2.18efg	114.900±5.98g	96.845±5.46e
W1F3	0.220±0.01d	0.337±0.02gh	0.454±0.01gh	0.428±0.01fg	37.376±1.41d	63.881±3.95gh	99.387±2.77gh	83.294±1.96fg
W2F1	0.289±0.03c	0.388±0.02fg	0.501±0.01g	0.478±0.01ef	49.084±4.97c	73.437±3.08fg	109.581±1.76g	92.905±2.05ef
W2F2	0.356±0.01b	0.491±0.02c	0.648±0.03bcd	0.595±0.03cd	60.594±1.401b	93.017±3.66c	141.801±5.92bcd	115.741±5.90cd
W2F3	0.297±0.01c	0.416±0.04def	0.564±0.01f	0.535±0.03de	50.538±0.988c	78.710±8.18def	123.365±1.91f	104.016±4.99de
W3F1	0.368±0.03b	0.506±0.02bc	0.601±0.01cd	0.579±0.02cd	62.651±4.349b	95.753±4.02bc	131.440±1.59cd	112.513±4.30cd
W3F2	0.478±0.02a	0.621±0.04a	0.748±0.04a	0.710±0.04a	81.259±3.105a	117.723±7.77a	163.738±7.97a	138.018±7.19a
W3F3	0.375±0.02b	0.511±0.03bc	0.645±0.01bc	0.623±0.03bc	63.827±2.701b	96.767±5.86bc	141.037±2.12bc	121.138±5.28bc
W4F1	0.346±0.03b	0.456±0.02cde	0.575±0.01ef	0.566±0.01cd	58.849±5.752b	86.458±4.32cde	125.910±3.13ef	110.119±1.02cd
W4F2	0.457±0.01a	0.568±0.05ab	0.701±0.03b	0.676±0.04ab	77.695±1.085a	107.515±10.14ab	153.295±6.20b	131.381±8.696ab
W4F3	0.350±0.01b	0.464±0.01cd	0.621±0.01de	0.584±0.02cd	59.473±2.066b	87.939±2.37cd	135.816±1.87de	113.661±3.711cd
双因素方差分析（*F* 值检验）								
W	13.030**	14.647**	16.226**	14.321**	13.033**	14.619**	16.156**	14.319**
F	4.332*	3.530*	3.613*	3.893*	4.332*	3.530*	3.613*	3.893*
W×F	31.988**	20.414**	46.168**	26.511**	31.878**	20.325**	46.660**	26.236**

三、不同水肥处理对滴灌葡萄产量、水肥利用效率及品质的影响

不同水肥处理对滴灌葡萄产量、水肥利用效率及品质的影响见表4-18。其中水肥耦合作用对滴灌葡萄产量、水肥利用效率及品质的影响均达到极显著水平（$P<0.01$）；灌水因素对滴灌葡萄产量、灌溉水利用效率的影响均达到极显著水平（$P<0.01$），对可滴定酸的影响达到显著水平（$P<0.05$）；施肥因素对肥料偏生产力、可溶性固形物及维生素C的影响均达到极显著水平（$P<0.01$），对可滴定酸的影响达到显著水平（$P<0.05$）。

表4-18　水肥用量对滴灌葡萄产量、水肥利用效率及品质的影响

处理	产量/(kg/hm²)	灌溉水利用效率/(kg/m³)	肥料偏生产力/(kg/kg)	增产效应/%	可溶性固形物/%	可滴定酸/%	维生素C/(mg/100g)
W1F1	20317±287g	3.39±0.04bc	45.15±0.63c	—	19.56±0.20h	0.420±0.02e	7.37±0.06f
W1F2	20676±376fg	3.45±0.06ab	27.57±0.50g	1.77	21.31±0.30cd	0.445±0.01de	7.92±0.05d
W1F3	21266±79f	3.54±0.01a	20.25±0.07j	4.67	20.94±0.16de	0.495±0.01bc	8.34±0.07b
W2F1	22562±183e	3.34±0.02c	50.14±0.40b	11.05	19.83±0.18gh	0.445±0.02de	7.69±0.01e
W2F2	22828±534e	3.38±0.07bc	30.44±0.71f	12.36	21.72±0.20bc	0.502±0.01bc	8.06±0.01c
W2F3	23725±287d	3.51±0.04a	22.60±0.27i	16.77	21.29±0.28cd	0.506±0.01ab	8.32±0.03b
W3F1	24356±175cd	3.25±0.02d	54.12±0.38a	19.88	20.08±0.27fgh	0.467±0.01cd	7.97±0.02cd
W3F2	26364±397a	3.52±0.05a	25.11±0.37h	29.76	22.45±0.42a	0.541±0.01a	8.45±0.10ab
W3F3	25320±190b	3.38±0.02bc	33.76±0.25e	24.62	20.92±0.24de	0.492±0.02bc	8.49±0.02a
W4F1	24649±272bc	2.99±0.03e	54.78±0.60a	21.32	20.44±0.17ef	0.501±0.03bc	7.71±0.08b
W4F2	26077±313a	3.16±0.03d	34.77±0.41d	28.35	22.07±0.28ab	0.541±0.02a	8.33±0.07b
W4F3	24715±162bc	3.00±0.01e	23.54±0.15i	21.65	20.26±0.25fg	0.522±0.02ab	8.52±0.10a
双因素方差分析（F值检验）							
W	54.931**	22.151**	0.366	—	0.343	4.706*	1.71
F	0.553	1.373	166.542**	—	36.909**	5.300*	28.686**
W×F	95.18**	39.393**	1646.636**	—	24.912**	11.316**	74.356**

从表4-18还可看出，滴灌葡萄产量为20317～26364kg/hm²，同一施肥条件下，F1施肥处理产量随灌水量增大而增大（即W4＞W3＞W2＞W1），F2、F3施肥处理产量随灌水量的增大呈先增大再减小变化趋势（即W3＞W4＞W2＞W1）；同一灌水条件下，W1、W2灌水处理产量随施肥量的增加而增大（即F3＞F2＞F1），W3、W4灌水处理产量随施肥量的增加而先增大再减小（即F2＞F3＞F1），在W3F2处理取得产量最大值。而灌溉水利用效率、肥料偏生产力分别在

W1F3($3.54kg/m^3$)、W4F1(54.78kg/kg) 处理达到最大值，并未在 W3F2 达到最优；可溶性固形物为 19.56%～22.45%，在 W3F2 处理取得最大值；可滴定酸介于 0.420%～0.541%，在 W1F1 处理取得最小值，W4F2 处理取得最大值，且 W4F2 处理与 W3F2 处理间无显著性差异（$P>0.05$）；维生素 C 为 7.37mg/100g～8.52mg/100g，在 W1F1 处理取得最小值，W4F3 处理取得最大值，且 W4F3 处理与 W3F2 处理间无显著性差异（$P>0.05$）；增产效应反映了不同水肥处理相较于 W1F1 处理的增产效果，可以看出，在 W3F2 处理增产效应达到最大值 29.76%，增产效果最明显，这与产量指标反映结果一致。

综上，W3F2 处理对提高葡萄产量，提升葡萄品质效果最明显，说明合理的水肥用量能够提高作物产量品质指标，达到提质增效的目的。

第四节 极端干旱区滴灌葡萄水肥适宜用量综合评价

优化水肥管理旨在保证作物维持良好生理生长状态实现优质高产，同时降低水肥用量实现高效生产，达到经济效益与环境效益的协同发展的目标，实现农业生产的可持续发展。试验开展中，不同水肥处理对作物各响应指标的影响存在差异，各评价指标无法在同一水肥用量下达到目标最优值，对各评价指标进行多目标综合评价，可实现水肥管理的优化选择。

本研究中，以滴灌葡萄生理指标净光合速率、原初光化学的最大产量和产量品质指标作为综合评价指标，使用主成分分析法和灰色关联法对不同水肥处理下各评价指标综合量化分析，两种分析方法结果均显示 W3F2（灌水量 750mm，施肥量 $750kg/hm^2$），其中 $N300kg/hm^2$、P_2O_5 $150kg/hm^2$ K_2O $300kg/hm^2$ 处理效果最优，W1F1 处理效果最差；由于采用主成分分析法和灰色关联法的评价过程仅是在试验设置的处理中选取最优，评价数据存在不连续性，运用多元回归法构建滴灌葡萄各响应指标与水肥用量的二元二次回归方程，结合归一化方法，以大于等于 0.85 最大值可接受区域定义为合理的可接受范围，综合评价滴灌葡萄水肥适宜用量为：灌水量 725～825mm；施肥量 684～$889kg/hm^2$，其中 N273.6～$355.6kg/hm^2$、P_2O_5 136.8～$177.8kg/hm^2$、K_2O 273.6～$355.6kg/hm^2$，W3F2（灌水量 750mm，施肥量 $750kg/hm^2$）处理也在此范围中。3 种综合评价方法针对不同水肥处理指标响应进行综合量化分析，不仅定量评价出最优水肥处理，而且给出了适宜水肥用量范围，可为极端干旱区滴灌葡萄水肥优化管理提供依据。

一、基于主成分分析法的极端干旱区滴灌葡萄水肥适宜用量综合评价

在滴灌葡萄水肥处理的评价过程中，仅通过作物单一响应指标对水肥处理

是否合理进行评价不具说服力，因此本书基于主成分分析法，对滴灌葡萄响应指标净光合速率（P_n）、原初光化学的最大产量（F_v/F_m）、产量、灌溉水利用效率、肥料偏生产力、可溶性固形物、可滴定酸及维生素C进行综合量化分析，评价出最优的水肥处理，其中 P_n 和 F_v/F_m 两个指标的分析数据均选自生理活动旺盛的浆果生长期。

该综合评价分析使用MATLAB进行，先调用Z-Score标准化命令对原始数据进行标准化处理，详见表4-19；然后调用Corrcoef函数计算滴灌葡萄各响应指标的相关系数矩阵，详见表4-20；最后调用实现主成分分析的Princomp函数计算各指标成分系数及特征值、贡献率及累积贡献率，详见表4-21和表4-22。

表4-19　不同水肥处理滴灌葡萄各响应指标的标准化值

处理	净光合速率	F_v/F_m	产量	灌溉水利用效率	肥料偏生产力	可溶性固形物	可滴定酸	维生素C
W1F1	−1.493	−2.028	−1.590	0.321	0.786	−1.488	−1.815	−1.961
W1F2	−1.241	−0.321	−1.414	0.635	−0.601	0.447	−1.164	−0.478
W1F3	−1.420	0.263	−1.126	1.151	−1.178	0.038	0.137	0.654
W2F1	−0.568	−1.443	−0.493	0.092	1.180	−1.189	−1.164	−1.098
W2F2	0.258	0.374	−0.363	0.299	−0.375	0.900	0.319	−0.101
W2F3	−0.518	0.627	0.075	0.996	−0.993	0.425	0.423	0.600
W3F1	0.394	−0.890	0.383	−0.406	1.494	−0.913	−0.592	−0.344
W3F2	1.116	0.690	1.364	0.268	−0.112	1.707	1.333	0.950
W3F3	0.709	0.880	0.854	0.998	−0.795	0.016	0.059	1.058
W4F1	0.716	−0.163	0.526	−1.768	1.546	−0.515	0.293	−1.045
W4F2	1.173	0.943	1.224	−0.860	−0.033	1.287	1.333	0.627
W4F3	0.873	1.069	0.559	−1.726	−0.919	−0.714	0.839	1.139

表4-20　滴灌葡萄各响应指标的相关系数矩阵

指标	净光合速率	F_v/F_m	产量	灌溉水利用效率	肥料偏生产力	可溶性固形物	可滴定酸	维生素C
净光合速率	1.000	0.601	0.950	−0.575	0.105	0.398	0.753	0.504
F_v/F_m	0.601	1.000	0.638	−0.081	−0.686	0.704	0.887	0.918
产量	0.950	0.638	1.000	−0.425	0.037	0.444	0.797	0.600
灌溉水利用效率	−0.575	−0.081	−0.425	1.000	−0.457	0.210	−0.292	0.098
肥料偏生产力	0.105	−0.686	0.037	−0.457	1.000	−0.491	−0.386	−0.729
可溶性固形物	0.398	0.704	0.444	0.210	−0.491	1.000	0.711	0.608
可滴定酸	0.753	0.887	0.797	−0.292	−0.386	0.711	1.000	0.793
维生素C	0.504	0.918	0.600	0.098	−0.729	0.608	0.793	1.000

表 4-21 滴灌葡萄响应指标成分系数

成分系数	1	2	3	4	5	6	7	8
1	0.356	−0.399	0.112	0.207	−0.531	−0.107	−0.250	−0.551
2	0.438	0.134	−0.229	−0.102	−0.179	−0.440	0.707	0.038
3	0.376	−0.326	0.191	0.446	0.066	−0.098	−0.127	0.698
4	−0.084	0.576	0.478	0.541	0.088	−0.297	0.024	−0.208
5	−0.229	−0.538	0.415	0.097	0.296	0.147	0.569	−0.208
6	0.343	0.215	0.656	−0.511	−0.192	0.302	0.018	0.126
7	0.441	−0.068	0.010	−0.232	0.725	−0.273	−0.262	−0.278
8	0.410	0.211	−0.258	0.362	0.154	0.714	0.166	−0.167

表 4-22 各指标成分特征值、贡献率及累积贡献率

成分	特征值	贡献率/%	累积贡献率/%
1	4.713	58.909	58.909
2	2.195	27.433	86.342
3	0.566	7.081	93.423
4	0.355	4.432	97.855
5	0.090	1.122	98.977
6	0.040	0.499	99.476
7	0.023	0.287	99.763
8	0.019	0.237	100.000

以相关矩阵特征值大于 1 和累积贡献率大于等于 85%为选取主成分标准，根据 MATLAB 计算出的表 4-22 中各指标成分特征值、贡献率及累积贡献率，选取的两个主成分特征值分别为 4.713、2.195，均大于 1，贡献率分别为 58.909%、27.433%，累积贡献率达到 86.342%，大于 85%，说明选取的两个主成分包含了不同水肥处理滴灌葡萄各响应指标所提供信息总量的 85%以上，符合综合评价要求。

根据主成分计算公式计算主成分评价值：

$$Z_k = r_{k1}x_1 + r_{k2}x_2 + \cdots + r_{km}x_m \quad (k < m)$$

式中：Z_k 为成分评价值；r_{km} 为成分系数（见表 4-21）；x_m 为各响应指标的标准化值（见表 4-19）。本书中，$k=2$，$m=8$。

根据两个主成分评价值计算综合评价值，公式为

$$Z = 0.58909Z_1 + 0.27433Z_2$$

式中：Z 为综合评价值，Z_1 为第一主成分评价值；Z_2 为第二主成分评价值；

0.58909 为第一主成分贡献率；0.27433 为第二主成分贡献率。

经计算，基于滴灌葡萄各响应指标的不同水肥处理综合评价见表 4-23。从中可看出，不同水肥处理基于各响应指标综合评价后，其得分排序表现为：W3F2>W4F2>W3F3>W2F3>W4F3>W2F2>W1F3>W1F2>W4F1>W3F1>W2F1>W1F1，其中 W3F2 处理综合评价值最高，其次为 W4F2 与 W3F3 处理，说明 W3F2 处理滴灌葡萄综合响应指标最好，W4F2 与 W3F3 处理综合响应指标较高。在施肥处理中，F1 施肥水平下各处理综合评价值偏低，效果最差。说明合理的水肥用量能够使滴灌葡萄各响应指标综合评价达到最好水平，利于作物生长发育，可达到提高产量和品质的目的。

表 4-23 基于滴灌葡萄各响应指标的不同水肥处理综合评价

处理	Z_1	Z_2	Z	排名
W1F1	−4.34	−0.01	−2.56	12
W1F2	−1.59	1.68	−0.48	8
W1F3	−0.30	2.40	0.48	7
W2F1	−2.67	−0.80	−1.79	11
W2F2	0.59	0.59	0.51	6
W2F3	0.84	1.56	0.92	4
W3F1	−1.13	−1.67	−1.12	10
W3F2	2.78	−0.10	1.61	1
W3F3	1.52	0.78	1.11	3
W4F1	−0.30	−2.68	−0.91	9
W4F2	2.66	−0.90	1.32	2
W4F3	1.94	−0.86	0.91	5

二、基于灰色关联分析法的极端干旱区滴灌葡萄水肥适宜用量综合评价

采用灰色关联分析法对滴灌葡萄水肥适宜用量进行综合评价，其意义与目的与主成分分析一致，旨在对滴灌葡萄响应指标净光合速率（P_n）、原初光化学的最大产量（F_v/F_m）、产量、灌溉水利用效率、肥料偏生产力、可溶性固形物、可滴定酸及维生素 C 进行综合量化分析，评价出最优的水肥处理。

以试验采集的滴灌葡萄不同水肥处理的各响应指标数据作为比较数列，不同水肥处理下各响应指标的最大值组成参考数列，其中 P_n 和 F_v/F_m 两个指标的分析数据均选自生理活动旺盛的浆果生长期，详见表 4-24。

表 4-24 不同水肥处理滴灌葡萄各响应指标的比较数列和参考数列

处理	序列	净光合速率	F_v/F_m	产量	灌溉水利用效率	肥料偏生产力	可溶性固形物	可滴定酸	维生素C
参考序列	x0	33.45	0.849	26364	3.544	54.776	22.45	0.541	8.52
W1F1	x1	25.00	0.653	20317	3.386	45.149	19.56	0.420	7.37
W1F2	x2	25.80	0.761	20676	3.446	27.568	21.31	0.445	7.92
W1F3	x3	25.23	0.798	21266	3.544	20.253	20.94	0.495	8.34
W2F1	x4	27.93	0.690	22562	3.343	50.138	19.83	0.445	7.69
W2F2	x5	30.55	0.805	22828	3.382	30.437	21.72	0.502	8.06
W2F3	x6	28.09	0.821	23725	3.515	22.595	21.29	0.506	8.32
W3F1	x7	30.98	0.725	24356	3.247	54.124	20.08	0.467	7.97
W3F2	x8	33.27	0.825	26364	3.376	33.760	22.45	0.541	8.45
W3F3	x9	31.98	0.837	25320	3.515	25.109	20.92	0.492	8.49
W4F1	x10	32.00	0.771	24649	2.988	54.776	20.44	0.501	7.71
W4F2	x11	33.45	0.841	26077	3.161	34.769	22.07	0.541	8.33
W4F3	x12	32.50	0.849	24715	2.996	23.538	20.26	0.522	8.52

该综合评价分析使用MATLAB进行，先利用均值法对原始数据进行无量纲化化处理，详见表4-25；然后调用Correlation函数计算评价指标与参考指标见的关联系数，详见表4-26；最后调用Mean函数计算各评价指标的平均关联度，详见表4-27。

表 4-25 不同水肥处理滴灌葡萄各响应指标的无量纲化值

处理	序列	净光合速率	F_v/F_m	产量	灌溉水利用效率	肥料偏生产力	可溶性固形物	可滴定酸	维生素C
参考序列	x0	1.010×10^{-2}	2.564×10^{-4}	7.963	1.070×10^{-3}	1.654×10^{-2}	6.780×10^{-3}	1.634×10^{-4}	2.573×10^{-3}
W1F1	x1	9.795×10^{-3}	2.558×10^{-4}	7.960	1.327×10^{-3}	1.769×10^{-2}	7.664×10^{-3}	1.646×10^{-4}	2.888×10^{-3}
W1F2	x2	9.941×10^{-3}	2.932×10^{-4}	7.966	1.328×10^{-3}	1.062×10^{-2}	8.211×10^{-3}	1.715×10^{-4}	3.052×10^{-3}
W1F3	x3	9.456×10^{-3}	2.991×10^{-4}	7.970	1.328×10^{-3}	7.591×10^{-3}	7.848×10^{-3}	1.855×10^{-4}	3.126×10^{-3}
W2F1	x4	9.855×10^{-3}	2.435×10^{-4}	7.961	1.179×10^{-3}	1.769×10^{-2}	6.997×10^{-3}	1.570×10^{-4}	2.713×10^{-3}
W2F2	x5	1.066×10^{-2}	2.809×10^{-4}	7.967	1.180×10^{-3}	1.062×10^{-2}	7.580×10^{-3}	1.752×10^{-4}	2.813×10^{-3}
W2F3	x6	9.438×10^{-3}	2.758×10^{-4}	7.971	1.181×10^{-3}	7.592×10^{-3}	7.153×10^{-3}	1.700×10^{-4}	2.795×10^{-3}
W3F1	x7	1.013×10^{-2}	2.370×10^{-4}	7.962	1.062×10^{-3}	1.769×10^{-2}	6.564×10^{-3}	1.527×10^{-4}	2.605×10^{-3}
W3F2	x8	1.006×10^{-2}	2.494×10^{-4}	7.969	1.020×10^{-3}	1.020×10^{-2}	6.786×10^{-3}	1.635×10^{-4}	2.554×10^{-3}
W3F3	x9	1.007×10^{-2}	2.635×10^{-4}	7.971	1.107×10^{-3}	7.905×10^{-3}	6.586×10^{-3}	1.549×10^{-4}	2.673×10^{-3}
W4F1	x10	1.034×10^{-2}	2.490×10^{-4}	7.962	9.650×10^{-4}	1.769×10^{-2}	6.602×10^{-3}	1.618×10^{-4}	2.490×10^{-3}
W4F2	x11	1.022×10^{-2}	2.570×10^{-4}	7.968	9.659×10^{-4}	1.062×10^{-2}	6.744×10^{-3}	1.653×10^{-4}	2.545×10^{-3}
W4F3	x12	1.048×10^{-2}	2.738×10^{-4}	7.971	9.662×10^{-4}	7.592×10^{-3}	6.534×10^{-3}	1.684×10^{-4}	2.748×10^{-3}

表 4-26　　评价指标与参考指标间的关联系数

处理	关联系数	净光合速率	F_v/F_m	产量	灌溉水利用效率	肥料偏生产力	可溶性固形物	可滴定酸	维生素C
W1F1	ξ1	0.789	1.000	0.333	0.818	0.500	0.565	0.999	0.785
W1F2	ξ2	0.951	0.990	0.434	0.923	0.334	0.676	1.000	0.863
W1F3	ξ3	0.878	0.995	0.371	0.950	0.335	0.811	1.000	0.895
W2F1	ξ4	0.738	0.990	0.336	0.869	0.373	0.764	1.000	0.836
W2F2	ξ5	0.845	0.996	0.416	0.968	0.335	0.790	1.000	0.929
W2F3	ξ6	0.872	0.997	0.335	0.977	0.334	0.924	1.000	0.954
W3F1	ξ7	0.974	0.982	0.383	1.000	0.339	0.737	0.997	0.962
W3F2	ξ8	0.986	0.998	0.333	0.985	0.337	0.998	1.000	0.994
W3F3	ξ9	0.994	1.000	0.334	0.993	0.336	0.959	1.000	0.979
W4F1	ξ10	0.713	0.990	0.364	0.847	0.334	0.765	1.000	0.876
W4F2	ξ11	0.962	1.000	0.333	0.966	0.335	0.988	1.000	0.991
W4F3	ξ12	0.923	0.997	0.339	0.978	0.334	0.949	1.000	0.964

表 4-27　　基于滴灌葡萄各响应指标的不同水肥处理综合评价

处理	关联度	排名	处理	关联度	排名
W1F1	0.724	12	W3F1	0.797	6
W1F2	0.771	9	W3F2	0.829	1
W1F3	0.779	8	W3F3	0.824	2
W2F1	0.738	10	W4F1	0.736	11
W2F2	0.785	7	W4F2	0.822	3
W2F3	0.799	5	W4F3	0.811	4

经计算，基于滴灌葡萄各响应指标的不同水肥处理综合评价见表 4-27。从表中可看出，不同水肥处理基于各响应指标综合评价后，其关联度排序表现为：W3F2>W3F3>W4F2>W4F3>W2F3>W3F1>W2F2>W1F3>W1F2>W2F1>W4F1>W1F1，其中 W3F2 处理关联度最高，其次为 W3F3 与 W4F2 处理。在施肥处理中，F1 施肥水平下各处理关联度总体偏低，效果较差。分析结果与主成分分析法所得结论基本一致，进一步说明合理的水肥处理下作物响应综合指标好，可达到提质增效的目的。

三、基于多元回归分析法的极端干旱区滴灌葡萄水肥适宜用量综合评价

为了解滴灌葡萄各响应指标在水肥用量设置区间内的动态连续变化，对极端干旱区滴灌葡萄水肥适宜用量综合量化评价，以水肥用量为自变量，响应指标净光合速率（P_n）、原初光化学的最大产量（F_v/F_m）、产量、灌溉水利用效率、肥料偏生产力、可溶性固形物、可滴定酸及维生素C为输出变量，进行回归分析并构建回归方程（详见表4-28）。从表中可看出，水肥用量对各输出变量的影响均达到显著水平（$P<0.05$），决定系数均在0.800以上。

表4-28　　水肥用量与滴灌葡萄各响应指标间的回归关系

输出变量	回归方程	R^2	显著性
净光合速率	$Y_1=-1.260\times10^{-4}W^2-1.741\times10^{-5}F^2+3.744\times10^{-6}WF+0.210W+0.024F-62.697$	0.973	<0.01
F_v/F_m	$Y_2=-4.994\times10^{-7}W^2-4.510\times10^{-7}F^2-6.928\times10^{-7}WF+0.002W+0.001F-0.518$	0.967	<0.01
产量	$Y_3=-0.115W^2-0.006F^2-0.005WF+188.511W+13.963F-54442.376$	0.887	<0.01
灌溉水利用效率	$Y_4=-1.322\times10^{-5}W^2-7.064\times10^{-7}F^2-9.287\times10^{-7}WF+0.018W+0.002F-3.073$	0.831	<0.05
肥料偏生产力	$Y_5=-1.571\times10^{-4}W^2+9.682\times10^{-5}F^2-2.351\times10^{-5}WF+0.273W-0.172F+3.257$	0.912	<0.01
可溶性固形物	$Y_6=-2.037\times10^{-5}W^2-1.544\times10^{-5}F^2-1.151\times10^{-5}WF+0.040W+0.033F-5.660$	0.891	<0.01
可滴定酸	$Y_7=-3.778\times10^{-7}W^2-2.090\times10^{-7}F^2-3.433\times10^{-7}WF+0.001W+6.242\times10^{-4}F-0.158$	0.825	<0.05
维生素C	$Y_8=-1.117\times10^{-5}W^2-1.538\times10^{-6}F^2-1.616\times10^{-6}WF+0.019W+0.005F-1.313$	0.897	<0.01

设定滴灌条件下W1、W4处理灌水量分别为灌水上、下限，F1、F3处理施肥量分别为施肥上、下限。运用MATLAB中Fmincon函数对表4-28中各回归方程的最大值及相对应的水、肥用量进行求解。

从表4-29中可看出，在所设定的水肥处理区间内，灌水量825mm，施肥量777.967kg/hm²，净光合速率取得最大值35.331μmol/(m²·s)；灌水量825mm，施肥量850kg/hm²，F_v/F_m取得最大值1.026；灌水量801.580mm，施肥量829.508kg/hm²，产量取得最大值26902kg/hm²；灌水量645.979mm，

施肥量 990.987kg/hm^2，灌溉水利用效率取得最大值 3.732kg/m^3；灌水量 825mm，施肥量 450kg/hm^2，肥料偏生产力取得最大值 55.035kg/kg；灌水量 759.926mm，施肥量 785.421kg/hm^2，可溶性固形物取得最大值 22.498%；灌水量 825mm，施肥量 815.736kg/hm^2，可滴定酸取得最大值 0.549%；灌水量 774.5mm，施肥量 1050kg/hm^2，维生素 C 取得最大值 8.942mg/100g。综上，滴灌葡萄各响应指标无法在同一水肥用量下达到各自最大值，其中，净光合速率（P）、原初光化学的最大产量（F_v/F_m）、产量、可溶性固形物、可滴定酸及维生素 C 指标间有相对比较接近的灌水施肥区域，而灌溉水利用效率和肥料偏生产力与其他指标间的灌水施肥区域距离较远，因此在以下的综合评价中将不考虑灌溉水利用效率和肥料偏生产力两个指标。

表 4-29　　滴灌葡萄各响应指标最大值及对应水、肥用量

输出变量	最大值	灌水量/mm	施肥量/(kg/hm^2)
净光合速率/[μmol/（m^2·s)]	35.331	825.000	777.967
F_v/F_m	1.026	825.000	850.000
产量/(kg/hm^2)	26902	801.580	829.508
灌溉水利用效率/(kg/m^3)	3.732	645.979	990.987
肥料偏生产力/(kg/kg)	55.035	825.000	450.000
可溶性固形物/%	22.498	759.926	785.421
可滴定酸/%	0.549	825.000	815.736
维生素 C/(mg/100g)	8.942	774.500	1050.000

由于滴灌葡萄净光合速率（P_n）、原初光化学的最大产量（F_v/F_m）、产量、可溶性固形物、可滴定酸及维生素 C 指标无法在同一水肥用量下达到各自最大值，且各响应指标具有不同量纲，无法直接进行综合评价。因此在综合评价前使用线性归一化方法对各响应指标数据进行无量纲化，将各响应指标数据进行等比缩放压缩在［0，1］区间内。可得到水肥用量与滴灌葡萄各响应指标相对值的关系。

在滴灌葡萄净光合速率（P_n）、原初光化学的最大产量（F_v/F_m）、产量、可溶性固形物、可滴定酸及维生素 C 指标进行综合评价中，对图 4-8 中各指标 0.90、0.85 和 0.80 的可接受区域进行综合评价，从图 4-9 中可看出，各指标 0.85 可接受区域的重叠区域符合评价要求。

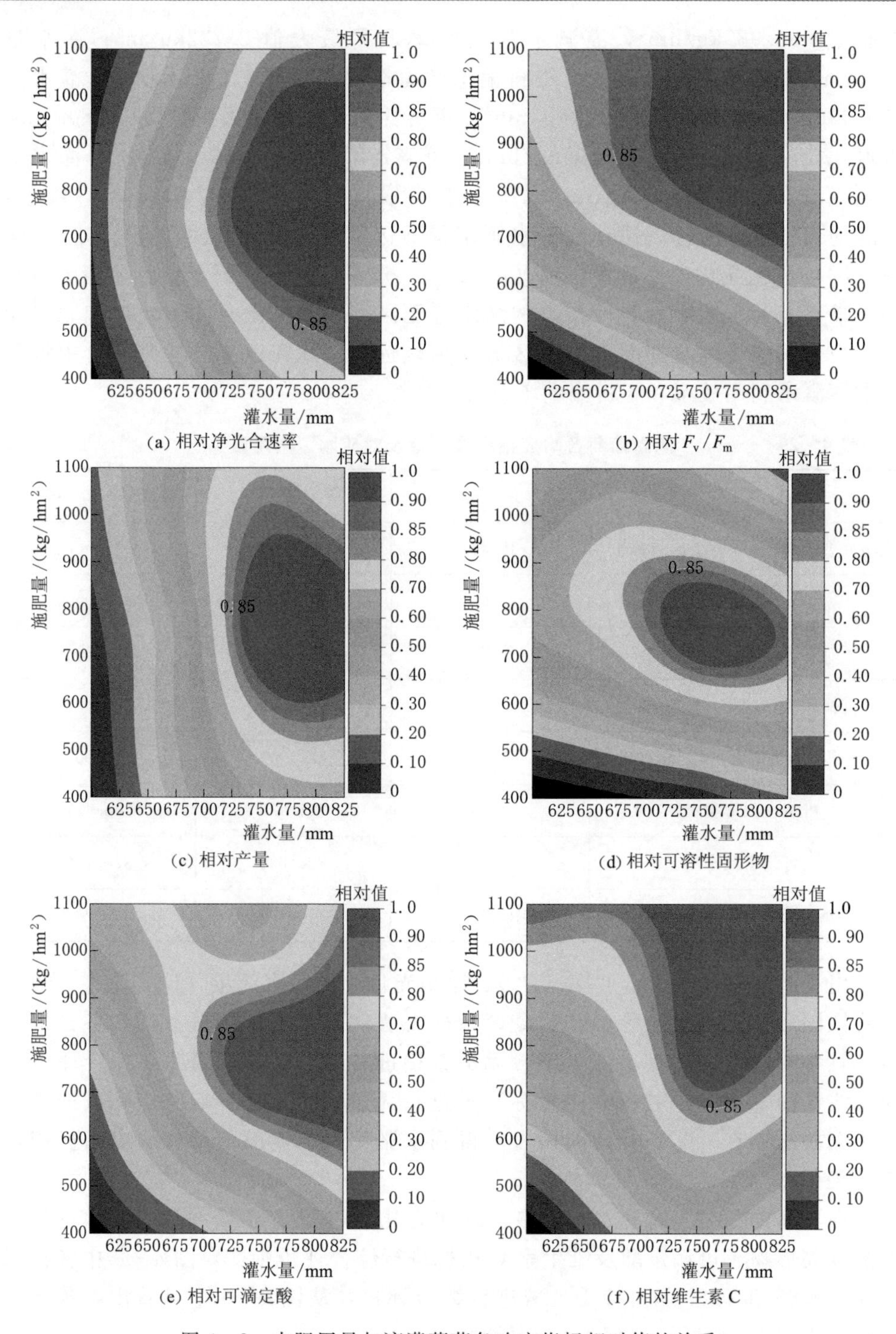

(a) 相对净光合速率

(b) 相对 F_v/F_m

(c) 相对产量

(d) 相对可溶性固形物

(e) 相对可滴定酸

(f) 相对维生素 C

图 4-8 水肥用量与滴灌葡萄各响应指标相对值的关系

注 图中白色线条为各指标相对值为 0.85 等值线。

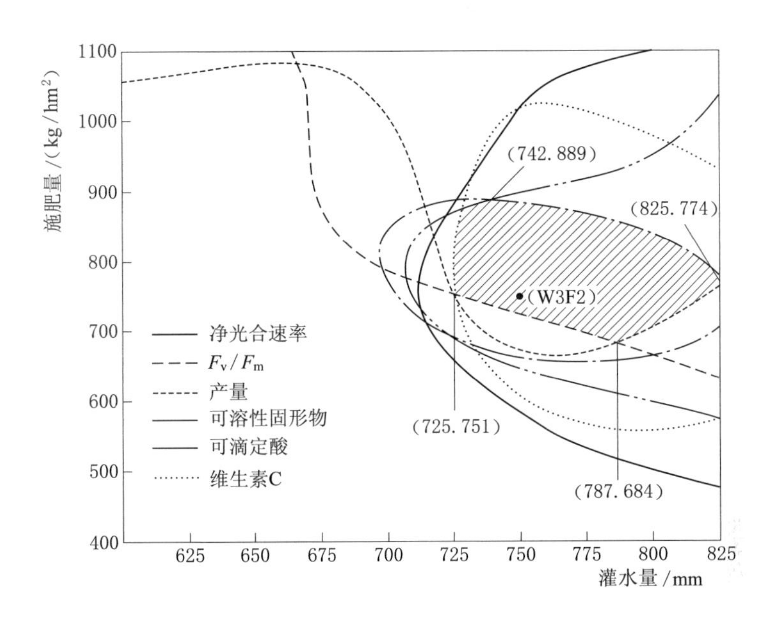

图 4-9 滴灌葡萄各响应指标综合评价

注 图中网格区域为各响应指标同时大于 0.85 最大值等值线的合理的可接受范围；黑点为 W3F2 处理。

根据以上分析，确定各响应指标大于等于 0.85 最大值可接受区域定义为合理的可接受范围。将图 4-8 各响应指标 0.85 等值线进行投影合并，可得各响应指标综合评价分析图（图 4-9）。从图 4-9 中可看出，各响应指标同时达到≥0.85 的灌水量区间为 725～825mm，施肥量区间为 684～889kg/hm^2，其中 N273.6～355.6kg/hm^2、$P_2O_5$136.8～177.8kg/hm^2、K_2O 273.6～355.6kg/hm^2，其中 W3F2（灌水量 750mm，施肥量 750kg/hm^2）处理也在该区域中。

四、极端干旱区滴灌葡萄水肥耦合模式工程灌溉参数

1. 滴灌葡萄水肥耦合模式工程设计参数说明

本书以试验站内 15 年（2003 年定植）成龄无核白葡萄树为试验材料，通过研究不同水肥处理对滴灌葡萄耗水规律、生理生长及产量品质的影响，根据作物响应指标运用数学统计分析方法对适宜水肥用量进行综合评价，确定本试验条件下最优水肥处理为 W3F2（灌水量 750mm，施肥量 750kg/hm^2），其中 N300kg/hm^2、$P_2O_5$150kg/hm^2、K_2O 300kg/hm^2；最佳水肥施用量区间为：灌水量 725～825mm；施肥量 684～889kg/hm^2，其中 N273.6～355.6kg/hm^2、$P_2O_5$136.8～177.8kg/hm^2、K_2O 273.6～355.6kg/hm^2。本试验条件下滴灌葡萄水肥耦合模式工程设计基本情况见表 4-30。

表 4-30 滴灌葡萄水肥耦合模式工程设计基本情况

序号	项目	相关内容
01	地块信息	地理位置：哈密垦区灌溉试验站
		种植面积/hm^2：0.53
02	作物信息	作物名称：葡萄
		作物品种：无核白
03	种植模式	种植模式：株距 1.0m，行距 5.0m
		种植方法：小棚架栽培、大沟种植模式，沟长 40m，沟宽 1.0m，沟深 0.5m
04	土壤条件	土壤类型：砂土、壤砂土
		土壤容重/(g/cm^3)：1.57
		田间持水量/%：18.0
		土壤结构：结构良好
05	气象条件	年均蒸发量/mm：3300
		年均降雨量/mm：33.8
		无霜期/d：182
		年均风速/(m/s)：2.3～4.9
06	水源条件	水源来源：地下水
07	电力条件	电力供给：配有单独供电系统

2. 滴灌葡萄水肥耦合模式灌溉参数

基于本试验实施方案，滴灌葡萄水肥耦合模式灌溉参数具体情况见表 4-31。

表 4-31 滴灌葡萄水肥耦合模式灌溉参数

序号	灌溉参数	参数单位	数据情况
01	作物类型	—	无核白葡萄
02	灌溉设备	—	单独过滤器、水表和施肥罐
03	滴头类型	—	单翼迷宫式
04	滴头流量	L/h	3
05	滴头间距	cm	30
06	滴灌带外径	mm	16
07	滴灌带壁厚	mm	0.18
08	滴灌带布置距离	cm	30
09	滴灌带铺设方式	—	1行3管
10	计划湿润层深度	cm	80
11	灌溉定额	mm	750（725～825）

续表

序号	灌溉参数	参数单位	数据情况
12	灌水次数	次	24
13	施肥量	kg/hm^2	750 (684～889)
14	施肥次数	次	10

3. 极端干旱区滴灌葡萄灌水施肥制度

在本试验研究中，区域内滴灌葡萄灌溉施肥制度见表4-32，其中主要包括滴灌葡萄最优水肥施用量、灌水施肥次数及灌水施肥周期。

表4-32　极端干旱区滴灌葡萄灌水施肥制度

生育期	灌水量/mm	灌水次数/次	灌水周期/d	施肥量/(kg/hm^2)	施肥次数/次
萌芽期	31.25(30.21～34.38)	1	12	75(68.40～88.90)	1
新梢生长期	156.25(151.04～171.88)	5	7	150(136.80～177.80)	2
花期	31.25(30.21～34.38)	1	7	75(68.40～88.90)	1
浆果生长期	250(241.67～275.00)	8	5	300(273.60～355.60)	4
浆果成熟期	218.75(211.46～240.63)	7	5	150(136.8～177.80)	2
枝蔓成熟期	62.5(60.42～68.75)	2	12	0(0)	0
全生育期	750(725～825)	24	153	750(684～889)	10

第五章　南疆沙区成龄红枣漫灌改滴灌耗水规律及灌溉制度研究

本章通过分析灌溉定额和灌水次数对漫灌改滴灌红枣生长、产量、品质、光合特性、土壤水盐分布和耗水等方面的影响，来探究漫灌改滴灌红枣最优灌水组合。以期为指导生产实践，提高水分利用效率，制定南疆沙区成龄红枣漫灌改滴灌高效灌溉技术提供理论支持和指导。以大田试验为基础，结合室内试验，以当地7年生矮化密植骏枣为试验材料，在漫灌改滴灌条件下进行灌溉定额和灌水次数两因素三水平完全处理小区试验。灌溉定额设3个水平：900mm、1050mm和1200mm；灌水次数设3个水平：10次、14次和18次，试验共9个处理，每个处理2个重复。通过室内、室外试验和理论分析，主要得到以下初步结论：

（1）灌溉定额和灌水次数对漫灌改滴灌红枣土壤水分时空分布影响显著。时间尺度上增加灌水次数和灌溉定额有利于土壤水分保持在均衡和充足的状态，1050mm灌溉定额、18次灌水频率处理在整个观测期内土壤平均含水率始终保持在较高水平。水平分布上距离滴灌带越远土壤水分含量越低，在900mm、1050mm灌溉定额条件下，灌水次数越多，这种变化幅度越大。

（2）灌溉定额和灌水次数对漫灌改滴灌红枣土壤盐分时空分布影响显著。时间尺度上各灌溉定额及灌水次数处理新梢期或花期含盐量最大，当灌溉定额和灌水次数增大时首先降低0～100cm土层深度含盐量，继续增大灌溉定额时开始显著降低100cm以下土层深度含盐量。垂直分布上灌溉定额由900mm增加至1200mm时盐分淋洗深度由50cm增加至90cm。水平分布上距离滴灌带越远盐分含量越高，灌溉定额主要影响0～20cm土层深度盐分分布，灌溉定额越大，土壤平均含盐量越高，水平方向上的盐分差值越大；灌水次数主要影响0～80cm土层深度盐分分布，灌水次数越多，水平方向盐分差值越小。

（3）灌溉定额和灌水次数对漫灌改滴灌红枣光合特性影响显著。净光合速率和气孔导度日变化呈“上升—下降—上升—下降”的双峰变化趋势，两峰值相差不大，各处理“光合午休”现象明显，10次灌水处理光合午休时间出现在16：00时，14次、18次灌水处理出现在14：00时。净光合速率日均值随着灌溉定额的增大而增大，增加灌水次数可以明显提高净光合速率。

（4）灌溉定额和灌水次数对漫灌改滴灌红枣耗水规律影响显著。各灌水处理耗水强度呈先增大后减小的变化趋势，表现为：白熟期＞花期＞膨大期＞新梢期＞萌芽期＞完熟期，花期、膨大期阶段耗水量占整个生育期比重较大。相同灌水次数条件下各灌水处理全生育期耗水量均随着灌溉定额的增加而增大，在整个生育期内增大灌溉定额显著提升了花期和膨大期的阶段耗水量。

（5）灌溉定额和灌水次数对漫灌改滴灌红枣生长和品质影响显著。900mm灌溉定额显著抑制红枣株高的生长，灌水次数对株高没有影响。1050mm、1200mm灌溉定额条件下增加灌水次数可以减少枣树干周生长速度，将更多水分和养分供给于新梢，增加新梢发生，加快新梢生长。增加灌溉定额和灌水次数有利于提高红枣产量，但不利于糖分和维生素C的积累，品质会有所下降。

（6）本试验条件下，最优灌水组合为灌溉定额1050mm、灌水次数18次，最高产量为7549kg/hm^2，比漫灌节约灌溉水量30%，提高水分利用效率50%以上。为南疆沙区成龄红枣漫灌改滴灌高效灌溉技术提供科学依据。

第一节 试验概况与方法

一、试验区概况

试验于2015年6—10月和2016年5—10月在新疆阿拉尔市阿拉尔一师灌溉实验站进行。实验站位于阿拉尔市郊区，东经81°14′12″，北纬40°34′28″，平均海拔1015m，平均地面坡度为5‰。属于暖温带极端大陆性干旱荒漠气候，年均日照时间为2550h，年均太阳辐射达601kJ/cm^2，多年平均降水量是61mm，年均蒸发量是2218mm，极端最高气温41℃，极端最低气温－33.2℃，无霜期201d。实验站常年主导风向为东北风，夏季多西北风，全年平均风速1.9m/s，冬季平均风速有所降低为1.2m/s，全年大风（8级以上）日数平均是10天，最多达到30d，最小只有2d，最大风速接近28m/s。试验田灌溉水源采用地下水，试验区地下水埋深超过3.5m。土壤质地为砂土，土壤颗粒级配见表5-1，0～200cm土壤平均干容重为1.45g/cm^3，田间持水量为19.62%。

表5-1　土壤各级颗粒百分比　%

土层/cm	≤0.001mm	0.001mm＜d≤0.002mm	0.002mm＜d≤0.01mm	0.01mm＜d≤0.05mm	0.05mm＜d≤0.1mm	0.1mm＜d≤0.25mm	0.25mm＜d≤0.5mm	0.5mm＜d≤1mm
0～200	9.02	19.35	21.02	38.86	6.12	1.86	1.12	2.65

注　表中d指土壤粒径。

二、试验方法

以阿拉尔一师灌溉试验站内7年生矮化密植骏枣树为试验材料，枣树于2008年种植，2009年嫁接，宽窄行种植模式，宽行行距2m，窄行行距0.8m，株距0.8m。该地块自2008年种植以来多年连续漫灌，2014年灌溉定额为1500mm，于2015年6月改为滴灌，2015年7月开始进行观测。改滴灌后肥料随水滴施，施肥量均为1500kg/hm^2，其他管理与当地漫灌枣园相同。按照灌溉定额和灌水次数设计9个滴灌处理，每个处理设置两个重复，以漫灌作为对照。小区面积120m^2，小区之间设有保护行，保证小区间水分互不影响。滴灌带铺设为1行2管，既将滴灌带分别铺设在枣树行两侧20cm处，滴灌带使用新疆普疆节水公司生产的贴片式滴灌带，外径16mm，壁厚0.3mm，滴头间距30cm。以水泵加压方式为滴灌系统供水，管道前部装设有回水支管和压力表，用以监测和调节管道内水压至0.12MPa，此时滴头流量在3L/h左右。各处理灌水情况见表5-2。

表5-2　试验处理编号代码及灌水情况表

处理编号	灌溉定额/mm	灌水次数/次
W1F1	900	10
W2F1	1050	10
W3F1	1200	10
W1F2	900	14
W2F2	1050	14
W3F2	1200	14
W1F3	900	18
W2F3	1050	18
W3F3	1200	18
CK	1500	7

整个生育期共施肥10次，随水施肥，各生育期具体灌水施肥情况见表5-3。

表5-3　红枣各生育期灌水施肥情况

处理编号	生育期	萌芽期	新梢期	花期	果实膨大期	白熟期	完熟期	全生育期
处理编号	施肥次数/次	1	1	2	2	3	1	10
	单次施肥量/(kg/hm^2)	150	150	150	150	150	150	1500
W1F1	灌水量/mm	82.5	82.5	180	180	300	75	900
	灌水次数/次	1	1	2	2	3	1	10
W2F1	灌水量/mm	90	90	225	225	330	90	1050
	灌水次数/次	1	1	2	2	3	1	10

续表

处理编号	生育期	萌芽期	新梢期	花期	果实膨大期	白熟期	完熟期	全生育期
	施肥次数/次	1	1	2	2	3	1	10
	单次施肥量/(kg/hm²)	150	150	150	150	150	150	1500
W3F1	灌水量/mm	105	105	255	255	360	120	1200
	灌水次数/次	1	1	2	2	3	1	10
W1F2	灌水量/mm	82.5	82.5	180	180	300	75	900
	灌水次数/次	1	2	3	3	4	1	14
W2F2	灌水量/mm	90	90	225	225	330	90	1050
	灌水次数/次	1	2	3	3	4	1	14
W3F2	灌水量/mm	105	105	255	255	360	120	1200
	灌水次数/次	1	2	3	3	4	1	14
W1F3	灌水量/mm	82.5	82.5	180	180	300	75	900
	灌水次数/次	1	2	4	4	5	2	18
W2F3	灌水量/mm	90	90	225	225	330	90	1050
	灌水次数/次	1	2	4	4	5	2	18
W3F3	灌水量/mm	105	105	255	255	360	120	1200
	灌水次数/次	1	2	4	4	5	2	18

三、测定项目及方法

1. 生长指标测定

株高：每个处理每个重复选取长势均匀的3棵枣树，经过一个生育阶段的生长后，对所取枣树观测1次。

干周：每个处理选取长势均匀的3棵枣树，在萌芽期开始灌水前在距地面40cm处用游标卡尺测定所有枣树干周大小；经过1个生育阶段生长后，再用游标卡尺在枣树同一位置观测1次。

新梢生长速率：每个处理选取长势均匀的3棵枣树，从新梢开始生长时，在不破坏新梢生长的状况下在每棵枣树上标记一处新梢用直尺进行长度积累量观测，用游标卡尺进行新梢直径积累量的观测，每隔一段时间观测1次。

2. 产量品质测定

产量：在红枣收获期，各个处理的每个重复均随机选取3棵枣树测定产量，计算每个处理的平均产量值作为该灌水处理的最终产量值。主要测量指标为平均公顷产量。

果实纵横径：在红枣成熟后，各个处理每个重复随机选取3棵长势均一的枣树，每棵枣树选取20个红枣，用精度为0.01mm的游标卡尺测量果实的纵径和横径，计算出每个处理的平均值作为该灌水处理的最终果实纵径、横径值。

果形指数：果实纵径与横径的比值。

单果质量及核质量：各灌水处理称取所有果实质量和核质量，用精度为0.01g电子天平测定3次，求出平均值作为最终单果质量及核质量值。

可食率：可食率=[(单果质量－核质量)/单果质量]×100%。

总糖：采用斐林法测定。

总酸：采用酸碱滴定法测定。

维生素C：采用二氯靛酚滴定法测定。

3. 光合特性测定

改滴灌后，在红枣耗水高峰阶段果实膨大期（7月27日）使用美国LI-COR公司生产LI-6400型便携式光合仪对枣树顶层功能叶进行测定，于10：00—20：00（北京时间）每隔2h左右测定1次，每个处理选择两个叶片，每个叶片3次重复。测定项目包括光合有效辐射（PAR）、空气温度（T_a）、空气湿度（RH）、大气CO_2浓度（C_a）、叶片温度（T_l）等环境影响因子指标，以及净光合速率（P_n）、蒸腾速率（T_r）、胞间CO_2浓度（C_i）、气孔导度（$Cond$）等光合生理指标。根据测定数据结果计算叶片水分利用效率WUE，计算公式为

$$WUE = \frac{P_n}{T_r} \tag{5-1}$$

4. 土壤水分测定和相关参数计算

土壤含水率采用取土烘干法测定，测定深度为2m，每个处理在红枣各个生育阶段采取土样，即萌芽期、新梢期、花期、果实膨大期、白熟期、完熟期，共取土6次。取样点位于小区中间位置，滴灌处理取样点选在滴灌带滴头正下方，垂直取土深度分别为0、20cm、40cm、60cm、80cm、100cm、120cm、140cm、160cm、180cm、200cm。

同时采用CPW-503DR型中子仪测定土壤含水率，每个处理布设两根中子管，布置在距枣树20cm、40cm处。每根中子管埋设深度为1.5m，测量土层深度为10cm、20cm、30cm、40cm、50cm、70cm、90cm、110cm、130cm、150cm。试验前，为确定土壤水分含量和仪器显示值之间的关系，用CPW-503DR中子仪说明书内所叙述的标准方法对仪器进行标定，所得标定曲线方程结果如下：

$$y = 15.42x - 2.35 \tag{5-2}$$

式中：y为土壤实际体积含水率，%；x为仪器测得计数比。

采用《灌溉试验规范》（SL 13—2004）中作物需水量公式进行耗水量计算：

$$ET_{1-2}=10\sum_{i=1}^{n}\gamma_i H_i(\theta_{i1}-\theta_{i2})+M+P+K+C \tag{5-3}$$

式中：ET_{1-2}为阶段需水量，mm；γ_i为第 i 层土壤干容重，g/cm^3；H_i为第 i 层土壤厚度，cm；θ_{i1}、θ_{i2}分别为第 i 层土壤在计算始末的质量含水率；M 为时段内的灌溉水量，mm；P 为时段内的降雨量，mm；K 为时段内地下水补偿量，mm；C 为时段内的排水量，mm。

本书试验区内地下水埋深均超过 3.5m，因此忽略地下水补给量，$K=0$；本书试验各处理灌水量均不会产生深层渗漏，因此忽略排水量大小，$C=0$。

土壤水分利用效率=产量/生育期耗水量，单位为 kg/(hm^2 · mm)。

5. 土壤盐分测定和相关参数计算

土壤盐分：每个处理每个生育期取样 1 次，取样点选在滴灌带滴头正下方，垂直取样深度为 0、20cm、40cm、60cm、80cm、100cm、120cm、140cm、160cm、180cm、200cm。之后将风干土样过 1mm 筛，并称取 20g 放于三角瓶中，加蒸馏水 100mL，使用振荡机振荡三角瓶 10min，静置 15min 后过滤，得到水土质量比为 5∶1 的澄清液，用 DDB-303A 型便携式电导率仪进行电导率值的测定。用干燥残渣法确定土壤含盐量与电导率之间的标定关系式，即

$$S=0.0021EC-0.0028 \quad (R^2=0.99) \tag{5-4}$$

式中：S 为土壤含盐量，g/kg；EC 为电导率值，μS/cm。

6. 气象数据测定

利用阿拉尔一师灌溉实验站内自动气象站进行温度、降雨量、风向、风速及太阳辐射等气象数据的采集。

7. 数据处理与分析

2015 年与 2016 年两年数据规律总体相似，以 2016 年数据为主进行分析。采用 Excel 2010、SPSS 19.0 软件进行数据统计分析，采用 Origin 8.5 软件绘图。

第二节 灌水对漫灌改滴灌红枣水盐的影响

农田土壤水分与作物生长密切相关，土壤中水分含量的多少直接影响作物的生长生殖状况和需水规律，同时作物从土壤中吸收养分、土壤中盐分含量变化都离不开土壤水分的作用，这些因素又间接影响作物的生长生殖状况。通过对土壤水分科学调控可以有效地改善土壤条件，保护土壤环境的同时显著促进作物优质高产。本章主要通过 2016 年利用中子仪和取土烘干法测得的水分数据资料及盐分数据资料，研究分析不同灌水条件下漫灌改滴灌红枣土壤水分状况变化和土壤盐分状况变化，为南疆沙区成龄红枣漫灌改滴灌高效灌溉技术提供

理论支持和指导。

漫灌改滴灌后，灌溉定额与灌水次数首先直接影响红枣生育阶段内土壤水分的时空分布，从而间接影响土壤盐分时空分布。本节通过对灌溉定额和灌水次数双因子组合下的土壤水分含量和盐分含量的测定与分析，阐明灌溉定额和灌水次数对漫灌改滴灌红枣的土壤水分时空分布和土壤盐分时空分布均有明显影响。

在所有灌水组合处理中，W2F3 和 W3F3 处理在整个观测期内土壤平均含水率始终保持在较高水平，甚至略高于漫灌 CK 处理，但比 CK 处理有效节约灌溉水量 20%～30%，说明增加灌水次数有利于土壤水分保持在均衡和充足的状态；W3F1 在整个观测期内土壤含水率最低，说明一味地增大灌水量并不能有效地增加土壤水分含量。改滴灌处理相比 CK 处理土壤水分空间分布差异明显，CK 处理水平方向上土壤水分含量无显著变化，而各改滴灌处理水平方向上土壤水分含量变化明显，但不同灌水处理变化土层深度不同，900mm 灌溉定额处理在土层深度 0～100cm 范围内变化，而 1050mm 灌溉定额在土层深度 0～200cm 范围内有不同程度变化。土壤水分含量在水平方向上有变化的范围内，基本表现为水平距离 20cm＞40cm＞60cm，距离滴灌带越远土壤水分含量越低，且在 900mm、1050mm 灌溉定额条件下，灌水次数越多，这种变化越明显。从灌水前后变化上看，一次灌水前后土壤水分含量变化与灌水次数呈负相关，灌水次数越少，灌水前后土壤水分含量变化越大。

不同灌溉定额对水平方向盐分的影响基本集中在 0～20cm 土层，土壤含盐量由小到大依次为距树干 20cm、40cm 与 60cm，且表层土壤平均含盐量和水平方向上的盐分差值均随着灌溉定额的增加而增大，水平方向上表层土壤盐分变化幅度大，主要是蒸发和灌水共同作用引起，距树干 20cm 处为滴头下方，土壤湿润体从滴头处开始扩散，滴头下方土壤长时间保持较高的含水率，使盐分得到充分淋洗，随着水平距离的增加，湿润体超出遮阴范围，强烈的地表蒸发和水分在水平方向扩散速度的减慢，使远离滴头区域的含水率较低，盐分大量积累。一般研究认为，灌溉定额越大，垂直方向上淋洗的盐分也越多，留在主根区的盐分减少、淋洗深度加深；本试验中不同灌溉定额处理垂直方向上均出现一个低盐带（＜2g/kg），但受灌溉定额的影响低盐带深度范围不同，900mm 灌溉定额为 20～50cm，1050mm 灌溉定额为 20～70cm，1200mm 灌溉定额为 20～90cm，说明灌溉定额越大，盐分淋洗深度越深，特别表现为 20～90cm 上层土壤盐分淋洗。不同灌水次数对水平方向盐分的影响主要集中在 0～80cm 土层，表现为增加灌水次数可以显著减小 0～80cm 深度土层距树干 60cm 和距树干 20cm、40cm 处盐分差值，且深度越深减幅越大；在 100～200cm 土层，土壤盐分在水平方向上无明显差异。垂直方向上增加滴灌次数后，土壤高盐区向下移动，但对100cm以下深层土壤盐分无显著影响。这主要是增加灌水次数，灌水周期缩短，在上一次灌水停止后，土壤盐分在蒸发的作用下还未来得及向上运移就又进行了下一次灌水，使得土壤盐分在垂直方向上随灌溉水向更深土层运移、在水平方向上随灌溉水向远离滴灌带的区域侧移，从而能够使垂直方向上0～100cm和水平方向上土壤盐分含量始终保持在较低水平状态。此外，高频灌溉对表层土壤盐分淋洗效果明显优于低频灌溉，这同样是因为短周期的高频灌溉有效地抑制了土壤盐分上移。

本试验中，各灌溉定额及灌水次数处理新梢期或花期含盐量最大，这主要是土壤含盐量受灌水和蒸发影响较大的结果，红枣新梢期与花期生长期冠幅小、叶密度小，使得遮阴率低，在蒸发的作用下，盐分随水分向表层方向移动；红枣膨大期后，较大的冠幅使得遮阴可以覆盖整个滴灌湿润区域，同时受到8月降雨频繁和蒸发强度降低的影响，盐分含量较之前生育阶段显著降低。本试验条件下所有处理中，18次、1050mm灌溉定额处理在整个生育阶段不仅具有较高的土壤水分含量，而且土壤含盐量较低。

一、灌水对漫灌改滴灌红枣土壤水分的影响

1. 不同灌水处理土壤水分随时间变化

由于规律相似，本书仅以7月12—26日连续15天的土壤含水率分析为例探究不同灌水处理下漫灌改滴灌红枣土壤水分随时间的变化规律，利用中子仪进行连续观测，将不同灌水处理0～150cm土层土壤平均体积含水率随时间变化绘制成图，如图5-1所示。由图5-1可知，各灌水处理0～150cm土层土壤平均体积含水率在观测期内差别明显，但相同灌水次数处理整体上随时间的变化趋势基本一致，灌水前土壤含水率较低，灌水后迅速增大，之后随着时间的推移逐渐降低。所有灌水处理中，W2F3和W3F3处理在整个观测期内土壤含水率始终保持在较高水平，说明增加灌水次数有利于土壤水分保持在均衡和充足的状态；W3F1在整个观测期内土壤含水率最低，说明一味地增大灌水量并不能有效地增加土壤水分含量。从整个观测期平均值来看，W3F2（14.02%）、W2F3（13.76%）和W3F3（13.50%）处理土壤含水率比CK（13.41%）处理分别高出0.61%、0.35%、0.09%，但W3F2、W2F3、W3F3处理比CK处理分别节约灌溉水量20%、30%、20%。

2. 不同灌水处理土壤水分空间分布特征

由于规律相似，本书仅以7月24日取土烘干法所得土壤质量含水率分析为例探究不同灌水处理下漫灌改滴灌红枣土壤水分空间分布规律，将不同灌水处理距离树干水平20cm、40cm、60cm处垂直深度200cm土层土壤平均质量含水率空间变化绘制成图，如图5-2所示。由图5-2可知，灌溉定额和灌水次数对

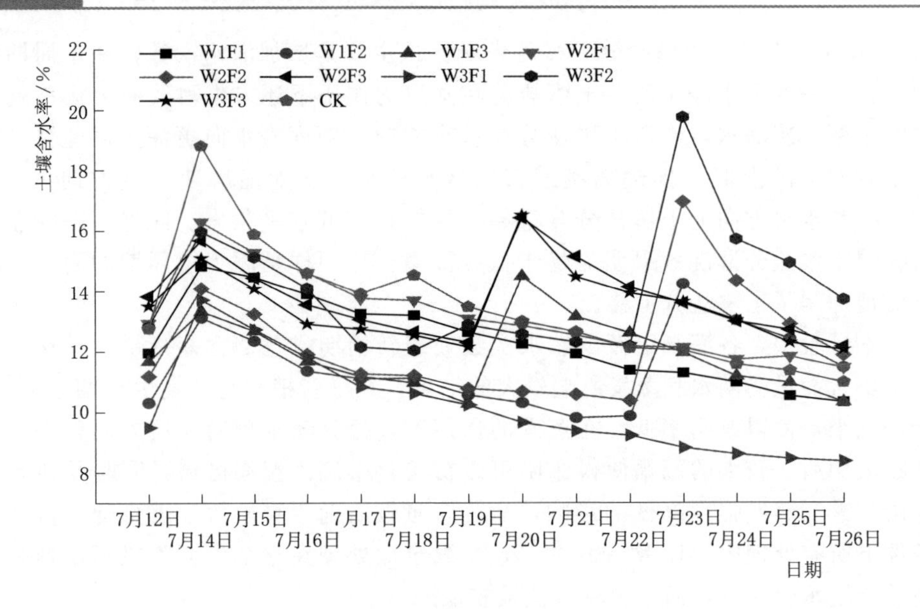

图 5-1 不同灌水处理土壤水分的动态变化

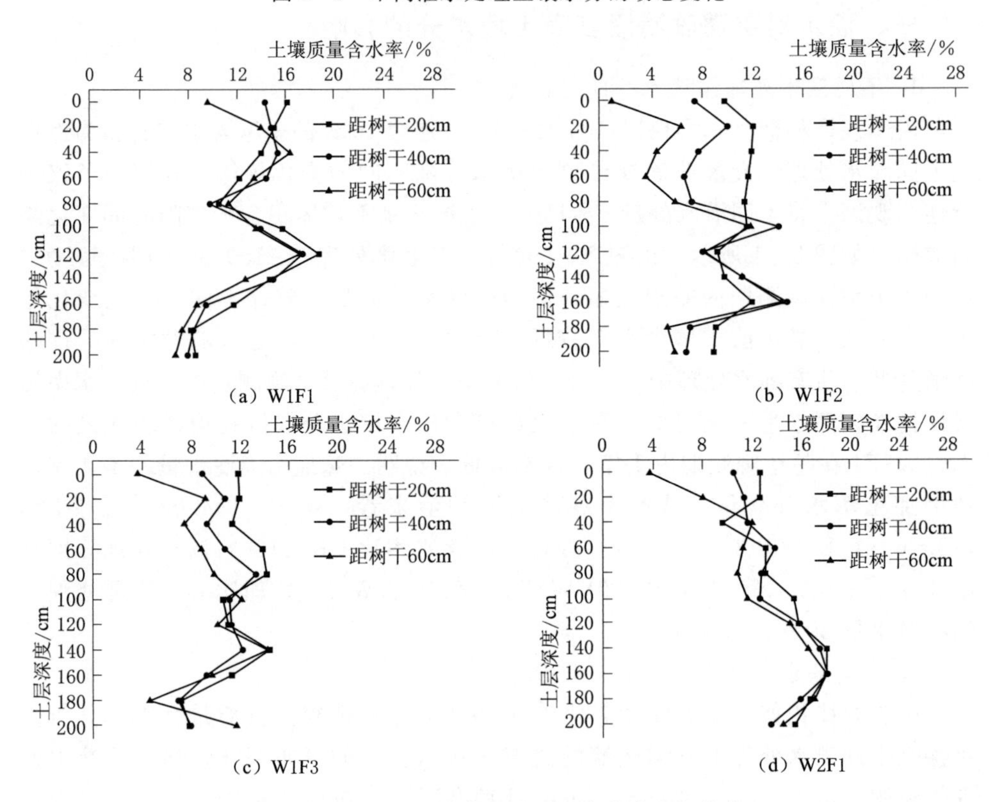

图 5-2(一) 不同灌水处理土壤水分空间分布

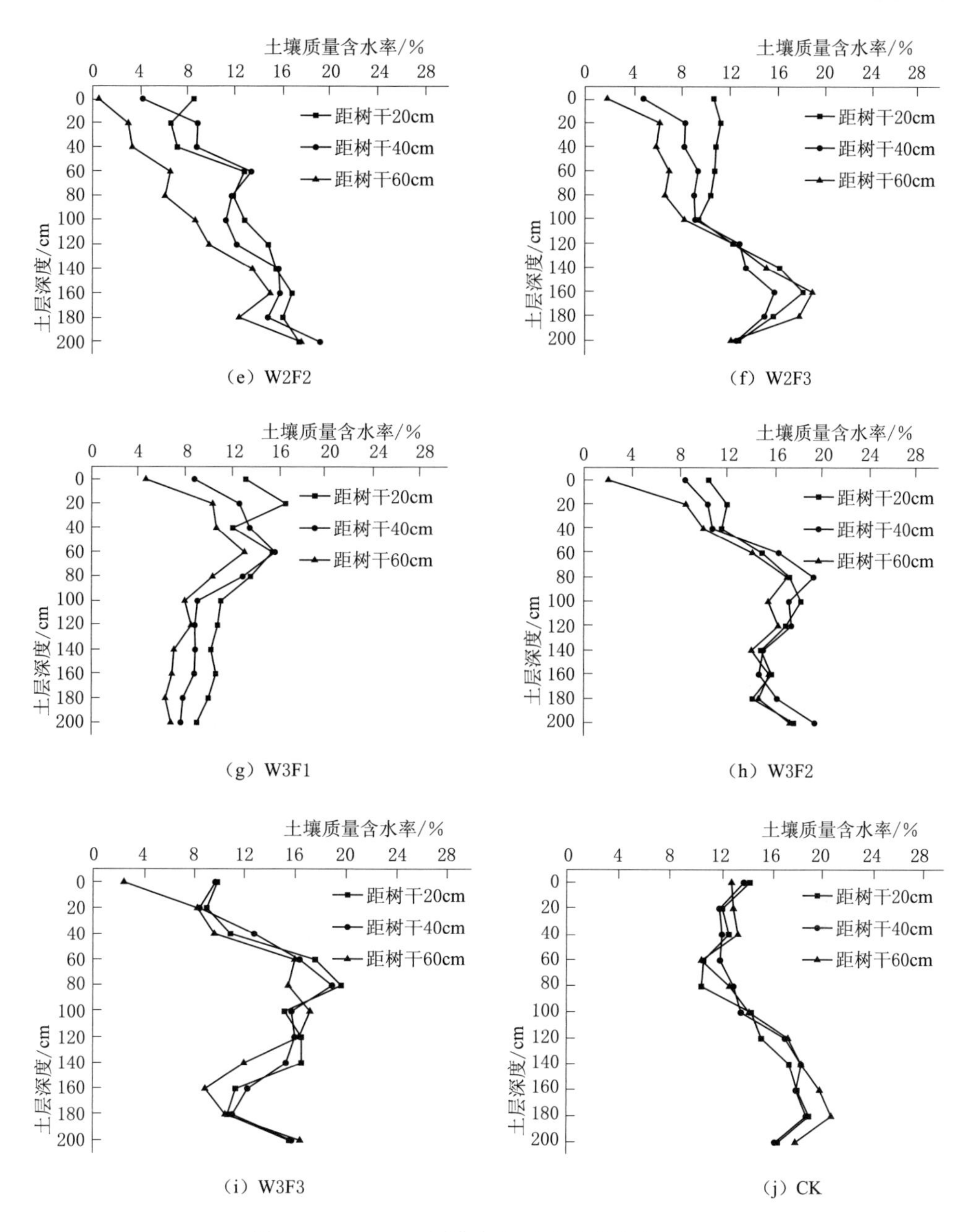

图 5-2(二) 不同灌水处理土壤水分空间分布

枣树水平距离 20cm、40cm、60cm 处土壤水分分布影响显著。灌溉定额 900mm 处理，10 次灌水频率处理水平距离 20cm、40cm、60cm 处土壤水分含量只有表层 0～20cm 范围内差异显著；14 次、18 次灌水频率处理水平距离 20cm、40cm、60cm 处土壤水分含量在土层深度 0～100cm 范围内差异显著，表现为

20cm>40cm>60cm，距离滴灌带越远土壤水分含量越低；土层深度100cm以下土壤水分含量相差不大。灌溉定额1050mm处理，10次灌水频率处理水平距离20cm、40cm、60cm处土壤水分含量在0～40cm、60～100cm差异显著，表现为20cm>40cm>60cm；14次灌水频率处理水平距离20cm、40cm、60cm处土壤水分含量在0～200cm范围内均有差异，表现为20cm>40cm>60cm；18次灌水频率处理水平距离20cm、40cm、60cm处土壤水分含量在0～100cm、140～180cm范围内均有差异，0～100cm范围表现为20cm>40cm>60cm，140～180cm范围表现为60cm>20cm>40cm，深层土壤水分含量在距离滴灌带最远处反而含量最大。灌溉定额1200mm处理，10次灌水频率处理水平距离20cm、40cm、60cm处土壤水分含量在0～200cm范围内均有差异，表现为20cm>40cm>60cm；14次灌水频率处理水平距离20cm、40cm、60cm处土壤水分含量只在0～40cm范围内有差异，表现为20cm>40cm>60cm；18次灌水频率处理水平距离20cm、40cm、60cm处土壤水分含量只在0～20cm范围内有差异。漫灌CK处理水平距离20cm、40cm、60cm处土壤水分含量在0～200cm范围内无显著差异。

3. 不同灌水处理一次灌水前后土壤水分的变化

由于规律相似，本书仅以8月10日灌水前和8月12日灌水后取土烘干法所得土壤质量含水率分析为例探究不同灌水处理下漫灌改滴灌红枣一次灌水前后土壤水分变化规律，将不同灌水处理一次灌水前后0～200cm土层土壤质量含水率绘制成图，如图5-3所示。由图5-3可知改滴灌后各处理土壤水分垂直分布差异显著。从垂直方向上看，灌溉定额900mm处理时，土壤水分含量在20～140cm范围内随着土层深度的增加变化不大，140cm以下开始减少；灌溉定额1050mm处理时，土壤水分含量随着土层深度的增加逐渐增加；灌溉定额1200mm处理时，土壤水分含量随着土层深度的增加呈先增大后减小的趋势，土壤水分主要集中在40～140cm深度范围内。从灌水前后变化上看，灌前、灌后土壤水分变化与灌水次数呈负相关，灌水次数越少，灌水前后土壤水分变化越大。灌溉定额1200mm处理时，灌前土壤水分含量和灌后土壤水分含量在0～60cm范围差别不大，60cm以下范围开始显著变化，说明1200mm灌溉定额条件下，灌水次数主要影响60cm以下范围土壤水分分布。灌溉定额1050mm处理时，灌前土壤水分含量在0～120cm范围内差别不大，灌后土壤水分含量差异显著，灌水次数越大，100cm以下范围灌水前后土壤水分变化越明显。灌溉定额900mm处理时，灌前土壤水分含量在20～60cm、160cm以下范围差别不大，灌后土壤水分含量在160cm以下范围差别不大，说明900mm灌溉定额条件下，灌水次数主要影响160cm以上范围土壤水分分布。

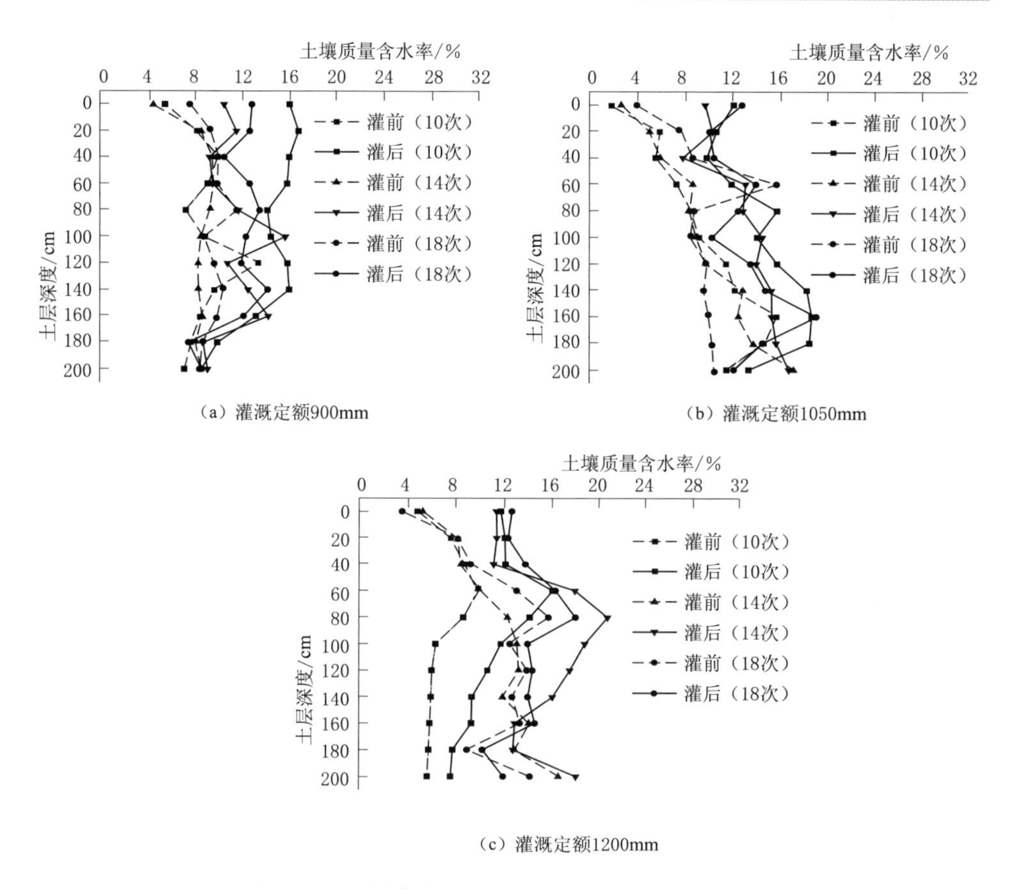

（a）灌溉定额900mm

（b）灌溉定额1050mm

（c）灌溉定额1200mm

图 5－3 不同灌水处理一次灌水前后土壤水分分布

二、灌水对漫灌改滴灌红枣土壤盐分的影响

1. 不同灌水处理土壤盐分随时间的变化

（1）不同灌溉定额处理 0～200cm 土层土壤盐分随时间变化。漫灌改滴灌后，不同灌溉定额处理 0～200cm 土层土壤盐分质量比随时间的变化如图 5－4 所示。由图 5－4 可以看出，900mm 灌水处理 0～100cm 土壤含盐量 6 月 2 日（新梢期）最大，其次是 5 月 3 日（萌芽期），之后逐渐减小，但相差不大；1050mm 灌水处理 0～100cm 土壤含盐量新梢期最大，其次是 7 月 1 日（花期）和 7 月 24 日（膨大期），之后显著减小；1200mm 灌水处理 0～100cm 土壤含盐量花期最大，其次是新梢期，之后明显减小；整体上，0～100cm 土层各时间阶段含盐量与灌溉定额呈负相关，新梢期或花期含盐量最大，这主要是 0～100cm 土层土壤含盐量受灌水和蒸发影响较大的结果，红枣新梢期与花期生长期冠幅小、叶密度小，使得遮阴率低，在蒸发的作用下，盐分随水分向表层方向移动；

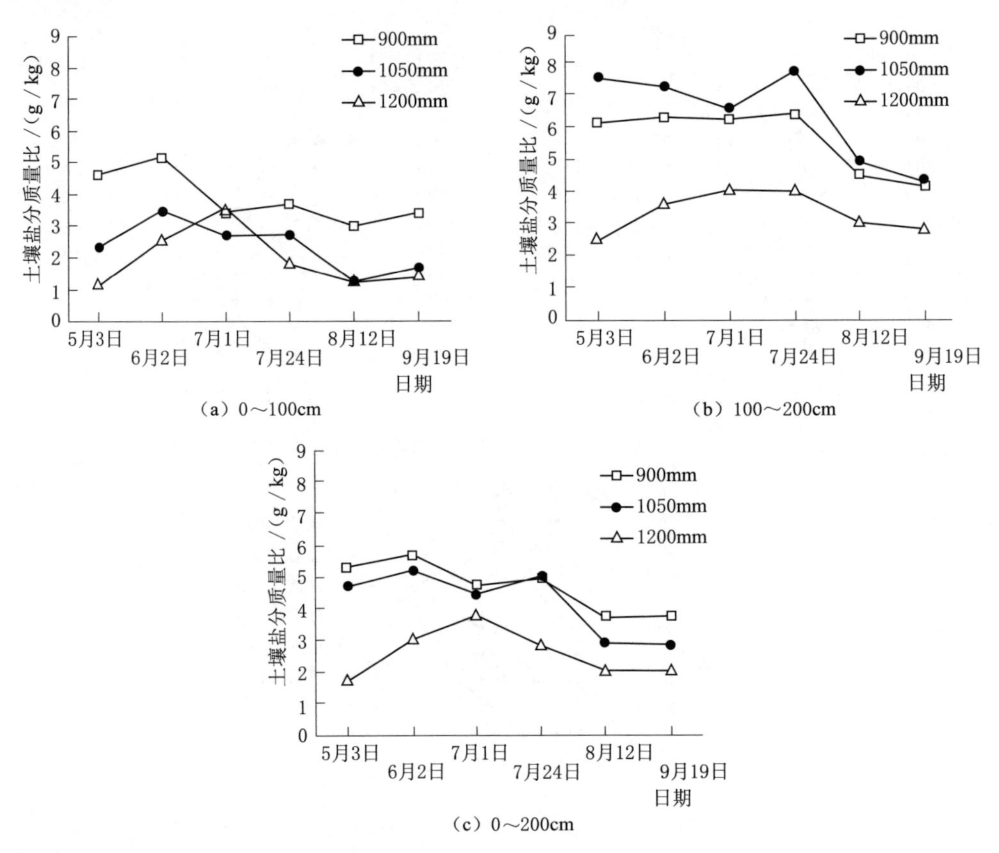

图 5-4　不同灌溉定额处理 0～200cm 土层土壤盐分质量比随时间变化

红枣膨大期后，较大的冠幅使得遮阴可以覆盖整个滴灌湿润区域，同时受到 8 月降雨频繁和蒸发强度降低的影响，盐分含量较之前时间阶段显著降低。经过一个完整的生育阶段，各灌溉定额处理 0～100cm 土层平均土壤盐分差值明显减小，萌芽期 1200mm 灌水比 900mm、1050mm 分别减小 75.86%、52.14%；到 9 月 19 日（完熟期）1200mm 灌水比 900mm、1050mm 分别减小 59.47%、17.75%。在土层 100～200cm 范围，各灌溉定额处理在膨大期含盐量最高，膨大期前各时间阶段含盐量相差不大，膨大期后含盐量明显降低；经过一个完整的生育阶段，各灌溉定额处理 100～200cm 土层平均土壤盐分差值明显减小，萌芽期 1200mm 灌水处理比 900mm、1050mm 分别减小 59.87%、67.28%；到完熟期 1200mm 灌水处理比 900mm、1050mm 分别减小 32.13%、34.34%。经过一个生长季的滴灌种植，0～200cm 土层土壤含盐量变幅分别为 900mm：−29.32%，1050mm：−38.94%，1200mm：+17.92%，可以看出 1200mm 灌溉定额处理反而出现了盐分含量增加的状况。综合图 5-4 来看，相同灌水次数条件下灌溉定额对土壤含盐量时间分布影响明显，当灌溉定额增加到 1200mm 时，水分影响深度最大，盐分淋洗效果最好，特别表现在 8 月和 9 月这两个时间阶段，0～100cm 土壤含盐量变化较小，而 100～200cm 土层土壤含盐量明显降低。

（2）不同灌水次数处理 0～200cm 土层土壤盐分随时间变化。漫灌改滴灌后，不同灌水次数处理 0～200cm 土层土壤盐分质量比随时间的变化如图 5-5 所示。由图 5-5 可以看出，各灌水次数处理 0～100cm 土壤平均含盐量新梢期最大，花期后逐渐减小，但相差不大；萌芽期 14 次灌水比 10 次、18 次分别减小 87.93%、74.89%；新梢期 14 次灌水比 10 次、18 次分别减小 59.42%、45.62%；花期 14 次灌水比 10 次、18 次分别减小 70.23%、61.99%；膨大期 14 次灌水比 10 次、18 次分别减小 74.05%、27.27%；8 月 12 日（白熟期）14 次灌水比 10 次、18 次分别减小 64.45%、42.78%；完熟期 14 次灌水比 10 次减小 42.57%、比 18 次增大 38.73%；经过一个完整的生育阶段，各灌水次数处理

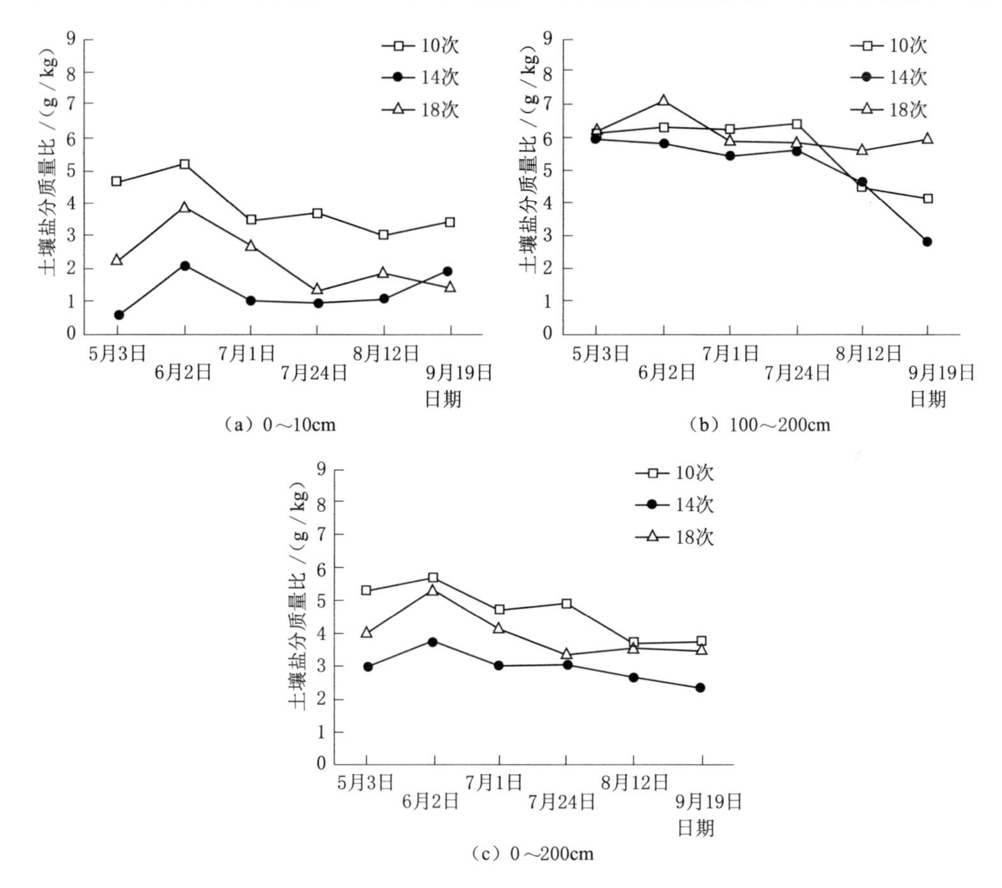

图 5-5　不同灌水次数处理 0～200cm 土层土壤盐分质量比随时间变化

0～100cm 土层土壤平均含盐量差值逐渐减小。在土层 100～200cm 范围，各处理在萌芽期盐分含量相近，新梢期开始有所差别；10 次和 14 次灌水频率处理在萌芽期、新梢期、花期和膨大期含盐量相差不大，膨大期后含盐量明显降低；18 次灌水频率处理新梢期含盐量最高，其他时间阶段含盐量相差不大。萌芽期、花期、白熟期和完熟期，18 次灌水处理含盐量高于 10 次、14 次；花期和膨大期，10 次灌水处理含盐量高于 18 次、14 次，14 次灌水处理最有利于降低 0～200cm 土层土壤含盐量。经过一个完整的生育阶段，各灌水次数处理 100～200cm 土层平均土壤盐分差值明显增大，萌芽期 14 次灌水比 10 次、18 次分别减小 3.1%、3.88%；到完熟期 14 次灌水比 10 次、18 次分别减小 31.64%、52.36%。经过一个生长季的滴灌种植，0～200cm 土层土壤含盐量变幅分别为 10 次：－29.32%，14 次：－21.33%，18 次：－13.65%。综合图 5－5 来看，相同灌溉定额条件下灌水次数主要影响 0～100cm 土层各时间阶段土壤含盐量，100～200cm 土层只在 9 月有显著变化，14 次灌水处理各时间阶段含盐量最低；灌水次数在 0～200cm 土层对各时间阶段土壤含盐量的影响弱于灌溉定额。

2. 不同灌水处理土壤盐分空间分布特征

(1) 不同灌溉定额对土壤盐分空间分布的影响。滴灌是局部灌溉，自滴水开始土壤湿润体在水平和垂直方向上均有扩散，有限湿润体范围受灌溉定额和灌水次数影响而改变，从而使土壤含盐量呈现不同的空间分布特征。改滴灌后，不同灌溉定额处理土壤盐分空间分布特征如图 5－6 所示。由图 5－6 可以看出，不同灌溉定额处理对水平方向盐分的影响主要集中在表层（0～20cm）土壤，距离树干越远含盐量越高，且表层土壤平均含盐量和水平方向上的盐分差值均随着灌溉定额的增加而增大，这是因为距树干 20cm 处为滴头下方，土壤湿润体从滴头处开始扩散，滴头下方土壤长时间保持较高的含水率，使盐分得到充分淋洗，随着水平距离的增加，湿润体超出遮阴范围，强烈的地表蒸发和水分在水平方向扩散速度的减慢，使远离滴头区域的含水率较低，盐分大量积累。采用 900mm 灌溉定额，土壤含盐量在 20～100cm 土层水平方向上距树干 20cm 与 40cm 相差不大，土壤含盐量在 0～80cm 土层水平方向上距树干 60cm 明显高于距树干 20cm、40cm 处，100～180cm 土层土壤含盐量水平方向上相差不大；采用 1050mm、1200mm 灌溉定额，20～180cm 土层土壤含盐量在水平方向上均相差不大，这是因为相比 1050mm、1200mm 灌溉定额处理，900mm 灌溉定额处理由于灌溉定额相对少，水平方向上未完全湿润距树干 60cm 处。各处理在垂直方向上均出现一个低盐带（<2g/kg），但受灌溉定额的影响低盐带深度范围不同，W1F1：20～50cm，W2F1：20～70cm，W3F1：20～90cm，说明增加灌溉定额有利于 20～90cm 上层土壤盐分淋洗。在 100cm 深度以下，900mm、1050mm 和 1200mm 灌溉定额处理土壤平均含盐量为 7.14g/kg、7.32g/kg 和

4.36g/kg，1200mm 相比 900mm、1050mm 灌溉定额处理明显减少 38.9%、40.4%，1050mm 比 900mm 灌溉定额处理增加 2.46%，说明 1200mm 灌溉定额水平对 100cm 深度以下土层土壤盐分的影响强于 1050mm 灌溉定额水平。

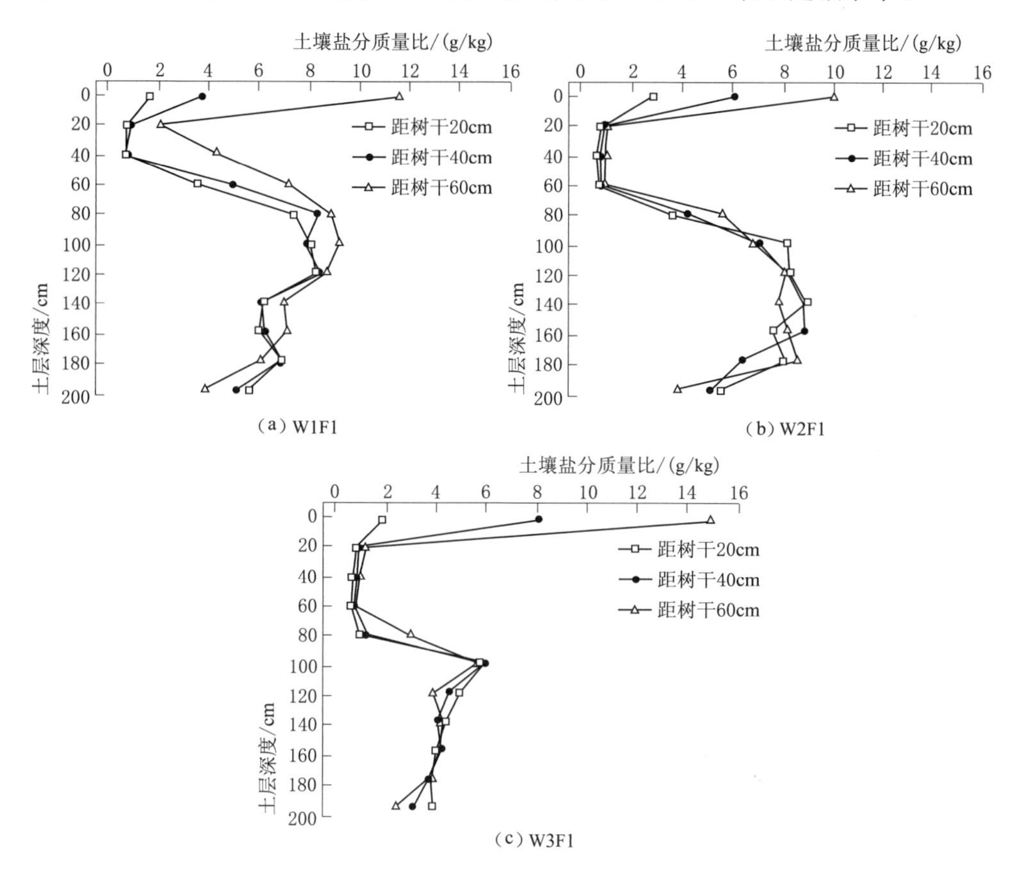

图 5-6 不同灌溉定额处理土壤盐分空间分布

(2) 不同灌水次数对土壤盐分空间分布的影响。漫灌改滴灌后，不同灌水次数处理土壤盐分空间分布特征如图 5-7 所示。由图 5-7 可以看出，不同灌水次数处理对水平方向盐分的影响主要集中在 0～80cm 土层，距离树干 60cm 含盐量显著高于距树干 20cm、40cm；W1F1、W1F2 和 W1F3 处理 0～80cm 土层土壤平均含盐量分别为 4.50g/kg、1.88g/kg 和 1.17g/kg，距离树干 60cm 和距树干 20cm、40cm 土壤平均盐分差值分别为 3.62g/kg、1.87g/kg 和 1.27g/kg，说明增加灌水次数可以显著减小 0～80cm 深度土层距树干 60cm 和距树干 20cm、40cm 处盐分差值，且深度越深减幅越大；在 80cm 深度以下，土壤含盐量在水平方向上相差不大。垂直方向上土壤含盐量整体上均呈现先增大后减小的趋势，10 次灌水使土壤盐分主要集中在 60cm 以下土层深度范围内，增加滴灌次数后，土壤高盐区向下移动，使 0～100cm 土层深度范围内盐分含量保持在较低水平状态，这是因为增加滴灌次数，灌水时间间隔缩短，使得 0～100cm 土层土壤经常保持较高的含水率而使盐分得到淋洗，含盐量有效降低；随着土层深度的增加，各处理 100cm 深度以下土壤平均含盐量分别为 W1F1：6.64g/kg、W1F2：6.47g/kg、W1F3：6.74g/kg，W1F2、W1F3 处理较 W1F1 相对变幅分别为 −2.56%、+1.51%，说明灌水次数对 100cm 以下深层土壤盐分分布无显著影响。

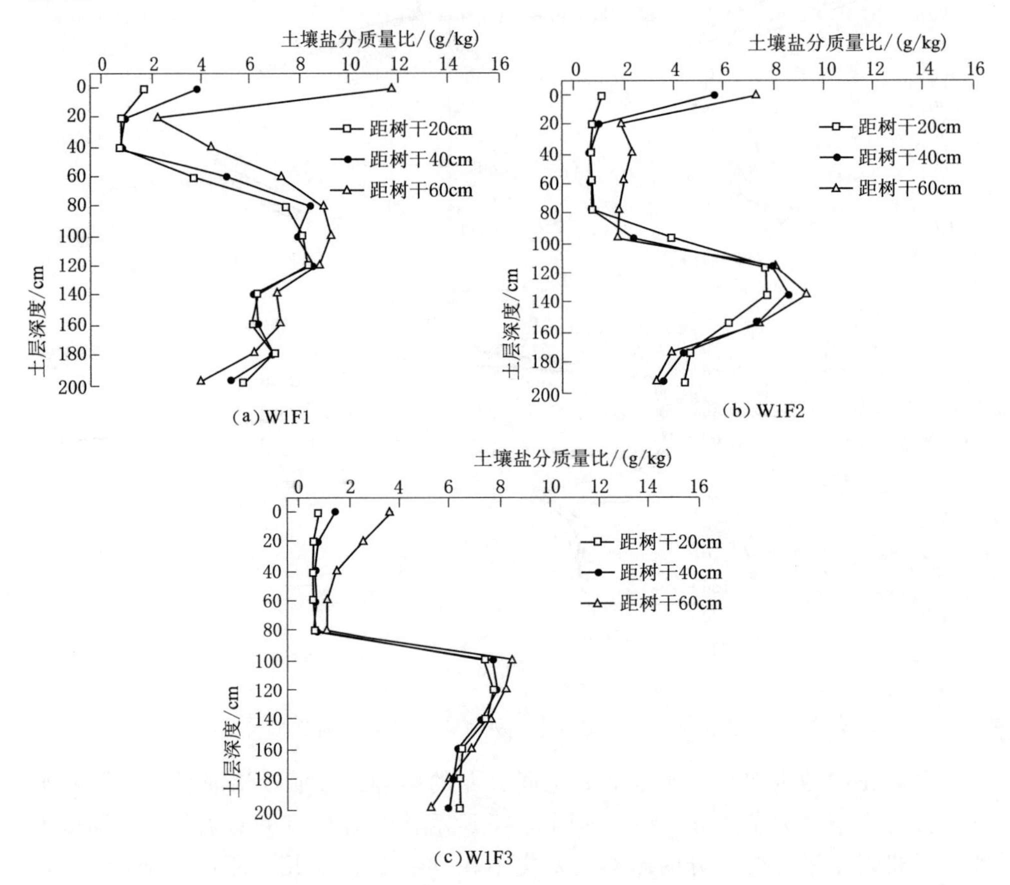

图 5-7　不同灌水次数处理土壤盐分空间分布

漫灌对照处理 CK 的土壤盐分空间分布情况如图 5-8 所示，由图 5-8 可知，漫灌 CK 处理在 0～200cm 深度范围内水平方向上土壤含盐量无显著差别，在垂直方向上土壤含盐量呈现先增大后减小的趋势，相比滴灌有程度相对较低的盐分表层聚集现象。100～200cm 深土层土壤含盐量漫灌 CK 处理显著低于其他改滴灌处理。

3. 不同灌水处理一次灌水前后土壤盐分变化

各灌水处理一次灌水前后0～200cm 土层土壤盐分垂直分布如图 5-9 所示。图 5-9 表明，漫灌改滴灌后各处理土壤盐分垂直分布差异显著。从垂直分布上看，灌溉定额 900mm 处理，土壤盐分主要集中在表层和 100cm 以下范围；灌溉定额 1050mm 处理时，10 次灌水处理盐分主要集中在 60cm 以下，14 次灌水处理盐分主要集中在 160cm 以下，18 次

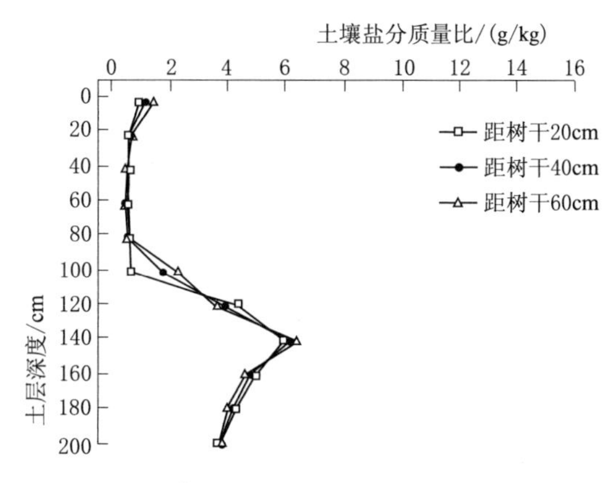

图 5-8 漫灌对照处理 CK 的土壤盐分空间分布

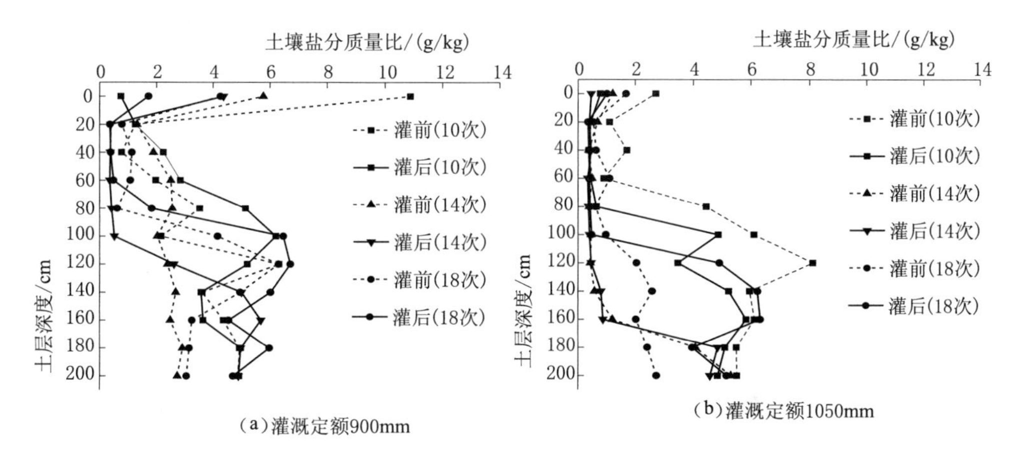

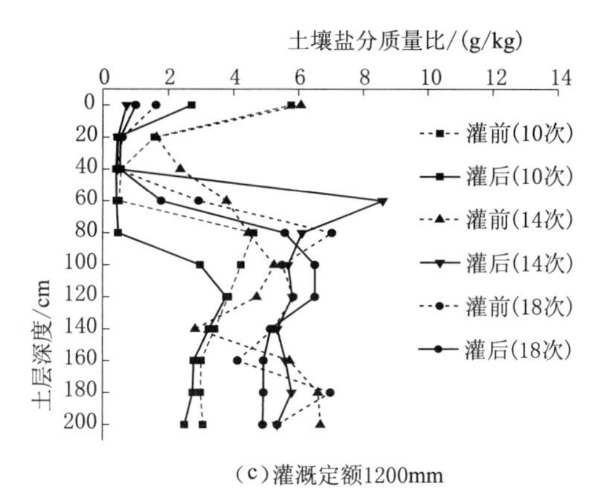

图 5-9 各灌水处理一次灌水前后 0～200cm 土层土壤盐分垂直分布

灌水处理盐分主要集中在100cm以下，盐分累积深度随着灌水次数的增加呈现先减小后增加的规律。灌溉定额1200mm处理时，10次灌水处理盐分主要集中在80cm以下，14次、18次灌水处理盐分主要集中在表层和40cm以下范围。从灌水前后变化上看，受灌溉定额和灌水次数的影响，灌前、灌后土壤盐分变化显著。灌溉定额900mm处理，10次灌水处理土壤盐分分布表现为表层盐分：灌前>灌后，20～120cm盐分：灌后>灌前，120～180cm盐分：灌前>灌后；14次灌水处理土壤盐分分布表现为0～120cm盐分：灌前>灌后，120cm以下盐分：灌后>灌前；18次灌水处理土壤盐分分布表现为0～70cm盐分：灌前>灌后，70cm以下盐分：灌后>灌前。灌溉定额1050mm处理，10次灌水处理土壤盐分分布表现为0～200cm盐分：灌前>灌后；14次灌水处理土壤盐分灌水前后变化不大；18次灌水处理土壤盐分分布表现为0～100cm盐分：灌前>灌后，70cm以下盐分：灌后>灌前。灌溉定额1200mm处理，10次灌水处理土壤盐分分布表现为0～200cm盐分：灌前>灌后；14次灌水处理土壤盐分表现为0～40cm和160cm以下盐分：灌前>灌后，40～160cm盐分：灌后>灌前；18次灌水处理土壤盐分180cm处灌水前后变化最大。高频灌溉会使浅层土壤盐分减少，深层土壤盐分增加；低频使得土壤盐分聚集表层，灌水后表层盐分向下迁移，尤其是低水低频灌溉时，这种现象更显著。

第三节 灌水对漫灌改滴灌红枣光合特性的影响

光合作用是枣树营养生长和生殖生长的基础，也是影响枣树高产优质的关键因素之一。本节通过对不同灌溉定额和灌水次数双因素不同组合下的光照有效辐射、大气温度、大气湿度、叶片温度、大气CO_2浓度等光合环境影响因子，以及净光合速率、蒸腾速率、胞间CO_2浓度、气孔导度等光合特性指标日变化测定和分析，探明灌溉定额和灌水次数对漫灌改滴灌红枣的光合环境因子和光合特性均有显著影响。

在规模化的农业生产中，精准灌溉和有效灌溉是提高作物光合效率、产量的重要手段（赵黎明等，2015），本试验研究表明，不同漫灌改滴灌灌水组合处理的红枣大气CO_2浓度、大气湿度和叶片温度虽然整体表现趋势一致，但是不同灌水处理的具体表现形式差异显著。大气CO_2浓度日变化呈波浪式变化，不同灌溉定额10次灌水频率处理大于14次、18次灌水频率处理。大气湿度日变化呈先降低后升高的趋势，当其处于最小值时有明显规律性，18次灌水频率处理大于10次、14次灌水频率处理，且这种差异随着灌溉定额的增大更加明显。叶片温度日变化呈先上升后降低的趋势，整体上与大气温度变化一致，但又有明显不同，叶片温度在14：00—18：00时间段内均高于同时段大气温度。不同漫灌改滴灌灌水组合对枣树周围空气环境产生了一定的影响。

不同灌水处理这种“微环境”的不同，直接影响其光合特性指标的变化。本试验研究表明，不同漫灌改滴灌红枣灌水组合处理的净光合速率和气孔导度日变化均呈“上升—下降—上升—下降”的双峰变化趋势，蒸腾速率日变化均呈“上升—下降”的单峰变化趋势，胞间 CO_2 浓度均呈“下降—上升”的日变化规律。相同灌水次数时净光合速率日均值随着灌溉定额的增大而增大，在相同灌溉定额水平条件下，增加灌水次数可以明显提高净光合速率 P_n，特别是在低、高灌溉定额水平条件下。各灌水处理均出现了明显的“光合午休”现象，但不同的是，本试验中光合午休时间在 14：00、16：00 均有出现，与其他农作物显著不同，与王龙等（2013）相同月份测定的红枣光合午休时间（15：00）也有不同，且本试验中净光合速率［如峰值 12.62mol/(m^2·s)］也显著低于王龙等（2013）相同月份同时间点测定的滴灌红枣净光合速率［如峰值 46.70mol/(m^2·s)］，这可能由“漫灌改滴灌”和“连续滴灌”之间的差异引起，也可能与红枣的种植模式和红枣树龄有关系。在 10 次、14 次灌水次数条件下，1200mm 灌溉定额处理蒸腾速率日均值明显大于 1050mm、900mm 灌溉定额处理，在 900mm、1050mm 灌溉定额水平条件下，增加灌水次数可以明显提高蒸腾速率。10 次、14 次灌水次数条件下，气孔导度日均值随着灌溉定额的增大而增大，在 900mm、1050mm 灌溉定额水平条件下，增加灌水次数可以明显提高气孔导度，净光合速率日变化与气孔导度日变化具有较好的相关性，其主要受光照强度、叶片温度和蒸腾速率等因素的影响，中午 14：00—16：00 光照强度大、叶片温度高、蒸腾作用强致使叶片气孔暂时性闭合，从而影响叶片的光合作用，使得净光合速率明显降低。各灌水处理胞间 CO_2 浓度值均在早晨时含量最高，其日均值在 10 次、14 次灌水次数条件下 1050mm 灌溉定额处理明显大于 1200mm、900mm 灌溉定额处理，18 次灌水次数时，随着灌溉定额的增加而增大；在 900mm、1050mm 灌溉定额水平条件下，10 次灌水次数处理明显大于 14 次、18 次灌水处理，在 1200mm 灌溉定额水平条件下，18 次灌水处理明显大于 10 次、14 次灌水处理。本试验条件下，所有处理中，18 次、1050mm 灌溉定额处理，18 次、1200mm 灌溉定额处理，14 次、1200mm 灌溉定额处理在观测日日变化中表现出了较高的净光合速率水平。

一、漫灌改滴灌红枣光合特性自然环境影响因素

1. 光照有效辐射（*PAR*）和大气温度（T_a）

在自然环境因素中，光照有效辐射（*PAR*）和大气温度（T_a）是影响作物光合特性最基础的两项指标，在漫灌改滴灌红枣光合特性日变化研究中，

每 2h 测定一次上述指标，其随时间变化过程如图 5－10 所示。由图 5－10 可以看出，*PAR* 和 T_a 随着时间的推移均呈先上升后降低的日变化形式，*PAR* 在 10：00 时最小，为 830.93μmol/(m²·s)，之后呈稳定上升趋势；峰值出现在 14：00，为 1548.96μmol/(m²·s)，继而开始下降，20：00 时降至 843.27μmol/(m²·s)。T_a 与 *PAR* 一样，在 10：00 时最小为 25.1℃，随后开始迅速上升；在 16：00 时增速开始变慢，在 18：00 时达到峰值，为 38.3℃，之后开始缓慢下降；16：00—20：00 时间段内 T_a 在 37.3～38.3℃之间变化，维持在一个较为稳定的高水平。

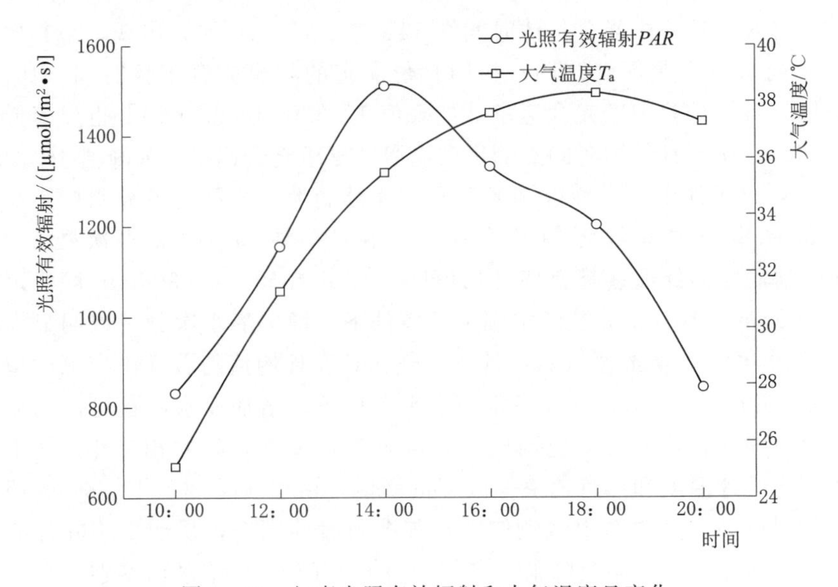

图 5－10 红枣光照有效辐射和大气温度日变化

2. 大气 CO_2 浓度（C_a）

大气 CO_2 浓度（C_a）是作物光合过程中最重要的原料之一，在漫灌改滴灌条件下，将不同灌水处理 C_a 随时间变化过程绘成图表，见图 5－11 和表 5－4。由图 5－11 和表 5－4 可以看出，不同灌水处理 C_a 整体上变化规律相似，均随着时间的推移在 353.25～405.61μmol/mol 之间呈波浪式变化，在 12：00 和 16：00 时相对降低。在 10：00 时各灌水处理 C_a 差异最小，之后各处理之间差异呈变大趋势，16：00 时差异最大；到 20：00 时各灌水处理之间 C_a 差异又开始变小。从 C_a 的日平均值来看，900mm 灌溉定额时，10 次灌水处理 C_a 比 14 次、18 次灌水处理分别高出 3.94％、5.13％；1050mm 灌溉定额条件下，10 次灌水频率 C_a 比 14、18 次灌水频率分别高出 3.63％、1.68％；1200mm 灌溉定额时，10 次灌水处理 C_a 比 14 次灌水处理高出 4.85％。

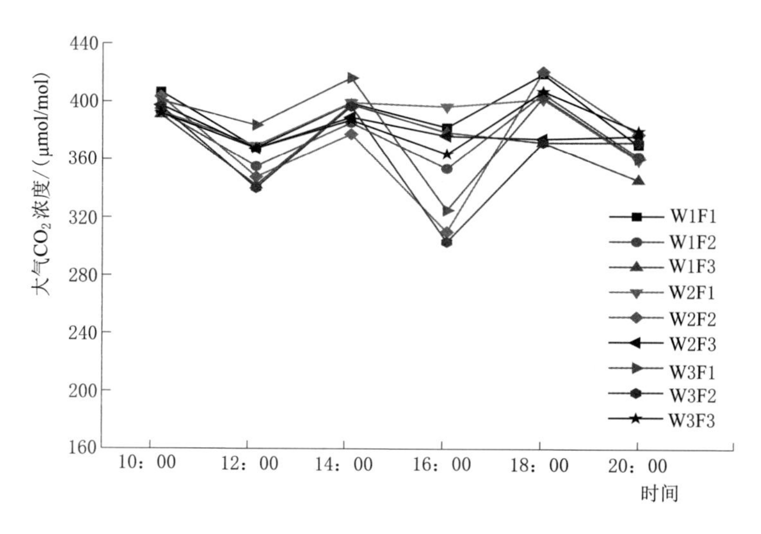

图 5－11 大气 CO_2 浓度日变化

表 5－4 **不同灌水处理大气 CO_2 浓度日变化** 单位：μmol/mol

时间	W1F1	W1F2	W1F3	W2F1	W2F2	W2F3	W3F1	W3F2	W3F3
10：00	406.61a	392.43e	390.49e	392.46e	403.20ab	397.15cd	400.24bc	396.28d	391.51e
12：00	367.01b	353.92c	340.54e	368.55b	346.51d	366.70b	383.17a	338.69e	366.70b
14：00	398.65b	384.83d	397.62b	399.03b	376.82e	388.78c	416.48a	396.49b	386.77cd
16：00	381.72b	352.56e	378.20c	396.33a	307.91g	375.61c	323.22f	300.85h	362.88d
18：00	419.33a	405.56bc	371.06e	401.70d	421.15a	373.74e	402.92cd	371.11e	407.24b
20：00	369.39c	361.14d	344.53e	358.64d	377.04ab	375.75b	359.53d	371.30c	379.41a

注 同一行的小写字母表示在 0.05 水平上显著，以下表同。

3. 大气湿度（*RH*）

大气湿度（*RH*）是影响作物光合特性最重要的指标之一，在漫灌改滴灌条件下，将不同灌水处理 *RH* 随时间变化过程绘成图表，见图 5－12 和表 5－5。由图 5－12 和表 5－5 可以看出，不同灌水处理 *RH* 整体上变化规律相似，均随着时间的推移在 13.06％～31.84％之间呈先下降后上升的日变化规律，*RH* 在 10：00 时最大，之后缓慢下降，在 18：00 时达到最低值，之后缓慢回升。各灌水处理在 18：00 时 *RH* 处于最小值时有明显差异，900mm 灌溉定额条件下，18 次灌水频率 *RH* 比 10 次、14 次灌水频率分别高出 14.23％、7.02％；1050mm 灌溉定额条件下，18 次灌水频率 *RH* 比 10 次、14 次灌水频率分别高出 16.63％、11.91％；1200mm 灌溉定额条件下，18 次灌水频率 *RH* 比 10 次、14 次灌水频率分别高出 23.80％、23.34％；可以看出，随着灌溉定额的增大，不同灌水次数处理在 *RH* 处于最小值时的差值越大。

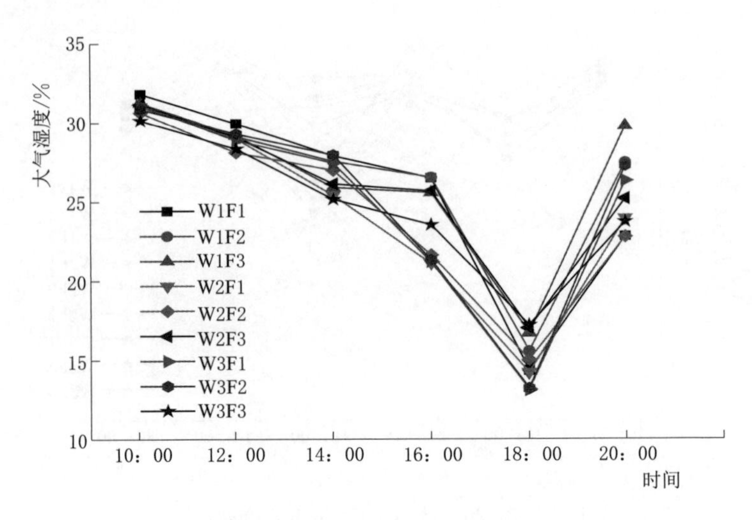

图 5-12 大气湿度日变化

表 5-5 不同灌水处理大气湿度日变化 %

时间	W1F1	W1F2	W1F3	W2F1	W2F2	W2F3	W3F1	W3F2	W3F3
10：00	31.84a	31.19b	31.26b	31.04b	30.65c	31.17b	31.13b	30.87b	30.15c
12：00	29.95a	29.13bc	29.19bc	28.98bc	28.11d	29.08bc	28.88c	29.30b	28.34d
14：00	27.89a	27.54b	25.89d	25.39e	26.98c	26.12d	27.44b	27.95a	25.14e
16：00	26.49a	26.53a	25.56b	21.05d	21.60d	25.66b	21.16d	21.29d	23.52c
18：00	14.29e	15.49c	16.66b	14.14e	14.94d	16.96ab	13.06f	13.14f	17.14a
20：00	22.79f	27.46b	29.77a	23.92e	22.75f	25.17d	26.30c	27.24b	23.70e

注 同一行的小写字母表示在 0.05 水平上显著。

4. 叶片温度（T_l）

受不同灌水处理的影响，各处理周围空气环境有明显差异，这种差异在红枣的直观表现就是叶片温度（T_l）不同，而最终影响的是红枣光合特性，因此在漫灌改滴灌条件下，将不同灌水处理 T_l 随时间变化过程绘成图表，见图 5-13 和表 5-6。由图 5-13 和表 5-6 可以看出，T_l 与 T_a 整体变化规律一致，但又有显著差异；各处理 T_l 均在 24.22～42.42℃之间变化，在 10：00 时最小，随后开始迅速上升；在 14：00 时增速开始变慢，在 16：00 时到达峰值，随后开始缓慢下降；14：00—18：00 时间段内 T_l 维持在一个较为稳定的高水平。各处理 T_l 在 14：00—18：00 时间段内均高于同时段 T_a，特别是在 14：00—16：00

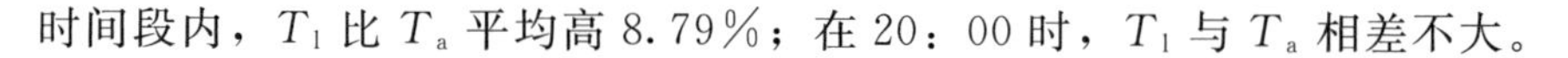

时间段内，T_l 比 T_a 平均高 8.79%；在 20：00 时，T_l 与 T_a 相差不大。

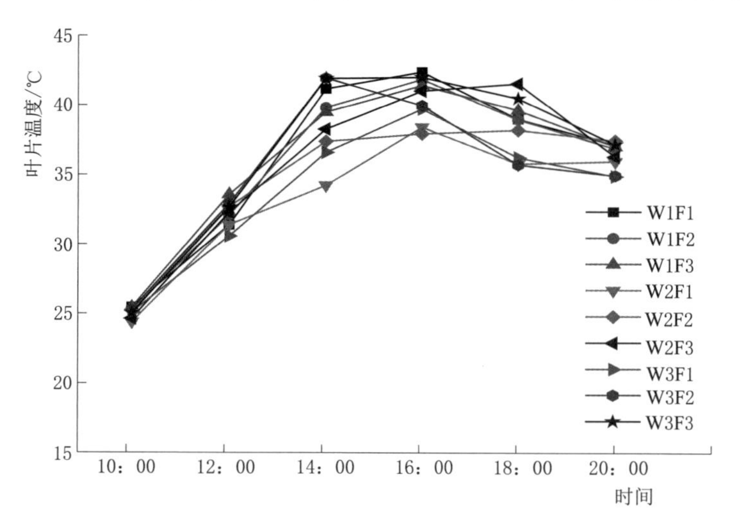

图 5－13　叶片温度日变化

表 5－6　　**不同灌水处理叶片温度日变化**　　单位：℃

时间	W1F1	W1F2	W1F3	W2F1	W2F2	W2F3	W3F1	W3F2	W3F3
10：00	25.31a	25.12ab	25.29a	24.22c	25.10ab	24.47	24.92b	25.13ab	24.87b
12：00	31.28d	32.05c	33.50a	31.30d	32.61b	32.19c	30.47e	32.84b	32.58b
14：00	41.18b	39.82c	39.48c	34.16g	37.35e	38.24d	36.56f	41.97a	41.94a
16：00	42.42a	41.88b	41.44c	38.39f	37.91g	41.04d	39.72e	39.97e	42.03b
18：00	38.98d	38.95d	39.63c	35.74g	38.18e	41.57a	36.19f	35.67g	40.49b
20：00	37.11ab	36.85b	37.01b	35.92d	37.42a	36.27c	34.84e	34.89e	37.15ab

注　同一行的小写字母表示在 0.05 水平上显著。

二、漫灌改滴灌红枣光合特性研究

1. 灌水对漫灌改滴灌红枣净光合速率（P_n）的影响

将试验测得的漫灌改滴灌不同灌水处理的红枣净光合速率日变化结果绘成图表，见图 5－14 和表 5－7。由图 5－14 和表 5－7 可以看出，不同灌水处理之间的红枣净光合速率差异明显，但整体上日变化规律相似，呈现“上升—下降—上升—下降”的典型双峰变化趋势，各灌水处理 P_n 在 3.98～12.62mol/(m^2·s)之间变化，均在 12：00 时出现第一个峰值，18：00 时出现第二个峰值，每个处理两个峰值之间相差不大；10：00时与20：00时净光合速率相差不大。10次灌水处理W1F1、W2F1、W3F1在14：00—18：00时间出现明显的光合午休现象，14次灌水处理W1F2、W2F2、W3F2在12：00—16：00时间出现明显的光合午休现象；18次灌水处理W1F3、W2F3在12：00—16：00时间出现明显的光合午休现象，W3F3处理在14：00和16：00相差不大。W1F1、W2F1、W3F1的 P_n 日均值比较结果为W3F1[8.46mol/(m^2·s)]>W2F1[7.87mol/(m^2·s)]>W1F1 [6.91mol/(m^2·s)]；W1F2、W2F2、W3F2的 P_n 日均值比较结果为W3F2[9.35mol/(m^2·s)]>W2F2[7.91mol/(m^2·s)]>W1F2[7.63mol/(m^2·s)]；W1F3、W2F3、W3F3的 P_n 日均值结果比较为W3F3[8.71mol/(m^2·s)]>W2F3[8.32mol/(m^2·s)]>W1F3 [8.23mol/(m^2·s)]，由上可以看出在相同灌水次数条件下 P_n 日均值随着灌溉定额的增大而增大，在相同灌溉定额水平条件下，增加灌水次数可以明显提高净光合速率 P_n，特别是在低、高灌溉定额水平条件下。

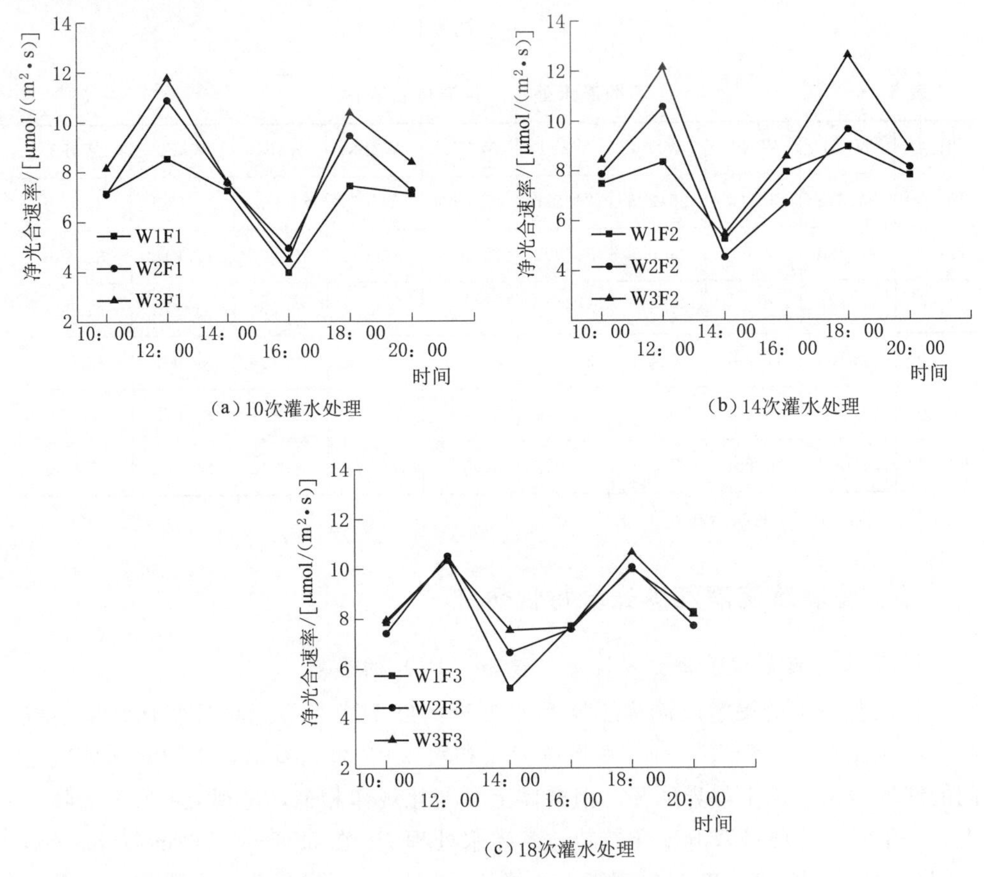

图5-14 不同灌水处理净光合速率日变化

表 5-7　不同灌水处理的红枣净光合速率日变化　单位：mol/(m^2·s)

时间	W1F1	W1F2	W1F3	W2F1	W2F2	W2F3	W3F1	W3F2	W3F3
10：00	7.15cd	7.48c	7.86b	7.11d	7.87b	7.42cd	8.15ab	8.43a	7.95b
12：00	8.53e	8.34e	10.34d	10.88c	10.57cd	10.52d	11.77b	12.15a	10.34d
14：00	7.25b	5.26d	5.22d	7.57ab	4.53	6.64c	7.61a	5.47d	7.54ab
16：00	3.98g	7.94b	7.70bc	4.95e	6.69d	7.58c	4.50f	8.56a	7.64bc
18：00	7.43f	8.94e	9.98cd	9.44d	9.65d	10.05c	10.37bc	12.62a	10.65b
20：00	7.11e	7.80cd	8.25b	7.25e	8.13bc	7.70d	8.38b	8.86a	8.16b

注　同一行的小写字母表示在 0.05 水平上显著。

2. 灌水对漫灌改滴灌红枣蒸腾速率（T_r）的影响

将试验测得的漫灌改滴灌不同灌水处理的红枣蒸腾速率日变化结果绘成图表，见图 5-15 和表 5-8。由图 5-15 和表 5-8 可以看出，不同灌水处理之间的红枣蒸腾速率差异明显，但整体上日变化规律相似，呈现“上升—下降”的

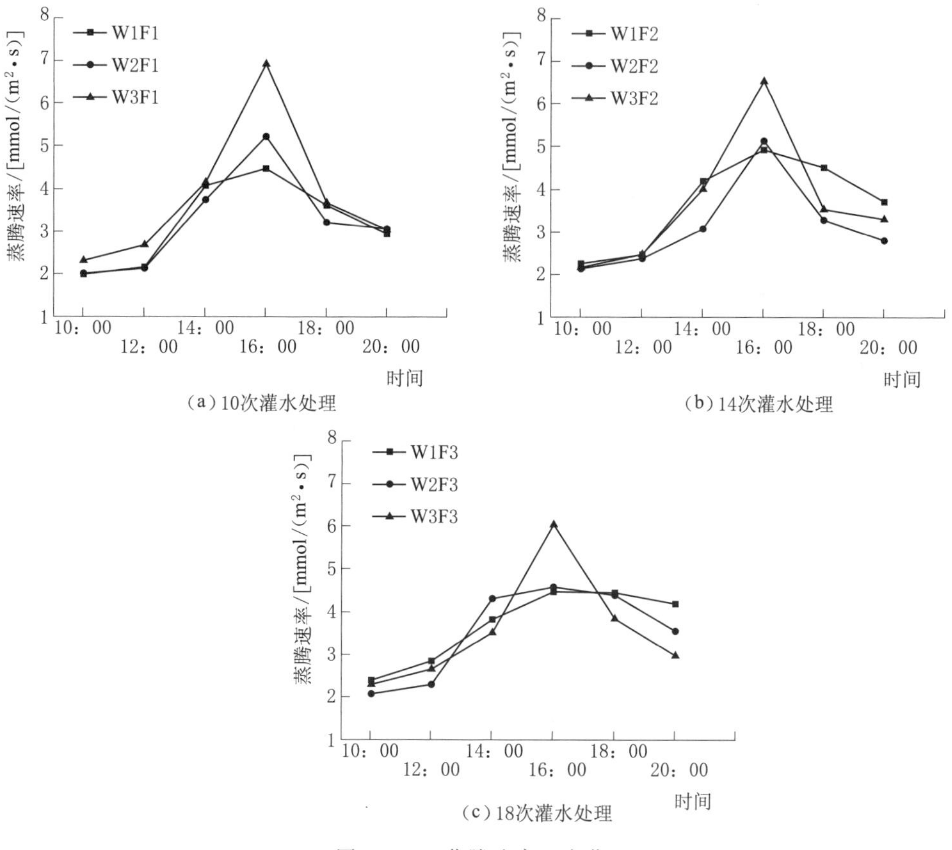

图 5-15　蒸腾速率日变化

典型单峰变化趋势，所有灌水处理 T_r 在 1.99～6.92mmol/(m^2 · s) 之间变化，均在 16：00 时出现峰值，相同灌水次数条件下，1200mm 灌溉定额处理 T_r 峰值明显高于 900mm、1050mm 灌溉定额处理；10：00 时各处理的 T_r 最低，在 1.99～2.39mmol/(m^2 · s) 之间变化，之后随着光强增强、气温增大而迅速上升，达到峰值后随着光强降低、气温下降而开始下降。20：00 时 10 次灌水频次各处理 T_r 相差不大，14 次、18 次灌水频次各处理 T_r 差异明显。W1F1、W2F1、W3F1 的 T_r 日均值比较结果为 W3F1 [3.80mmol/(m^2 · s)]＞W2F1 [3.23mmol/(m^2 · s)]＞W1F1 [3.21mmol/(m^2 · s)]；W1F2、W2F2、W3F2 的 T_r 日均值比较结果为 W3F2 [3.67mmol/(m^2 · s)] ＝W1F2 [3.67mmol/(m^2 · s)]＞W2F2 [3.13mmol/(m^2 · s)]；W1F3、W2F3、W3F3 的 T_r 日均值比较结果为 W1F3 [3.69mmol/(m^2 · s)]＞W3F3 [3.55mmol/(m^2 · s^1)]＞W2F3 [3.53mmol/(m^2 · s)]，由上可以看出在 10 次、14 次灌水次数条件下 1200mm 灌溉定额处理 T_r 日均值明显大于 1050mm、900mm 灌溉定额处理，18 次灌水次数时，各灌溉定额处理 T_r 日均值差别不大。在 900mm、1050mm 灌溉定额水平条件下，增加灌水次数可以明显提高蒸腾速率 T_r，在 1200mm 灌溉定额水平条件下，蒸腾速率 T_r 随着灌水次数的增加而缓慢减小。

表 5－8　　不同灌水处理的红枣蒸腾速率日变化　　单位：mmol/(m^2 · s)

时间	W1F1	W1F2	W1F3	W2F1	W2F2	W2F3	W3F1	W3F2	W3F3
10：00	1.99b	2.25a	2.39a	2.01b	2.13a	2.07ab	2.31a	2.16a	2.29a
12：00	2.16c	2.46b	2.84a	2.13c	2.37bc	2.29c	2.68ab	2.47b	2.65ab
14：00	4.07ab	4.19a	3.82b	3.74bc	3.07d	4.31a	4.15a	4.01ab	3.51c
16：00	4.47f	4.92de	4.47f	5.22d	5.13d	4.58ef	6.92a	6.53b	6.04c
18：00	3.61b	4.51a	4.45a	3.21c	3.28c	4.39a	3.67b	3.53bc	3.84b
20：00	2.94e	3.71b	4.19a	3.06d	2.80e	3.55bc	3.04d	3.31cd	2.97de

注　同一行的小写字母表示在 0.05 水平上显著。

3. 灌水对漫灌改滴灌红枣气孔导度（*Cond*）的影响

将试验测得的漫灌改滴灌不同灌水处理的红枣气孔导度日变化结果绘成图表，见图 5－16 和表 5－9。由图 5－16 和表 5－9 可以看出不同灌水处理之间的红枣气孔导度差异明显，但日变化规律相似，呈"上升—下降—上升—下降"的典型双峰变化趋势，各灌水处理 *Cond* 在 0.027～0.131mol/(m^2 · s) 之间变化，均在 12：00 时出现第一个峰值，18：00 时出现第二个峰值，每个处理两峰值之间相差不大；10：00 时与 20：00 时 *Cond* 相差不大。10 次灌水处理 W1F1、W2F1、W3F1 的 *Cond* 在 12：00 之后迅速下降，到达 16：00 时降至最低；14 次灌水处理 W1F2、W2F2、W3F2 的 *Cond* 在 12：00 之后迅速下降，在 14：00 时降至最低；18 次灌水处理 W1F3、W3F3 的 *Cond* 在 12：00 之后迅速下降，在 14：00 降至最低，但 14：00 与 16：00 时相差不大；W3F3 处理的 *Cond* 与 W2F3 处理规律一致。W1F1、W2F1 和 W3F1 的 *Cond* 日均值比较结果为 W3F1 [0.078mol/(m^2 · s)] > W2F1 [0.066mol/(m^2 · s)] > W1F1 [0.056mol/(m^2 · s)]；W1F2、W2F2、W3F2 的 *Cond* 日均值比较结果为 W3F2 [0.093mol/(m^2 · s)]>W2F2 [0.065mol/(m^2 · s)]>W1F2 [0.064mol/(m^2 · s)]；W1F3、W2F3、W3F3 的 *Cond* 日均值比较结果为 W1F3 [0.077mol/(m^2 · s)] =W2F3 [0.077mol/(m^2 · s)]>W3F3 [0.074mol/(m^2 · s)]，由上可知在 10 次、14 次灌水次数条件下 *Cond* 日均值随着灌溉定额的增大而增大，在 18 次灌水次数条件下 *Cond* 随灌溉定额的增大变化不大；在 900mm、1050mm 灌溉定额水平条件下，增加灌水次数可以明显提高 *Cond*，在 1200mm 灌溉定额水平条件下，*Cond* 随着灌水次数的增加呈先增大后减小的趋势。

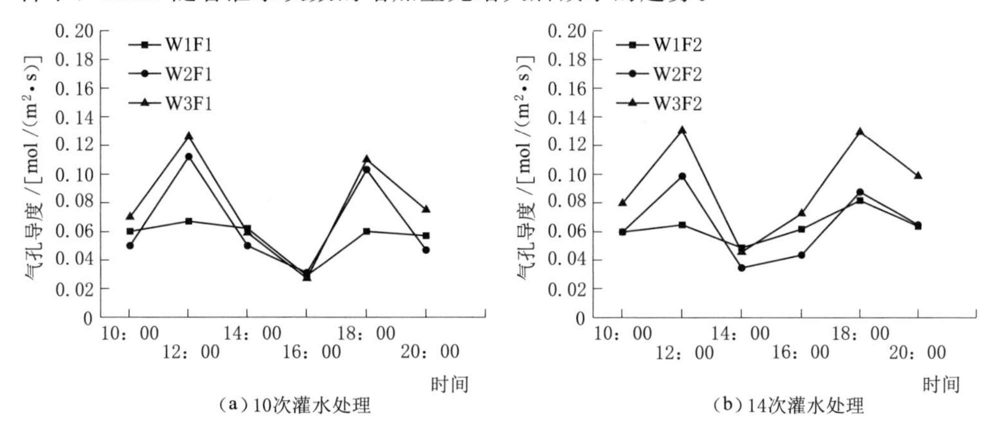

(a) 10次灌水处理　(b) 14次灌水处理

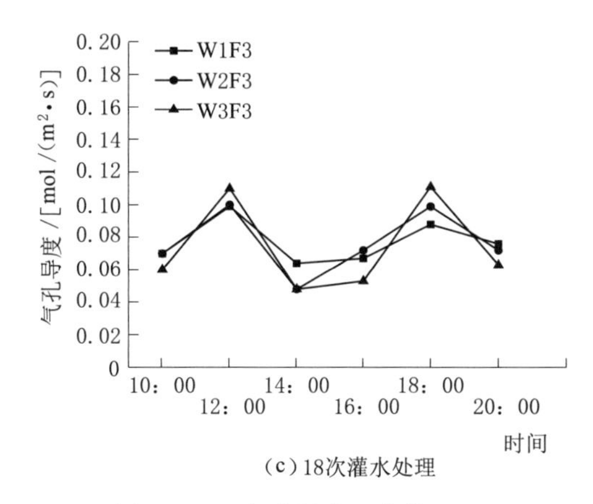

(c) 18次灌水处理

图 5-16　气孔导度日变化

表 5-9　　不同灌水处理的红枣气孔导度日变化　　单位：mol/(m² · s)

时间	W1F1	W1F2	W1F3	W2F1	W2F2	W2F3	W3F1	W3F2	W3F3
10：00	0.060bc	0.062bc	0.071ab	0.052c	0.061bc	0.071ab	0.072ab	0.081a	0.061bc
12：00	0.067d	0.065d	0.099c	0.112bc	0.099c	0.112b	0.126ab	0.131a	0.113b
14：00	0.062a	0.049a	0.064a	0.051a	0.035b	0.048b	0.059a	0.046b	0.048ab
16：00	0.029d	0.062ab	0.067ab	0.031d	0.044cd	0.072a	0.027d	0.073a	0.053bc
18：00	0.061d	0.082c	0.088c	0.103b	0.088c	0.099bc	0.113b	0.133a	0.111b
20：00	0.057c	0.064bc	0.076b	0.047c	0.065b	0.072b	0.075b	0.099a	0.063bc

注　同一行的小写字母表示在 0.05 水平上显著。

4. 灌水对漫灌改滴灌红枣胞间 CO_2 浓度（C_i）的影响

将试验测得的漫灌改滴灌不同灌水处理的红枣胞间 CO_2 浓度日变化结果绘成图表，见图 5-17 和表 5-10。由图 5-17 和表 5-10 可知不同处理之间的红枣胞间 CO_2 浓度差异明显，但日变化规律相似，呈现“下降—上升”的变化趋势，所有灌水处理 C_i 在 108.3～325.16μmol/mol 之间变化，均在 10：00 时最

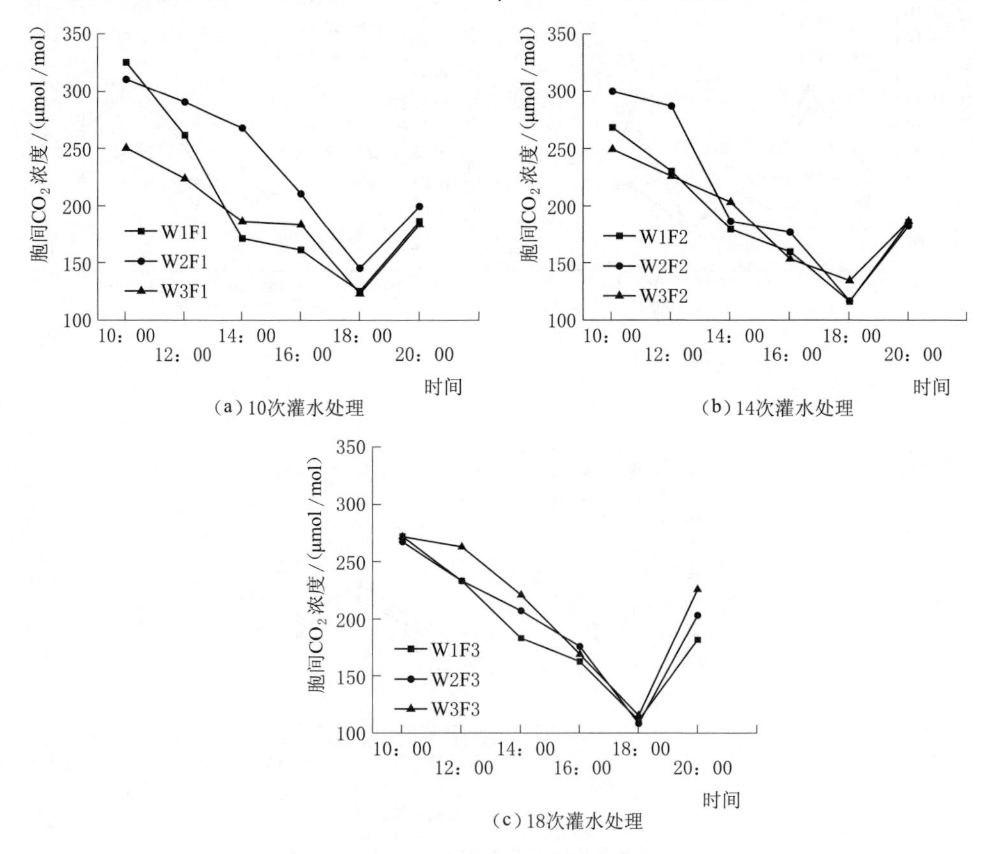

图 5-17　胞间 CO_2 浓度日变化

大，之后开始迅速降低，在 18：00 时到达最小值，之后开始回升。W1F1、W2F1、W3F1 的 C_i 日均值比较结果为 W2F1（237.19μmol/mol）＞W1F1（205.11μmol/mol）＞W3F1（191.73μmol/mol）；W1F2、W2F2、W3F2 处理的 C_i 日均值比较结果为 W2F2（207.91μmol/mol）＞W3F2（191.86μmol/mol）＞W1F2（189.71μmol/mol）；W1F3、W2F3、W3F3 处理的 C_i 日均值比较结果为 W3F3（210.54μmol/mol）＞W2F3（198.78μmol/mol）＞W1F3（190.25μmol/mol），由上可以看出在 10 次、14 次灌水次数条件下 1050mm 灌溉定额处理的 C_i 日均值明显大于 1200mm、900mm 灌溉定额处理，18 次灌水次数时，各灌溉定额处理 C_i 日均值随着灌溉定额的增加而增大。在 900mm、1050mm 灌溉定额水平条件下，10 次灌水次数处理的 C_i 明显大于 14 次、18 次灌水处理，在 1200mm 灌溉定额水平条件下，18 次灌水处理胞间 CO_2 浓度 C_i 明显大于 10 次、14 次灌水处理，10 次和 14 次灌水处理之间差别不大。

表 5-10　　不同灌水处理的红枣胞间二氧化碳浓度日变化　　单位：μmol/mol

时间	W1F1	W1F2	W1F3	W2F1	W2F2	W2F3	W3F1	W3F2	W3F3
10：00	325.16a	267.89c	271.41c	310.23ab	299.42b	266.71cd	250.23de	248.96e	271.18c
12：00	261.31b	229.82c	232.65c	290.29a	286.59a	232.72c	223.59c	225.55c	262.33b
14：00	171.26e	179.29e	182.65e	267.64a	186.09d	206.70bc	186.25de	202.79cd	220.47b
16：00	161.23cd	159.53cd	162.22cd	210.29a	176.59bc	175.38bc	183.61b	153.21d	168.54bcd
18：00	125.34b	116.21c	111.20c	145.35a	116.59c	108.31c	123.14bc	134.34ab	115.34c
20：00	186.37b	185.55bc	181.35c	199.36bc	182.16c	202.84b	183.54c	186.32b	225.39a

注　同一行的小写字母表示在 0.05 水平上显著。

5. 灌水对漫灌改滴灌红枣叶片水分利用效率（*WUE*）的影响

将试验测得的漫灌改滴灌不同灌水处理的红枣叶片水分利用效率日变化结果分别绘成图表，见图 5-18 和表 5-11。由图 5-18 和表 5-11 可以看出，不同灌水处理的红枣叶片水分利用效率日变化整体上均呈"上升—下降—上升"的变化趋势，各灌水处理叶片水分利用效率值在 10：00 时相差不大，最大值均出现在 12：00 时，以 W2F1 处理最大，为 5.11mol/mmol；各灌水处理叶片水分利用效率最小值出现在 14：00 或 16：00 时，以 W3F1 处理最小，为 0.65mol/mmol。在整个观测阶段内，W2F1、W2F2 处理的叶片水分利用效率明显高于 W1F1、W1F2 和 W1F3 处理，略高于 W3F1 和 W3F3 处理，略低于 W3F2 处理，由此说明，漫灌改滴灌红枣叶片水分利用效率受到灌溉定额和灌水次数的双因素影响，合理的灌溉定额和灌水次数可以提高叶片水分利用效率，而一味地增大灌溉定额并不能有效提高叶片水分利用效率。

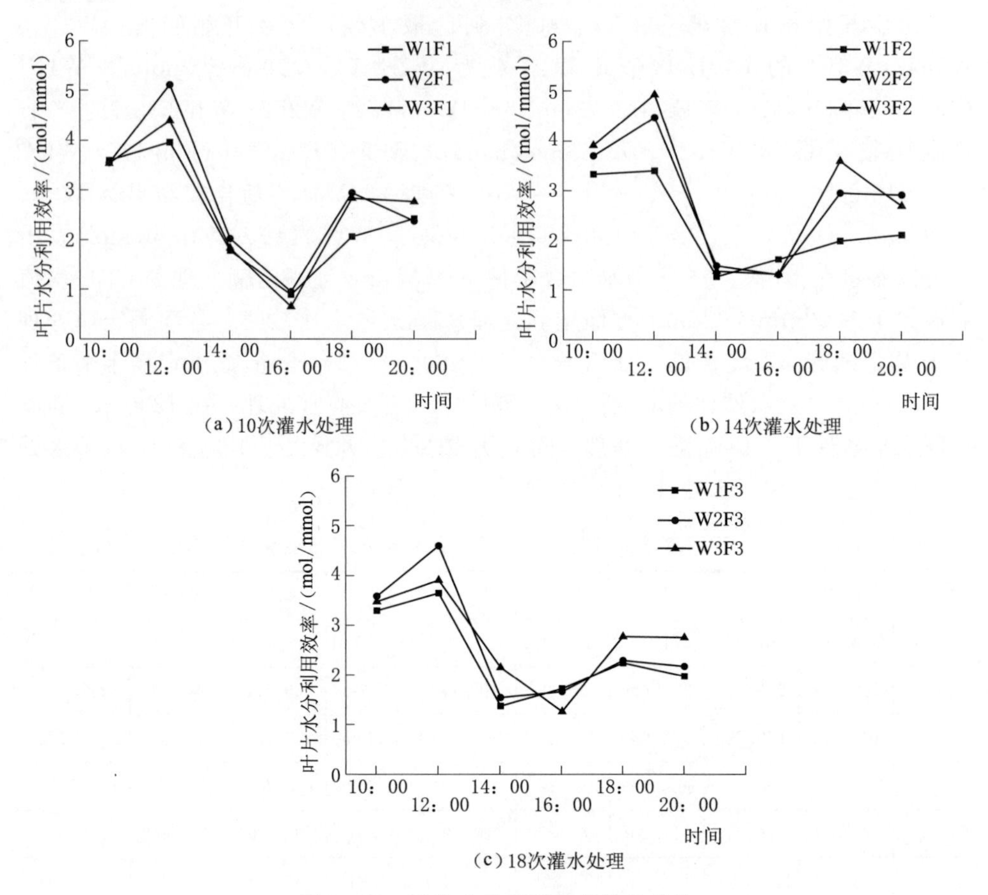

(a) 10次灌水处理

(b) 14次灌水处理

(c) 18次灌水处理

图 5-18 叶片水分利用效率的日变化

表 5-11 不同灌水处理的红枣叶片水分利用效率的日变化 单位：mol/mmol

时间	W1F1	W1F2	W1F3	W2F1	W2F2	W2F3	W3F1	W3F2	W3F3
10：00	3.59bc	3.32cd	3.29d	3.54bc	3.69b	3.58bc	3.53bc	3.91a	3.47c
12：00	3.95e	3.39g	3.64f	5.11a	4.46cd	4.59c	4.39d	4.92b	3.90e
14：00	1.78c	1.26e	1.37de	2.02ab	1.48d	1.54d	1.83bc	1.37de	2.15a
16：00	0.89c	1.61a	1.72a	0.95c	1.30b	1.66a	0.65d	1.31b	1.26b
18：00	2.06d	1.98d	2.24c	2.94b	2.94b	2.29c	2.83b	3.58a	2.77b
20：00	2.42c	2.10de	1.97e	2.37c	2.90a	2.17d	2.76ab	2.68b	2.75ab

注 同一行的小写字母表示在 0.05 水平上显著。

6. 漫灌改滴灌红枣光合特性方差分析

对漫灌改滴灌红枣光合特性日变化中的各项光合指标（净光合速率、蒸腾速率、叶片水分利用效率）进行灌溉定额和灌水次数显著性方差分析，结果见

表 5-12。不同灌溉定额处理对净光合速率、蒸腾速率和叶片水分利用效率具有极显著影响；不同灌水次数处理对红枣日变化净光合速率和蒸腾速率具有极显著影响，灌溉定额和灌水次数组合对红枣日变化的净光合速率、蒸腾速率、叶片水分利用效率均具有极显著影响。方差分析结果表明灌溉定额与灌水次数对漫灌改滴灌红枣的光合特性存在极显著的影响，即对漫灌改滴灌红枣的营养生长也存在显著的影响，科学合理的灌溉定额与灌水次数有助于漫灌改滴灌红枣的生长发育。

表 5-12　漫灌改滴灌红枣光合特性方差分析

	净光合速率		蒸腾速率		叶片水分利用效率	
源	统计量 F	显著性 $Sig.$	统计量 F	显著性 $Sig.$	统计量 F	显著性 $Sig.$
模型	143.581	0.000	18.043	0.000	15.226	0.000
灌溉定额	361.463**	0.000	32.363**	0.000	48.603**	0.000
灌水次数	115.663**	0.000	7.063**	0.005	2.503	0.110
灌溉定额×灌水次数	48.598**	0.000	16.373**	0.000	4.898**	0.008

注　*表示在 0.05 水平显著，**表示在 0.01 水平极显著以下表中同。

第四节　灌水对漫灌改滴灌红枣生长和耗水量的影响

漫灌改滴灌后，不同灌水处理直观表现是红枣生长环境的土壤水分变化，土壤水分变化直接引起枣树体内生理变化，而这些生理变化最终都会从红枣的外部形态上表现出来。本节观测了不同灌水处理的枣树干周、株高、新梢生长速率、品质、耗水量、产量和水分利用效率六大指标，对比分析不同处理对其产生的具体影响。

灌水是影响漫灌改滴灌红枣生长、产量、品质和水分利用效率的关键因子，通过对灌溉定额和灌水次数双因子不同组合下的干周、株高、新梢生长速率等生长指标以及产量、品质等指标的测定与分析，阐明灌溉定额和灌水次数对漫灌改滴灌红枣生长、产量和品质均有影响。

在漫灌改滴灌红枣的生长发育过程中，随着红枣生长时期的进行，不同灌溉定额和灌水次数组合处理下的红枣生长指标和产量品质虽然整体上表现趋势一致，但不同灌水组合处理的具体表现形式差异明显，由红枣干周、新梢变化的表现形式可看出，经过一个生育期的生长，相同灌溉定额条件下，10 次灌水处理的干周增长百分率显著高于 14 次、18 次灌水处理，说明增大灌水次数不利于干周的生长；而 14 次、18 次灌水处理 W2F3、W3F2 和 W3F3 的新梢长度、直径增长量与日均增长量均在新梢生长阶段初期与后期高于其他漫灌改滴灌处理，由上可知，中高水平灌溉定额下增加灌水次数可以减少干周的生长发育，将更多的水分和养分供给于新梢，增加新梢的发生，加快新梢的生长。各灌水处理新梢长度和直径变化规律一致，均表现为新梢初期快速增加，之后增长速率快速下降。不同灌溉定额和灌水次数对漫灌改滴灌红枣品质也有显著的影响，在不同灌溉定额条件下单果质量和核质量成负相关关系，单果质量大核质量反而小，1050mm灌溉定额处理可食率显著高于其他灌溉定额处理；不同灌水次数条件下，单果质量与核质量成正相关关系，灌水次数对可食率没有显著影响。漫灌改滴灌红枣的株高随灌溉定额的增大而增大，灌水次数对株高没有影响。总糖含量随着灌溉定额的增加均呈先减少后增大的趋势，1200mm灌溉定额处理维生素C含量略低于900mm、1050mm处理；10次灌水频率处理总糖含量、维生素C含量明显高于14次、18次，说明10次灌水频率更有利于糖分和维生素C的积累。所有改滴灌处理的总糖含量和维生素C含量均高于漫灌处理，特别是维生素C含量，说明改滴灌可以有效提高红枣维生素C的含量。

不同灌溉定额与灌水次数条件下红枣的耗水规律表现为：相同灌水次数下各灌水处理整个生育期耗水量均随着灌溉定额的增加而增大，另外，增大灌溉定额主要提升了花期和膨大期的阶段耗水量，同时花期、膨大期耗水量占整个生育期比重较大，因此花期、果实膨大期为枣树的需水关键期。在900mm灌溉定额条件下，18次灌水频率处理全生育期耗水量显著高于10次、14次灌水处理，其他灌溉定额条件下，不同灌水次数处理全生育期耗水量差别不大。各灌水处理红枣的阶段耗水量呈现“上升—下降—上升—下降”的变化趋势，白熟期最大，其次是花期，萌芽期最小；日均耗水量呈现先增大后减小的变化趋势，白熟期最大，其次是花期，完熟期最小。从产量上来看，本试验中14次、18次灌水频率、1050mm灌溉定额产量较高，相比之下，王则玉等（2015）在同一地区研究的9年生连续滴灌红枣适宜灌溉定额约为800mm，而本试验中漫灌改滴灌后900mm灌溉定额处理株高显著较低，连续两年均产量较低，说明连续滴灌红枣灌溉定额并不适宜于漫灌改滴灌。增加灌水次数显著提升了灌溉定额对产量的影响程度，在1050mm灌溉定额下，采用高频灌溉能够有效增加产量。本试验条件下，灌溉定额1050mm、灌水次数18次处理的产量连续两年均最高，2015年为7149kg/hm^2，2016年为7549kg/hm^2，相比漫灌有效节约灌溉水量30%，提高水分利用效率50%以上。

一、不同灌水处理对漫灌改滴灌红枣生长指标和品质的影响

1. 不同灌水处理对枣树干周的影响

枣树干周大小是红枣丰产的先决条件之一，干周增长快慢是枣树营养状况的直接体现。不同灌水情况下漫灌改滴灌枣树干周大小见表5-13。由表5-13

可知，经过一个生育阶段的生长，相同灌溉定额条件下，10次灌水处理的干周增长百分率显著高于14次、18次灌水处理，说明增大灌水次数不利于枣树干周的生长。相同灌水次数条件下，1050mm灌溉定额处理的干周增长百分率明显高于900mm、1200mm灌水处理，说明漫灌改滴灌条件下1050mm灌溉定额更有利于枣树干周的生长。W1F1、W2F1、W3F1处理的干周增长百分率比漫灌对照处理CK分别高出1.27%、6.51%和3.06%，说明在10次灌水条件下滴灌相比漫灌更有利于干周的增长。所有处理中，W2F1处理干周增长百分率最大，W1F3干周增长百分率最小，说明低水高频对枣树干周的生长有明显抑制作用。

表5-13　　不同灌水处理下漫灌改滴灌枣树干周变化

处理	2016年5月干周/cm	2016年10月干周/cm	干周变化量/cm	增长百分率/%
W1F1	38.4de	43.2c	4.8bc	12.50
W1F2	37.6e	41.3d	3.7d	9.80
W1F3	42.5b	46.4b	3.9d	9.18
W2F1	38.9d	45.8b	6.9a	17.74
W2F2	42.4b	48.0a	5.6b	13.21
W2F3	44.0a	48.3a	4.3cd	9.77
W3F1	37.1e	42.4cd	5.3b	14.29
W3F2	39.9c	43.7c	3.8d	9.52
W3F3	38.9d	43.5c	4.6c	11.83
CK	37.4e	41.6d	4.2cd	11.23

注　同一列的小写字母表示在0.05水平上显著。

2. 不同灌水处理对红枣株高的影响

株高的大小直接影响着枣树的枝叶密度和光合利用效率，是红枣能否丰产的基础条件之一。不同灌水处理条件下漫灌改滴灌红枣株高见表5-14。由表5-14可知，相同灌溉定额时，灌水次数对红枣株高的影响不大。灌溉定额对株高有显著影响，红枣株高随着灌溉定额的增加而增加，2015年当灌溉定额从900mm增加到1050mm时，株高增加20cm，变化显著；继续增加到1200mm时株高增加10cm，逐渐趋于平稳；2016年当灌溉定额从900mm增加到1050mm时，株高增加15cm，变化显著；继续增加到1200mm时株高不再变化。在900mm、1050mm灌溉定额条件下，同等灌溉定额时2016年枣树株高显著高于2015年，这可能是因为2015年是红枣由常年漫灌改为滴灌的第一年，常年漫灌枣树主要根系分布深而广，改为滴灌这种局部灌溉方式后，由于灌溉定额较小，有限的湿润范围与常年漫灌枣树根系分布特点不相匹配，不利于枣树对水分、养分的吸收，显著抑制了株高的生长；经过一年的滴灌，枣树根系分布必然发生变化，向着有利于水分和养分吸收的趋势生长，使得2016年改滴灌后对株高的“抑制作用”明显降低。与漫灌处理CK相比，相同株高条件下改滴灌可有效节水30%。

表5-14 不同灌水处理下漫灌改滴灌红枣株高变化 单位：cm

处理	2015年10月株高	2016年10月株高
W1F1	155c	170b
W1F2	155c	170b
W1F3	155c	170b
W2F1	175b	185a
W2F2	175b	185a
W2F3	175b	185a
W3F1	185a	185a
W3F2	185a	185a
W3F3	185a	185a
CK	185a	185a

注 同一列的小写字母表示在0.05水平上显著。

3. 不同灌水处理对红枣新梢生长速率的影响

枣树不同灌水处理2016年观测时段内新梢长度和直径的变化趋势见表5-15，从表5-15可以看出，5月5—20日各灌水处理枣树新梢变化处于一个快速生长阶段，其中W2F3和W2F2处理新梢长度增长量分别达到了58cm、57cm，日均增长量分别为3.87cm/d、3.8cm/d，比漫灌CK处理增长量分别高出了11cm、10cm，日均增长量分别高出0.73cm/d、0.67cm/d；其中W3F3和W3F2处理新梢直径增长量分别达到了5.9mm、5.6mm，日均增长量分别为0.39cm/d、0.37cm/d，比漫灌CK处理增长量分别高出了0.7mm、0.4mm，日均增长量分别高出0.05mm/d、0.03mm/d。5月20—31日各灌水处理枣树新梢增长开始变缓，其中W3F1和W2F1处理新梢长度增长量分别达到了22cm、21cm，日均增长量分别为2.00cm/d、1.91cm/d，比漫灌CK处理增长量分别高出了7cm、6cm，日均增长量分别高出0.64cm/d、0.55cm/d；其中W1F2和W1F1处理新梢直径增长量分别达到了3.4mm、3.3mm，日均增长量分别为0.31mm/d、0.30mm/d，比漫灌CK处理增长量分别高出了2.1mm、2.0mm，日均增长量分别高出0.19mm/d、0.18mm/d。5月31日至6月11日各灌水处理枣树生长进入开花初期阶段，新梢生长更加缓慢，其中W1F3和W3F2处理新梢长度增长量分别达到了18cm、17cm，日均增长量分别为1.64cm/d、1.55cm/d，比漫灌CK处理增长量分别高出了5cm、4cm，日均增长量分别高出

0.45cm/d、0.36cm/d；其中 W2F3 和 W3F3 处理新梢直径增长量分别达到了 3.7mm、3.1mm，日均增长量分别为 0.34mm/d、0.28mm/d，比漫灌 CK 处理增长量分别高出了 0.8mm、0.2mm，日均增长量分别高出 0.07mm/d、0.02mm/d。由上可知，中高水平灌溉定额和灌水次数可显著增加新梢生长阶段初期与后期的新梢长度、直径。

表 5-15　不同灌水处理 2016 年观测时段内新梢长度和直径变化

处理	项目	5月5日	5月20日	5月31日	6月11日
W1F1	梢长/cm	14	62	83	94
	直径/mm	3.3	7.5	10.8	12.3
W1F2	梢长/cm	11	57	74	90
	直径/mm	3.3	8	11.4	11.9
W1F3	梢长/cm	12	57	72	90
	直径/mm	2.9	7	9.2	10.3
W2F1	梢长/cm	14	61	82	94
	直径/mm	3.9	7.4	10.5	13.4
W2F2	梢长/cm	13	70	85	97
	直径/mm	3.1	7.3	10.4	12.9
W2F3	梢长/cm	15	73	84	96
	直径/mm	5.1	7.8	10.4	14.1
W3F1	梢长/cm	14	55	77	90
	直径/mm	4.2	7.8	11.1	12.6
W3F2	梢长/cm	14	60	75	92
	直径/mm	3.6	9.2	11.6	13
W3F3	梢长/cm	15	65	76	88
	直径/mm	3.2	9.1	11.2	14.3
CK	梢长/cm	18	65	80	93
	直径/mm	3.6	8.8	10.1	13

4. 不同灌水处理对红枣品质的影响

（1）灌溉定额对红枣品质的影响。由于规律相似，本节仅以 2015 年 14 次灌水频率条件下不同灌溉定额处理红枣品质为例分析灌溉定额对漫灌改滴灌红枣品质的影响，将不同灌溉定额处理红枣果实纵横径、果核质量、总糖、总酸和维生素 C 等数据汇总，见表 5-16。由表 5-16 可知，W1F2 处理果实横径和纵径显著（$P<0.05$）高于其他灌水处理，W2F2 处理果实纵径显著（$P<0.05$）低于其他灌水处理，说明改滴灌后 900mm 灌溉定额会增加果实纵横径；W2F2

处理果形指数显著低于其他处理，而 W1F2、W3F2 和 CK 处理之间果形指数无显著差异，说明 1050mm 灌溉定额处理对果形指数有降低的影响。从表 5－16 中还可以看出各处理果核质量、可食率、总糖、总酸、维生素 C 含量差异性显著（$P<0.05$），其中单果质量从大到小为 W2F2、CK、W3F2、W1F2，果核质量从大到小依次为 W1F2、W3F2、CK、W2F2，单果质量和果核质量成负相关关系，单果质量大果核质量反而小；900mm 灌溉定额处理可食率显著低于其他灌水处理，说明 900mm 灌溉定额处理使得核生长发育所需水分比例增加，从果核质量和可食率上来看 W2F2 和 CK 处理最为相近。总糖含量从大到小依次为 W1F2、W3F2、CK、W2F2，总糖含量随着灌溉定额的增加均呈现出先减少后增大的趋势；改滴灌各处理总酸含量均显著高于漫灌 CK，其中 W2F2 处理总酸含量最高，为 11.06g/kg，比 W1F2、W3F2 和 CK 处理分别高出 15.00%、11.21%、20.25%；各处理维生素 C 含量差异极显著（$P<0.05$），W1F2 处理维生素 C 含量最高，为 102.97mg/100g，漫灌处理 CK 最低，为 36.12mg/100g，可以看出漫灌改滴灌可以有效提高红枣维生素 C 的含量。

表 5－16　2015 年 14 次滴水频率条件下不同灌溉定额处理红枣的品质

处理	横径/mm	纵径/mm	果形指数/(mm/mm)	单果质量/g	果核质量/g	可食率/%	总糖质量分数/(g/100g)	总酸质量分数/(g/kg)	维生素 C 质量分数/(mg/100g)
W3F2	22.9b	38.0b	1.66a	7.956a	0.562b	92.9b	61.5b	9.82b	96.28b
W2F2	23.4b	36.3c	1.55b	8.438a	0.426c	95.0a	57.8c	11.06a	102.36a
W1F2	25.5a	42.6a	1.67a	6.167b	0.673a	89.1c	62.6a	9.40b	102.97a
CK	22.3b	39.3b	1.76a	8.399a	0.431c	94.9a	58.6c	8.82c	36.12c

注　同一列的小写字母表示在 0.05 水平上显著。

（2）灌水次数对红枣品质的影响。由于规律相似，本节仅以 2015 年 1050mm 灌溉定额条件下不同灌水次数处理红枣品质为例分析灌水次数对漫灌改滴灌红枣品质的影响，将不同灌水次数处理红枣果实纵横径、果核质量、总糖、总酸和维生素 C 等数据汇总，见表 5－17。由表 5－17 可知，W2F3 处理果实纵横径、单果质量、果核质量显著（$P<0.05$）高于 W2F1、W2F2 处理，说明增加灌水次数可以有效增大果实纵横径、单果质量、核质量。各处理随着灌水次数的增加，果形指数缓慢增加、可食率缓慢减小，但二者差异均不显著，说明灌水次数对红枣果形指数和可食率没有显著影响。各处理总糖、总酸、维生素 C 含量差异性显著（$P<0.05$），其中总糖质量分数从大到小依次为 W2F1、W2F3、W2F2，总酸质量分数从大到小依次为 W2F2、W2F3、W2F1，漫灌改滴灌后 10 次灌水频率处理总糖含量显著最高、总酸显著最低，说明 10 次灌水频

率更有利于糖分的积累；各处理维生素C含量差异极显著，随着灌水次数的增加呈现降低的趋势，均极显著高于漫灌处理（36.12mg/100g）。

表5-17 2015年1050mm灌溉定额条件下不同灌水次数处理红枣品质

处理	横径/mm	纵径/mm	果形指数/(mm/mm)	单果质量/g	果核质量/g	可食率/%	总糖质量分数/(g/100g)	总酸质量分数/(g/kg)	维生素C质量分数/(mg/100g)
W2F1	21.3b	34.0b	1.60a	7.268b	0.388b	94.7a	60.2a	8.06b	159.52a
W2F2	21.4b	35.1b	1.64a	6.825b	0.397b	94.2a	58.3c	9.26a	139.30b
W2F3	23.2a	39.3a	1.69a	8.521a	0.503a	94.1a	59.2b	8.90a	94.65c

注 同一列的小写字母表示在0.05水平上显著。

二、不同灌水处理对漫灌改滴灌红枣耗水量、产量和水分利用效率的影响

1. 不同灌水处理红枣的耗水规律

根据2016年灌水量、降雨量及土壤水分含量，采用水量平衡方程计算漫灌改滴灌不同灌水处理整个生育期和各个生育阶段的耗水量，计算结果见表5-18。从表5-18可以看出，相同灌水次数下各灌水处理全生育期耗水量均随着灌溉定额的增加而增大，在900mm灌溉定额条件下，18次灌水频率处理全生育期耗水量显著高于10次、14次灌水处理，其他灌溉定额条件下，不同灌水次数处理全生育期耗水量差别不大。各灌水处理红枣的阶段耗水量呈现“上升—下降—上升—下降”的变化趋势，日均耗水量呈现先增大后减小的变化趋势，阶段耗水量的变化规律基本表现为：白熟期＞花期＞膨大期＞新梢期＞完熟期＞萌芽期；日均耗水量规律基本表现为：白熟期＞花期＞膨大期＞新梢期＞萌芽期＞完熟期，各灌水处理花期、膨大期、白熟期的日均耗水量均大于全生育期平均水平，萌芽期、新梢期、完熟期均小于全生育期平均水平。所有改滴灌处理各阶段耗水量、日均耗水量和全生育期耗水量均小于漫灌对照处理。改滴灌各处理萌芽期、新梢期的日均耗水量在3.89～6.37mm之间变化，花期的日均耗水量在6.33～11.07mm之间变化，膨大期的日均耗水量在6.46～10.44mm之间变化，白熟期的日均耗水量在10.48～13.23mm之间变化，完熟期日均耗水量在2.06～3.52mm之间变化。萌芽期和新梢期是根、叶片的发生、新梢的生长阶段，由于枝少叶稀，此阶段耗水量主要以棵间蒸发为主；进入花期和膨大期后，随着新枝的增多、叶片数的增加，蒸腾耗水显著增加；果实白熟期由于生殖需求蒸腾耗水达到最大；进入完熟期后，随着气温的下降，光合作用减弱，叶片逐渐变黄，红枣果实进入糖分的累积阶段，耗水量迅速下降。

表 5-18　　2016 年不同灌水处理红枣的耗水量

处理	萌芽期		新梢期		花期		膨大期		白熟期		完熟期		生育期耗水量/mm
	阶段耗水量/mm	日均耗水量/mm	阶段耗水量/mm	日均耗水量/mm	阶段耗水量/mm	日均耗水量/mm	阶段耗水量/mm	日均耗水量/mm	阶段耗水量/mm	日均耗水量/mm	阶段耗水量/mm	日均耗水量/mm	
W1F1	46.93	4.69	120.49	4.82	220.77	6.69	182.79	6.77	324.88	10.48	115.14	2.21	1011
W1F2	38.91	3.89	131.5	5.26	208.89	6.33	174.42	6.46	367.04	11.84	107.24	2.06	1028
W1F3	48.84	4.88	154.51	6.18	245.19	7.43	193.32	7.16	379.44	12.24	130.70	2.51	1152
W2F1	53.12	5.31	138.02	5.52	315.81	9.57	239.49	8.87	350.92	11.32	175.64	3.38	1273
W2F2	44.17	4.42	131.25	5.25	328.02	9.94	244.68	9.06	355.57	11.47	153.31	2.95	1257
W2F3	42.14	4.21	130.25	5.21	302.28	9.16	244.35	9.05	351.23	11.33	149.75	2.88	1220
W3F1	55.60	5.56	143.5	5.74	301.72	9.14	268.84	9.96	397.12	12.81	169.22	3.25	1336
W3F2	60.63	6.06	155.61	6.22	312.89	9.48	275.31	10.20	410.13	13.23	182.43	3.51	1397
W3F3	54.71	5.47	159.32	6.37	365.15	11.07	281.96	10.44	351.85	11.35	183.01	3.52	1396
CK	72.68	7.27	199.25	7.97	430.65	13.05	347.22	12.86	465.31	15.01	191.89	3.69	1707

全生育期内白熟期、花期、膨大期耗水量占整个生育期比重较大，萌芽期和新梢期相对较小，可以看出花期、膨大期和白熟期为枣树的需水关键期。另外，从表可以看出增大灌溉定额和灌水次数显著提升了花期和膨大期的阶段耗水量，以 W1F1 和 W3F1 为例，当灌溉定额由 900mm 增加到 1200mm 时，各生育期耗水量增幅分别为：萌芽期 18.47%、新梢期 18.57%、花期 36.67%、膨大期 47.08%、白熟期 22.24%。因此在红枣的花期和膨大期因及时灌水施肥，保证水分和养分要求，如果该阶段内植株缺水，会直接影响枣树的生长，最终导致产量降低。

2. 不同灌水处理对红枣产量与水分利用效率的影响

提高作物水分利用效率是国内外干旱、半干旱地区农业研究的一个重点，其最终目的是使用适量的水资源生产出最佳的经济效益，红枣漫灌改滴灌后不同灌水处理观测期耗水量、产量及水分利用效率见表 5-19。从表 5-19 可以看出，除 W1F3、W3F3 处理外，各灌水处理 2016 年全生育期耗水量较 2015 年均有明显降低，相同灌水次数时整个生育期耗水量均随着灌溉定额的增加而增大。在产量方面，2016 年相同灌水处理红枣产量均高于 2015 年，主要是因为本试验地区 2015 年 5 月 18 日 20：30 遭受了暴雨天气并伴有时常约 6min 冰雹，使得枣树的生长在新梢生长阶段受到较大影响，最终导致产量有所减少。2015 年与 2016 年产量规律一致，均表现为 1050mm、1200mm 灌溉定额处理显著高于 900mm 灌溉定额处理，如 2016 年采用 10 次灌水频率，1050mm、1200mm 灌溉定额处理产量分别为 6642kg/hm^2、6933kg/hm^2，较 900mm 灌溉定额处理分别增产 856kg/hm^2 与 1147kg/hm^2，增幅为 14.79%和 19.82%；18 次灌水频率时，1050mm、1200mm 灌溉定额处理产量分别为 7549kg/hm^2、6003kg/hm^2，较 900mm 灌溉定额处理分别增产 2634kg/hm^2 与 1088kg/hm^2，增幅为 53.59% 和 22.13%；可以看出，增加灌水次数后，1050mm、1200mm 灌溉定额处理产量增幅明显增大，说明增加灌水次数显著提升了灌溉定额对产量的影响程度。所有改滴灌处理中，W2F3 产量最高为 7549kg/hm^2，比漫灌 CK 处理（6688kg/hm^2）增产 12.87%，节约水量 30%；其次是 W2F2 产量最高为 7063kg/hm^2，比漫灌 CK 处理（6688kg/hm^2）增产 5.61%，节约水量 30%。以上说明，改滴灌灌溉定额过低使红枣产量明显降低，改滴灌灌溉定额过高也不利于红枣的增产，说明一味盲目地增加灌水量并不是作物增产的有效途径；1050mm 灌溉定额时，增加灌水次数可以提高改滴灌红枣的产量，这与叶含春等（2012）在干旱沙区不同灌溉制度对矮化密植红枣根区土壤水分分布和红枣产量的影响研究所得结论一致，在合理灌溉定额下，采用高频滴灌较低频滴灌能够有效增加产量。

从水分利用效率上看，各灌水处理 2016 年水分利用效率明显高于 2015 年，除受气象因素的影响外，可能与改滴灌后枣树的根系变化相关，经过一个生育期的滴灌，常年连续漫灌枣树的“深而广”根系分布逐渐向“浅而集”的分布方式转变，根系分布与滴灌水分分布匹配度升高，从而使得水分利用效率有所增加。整体上来看，2015 年相同灌水次数处理水分利用效率随着灌溉定额的增大呈现先增大后减小的趋势；采用 900mm 灌溉定额，水分利用效率随着灌水次数的增加呈先增大后减小的趋势，1050mm 灌溉定额处理水分利用效率随着灌水次数的增加而增大，1200mm 灌溉定额处理水分利用效率随着灌水次数的增加而减小；所有改滴灌处理水分利用效率均高于漫灌对照处理 CK，W2F3 水分利用效率最高为 0.581，相比漫灌 CK 处理有效提升水分利用效率 54.68%。2016 年采用 10 次灌水频率，水分利用效率随着灌溉定额的增大呈现先减小后增大的趋势，14 次、18 次灌水频率时，水分利用效率随着灌溉定额的增大呈现先增大后减小的规律；采用 900mm、1200mm 灌溉定额，水分利用效率随着灌水次数的增加而减小；1050mm 灌溉定额处理，水分利用效率随着灌水次数的增加而增大；所有改滴灌处理水分利用效率均高于漫灌对照处理 CK，W2F3 水分利用效率最高为 0.619，相比漫灌 CK 处理有效提升水分利用效率 57.91%。

表 5-19 不同灌水处理观测期耗水量、产量及水分利用效率

处理名称	2015 年			2016 年		
	耗水量 ET /(m^3/hm^2)	产量 Y /(kg/hm^2)	水分利用效率 WUE/(kg/m^3)	耗水量 ET /(m^3/hm^2)	产量 Y /(kg/hm^2)	水分利用效率 WUE/(kg/m^3)
W1F1	11961	5278e	0.441e	10111	5786e	0.572b
W1F2	10514	4811g	0.458d	10282	5362f	0.522c
W1F3	10244	3985h	0.389f	11524	4915g	0.427e
W2F1	13338	6335c	0.475c	12731	6642c	0.522c
W2F2	12806	6560b	0.512b	12573	7063b	0.562b
W2F3	12294	7148a	0.581a	12203	7549a	0.619a
W3F1	15543	6146d	0.395f	13360	6933b	0.561b
W3F2	14383	5254e	0.365g	13972	6706c	0.480d
W3F3	13956	5036f	0.361g	13964	6003d	0.430e
CK	19809	6548b	0.331h	17073	6688c	0.392f

3. 漫灌改滴灌红枣产量方差分析

对漫灌改滴灌红枣高效灌溉技术的研究最终都直观体现在产量上，本节对漫灌改滴灌红枣产量进行显著性方差分析，结果见表 5-20。不同灌溉定额处理对漫灌改滴灌红枣的产量有极显著影响，不同灌水次数处理对漫灌改滴灌红枣的产量有显著影响，灌溉定额和灌水次数组合处理对漫灌改滴灌红枣的产量有极显著影响。说明本节灌溉定额与灌水次数组合的设计合理，为探究漫灌改滴灌红枣高效灌溉技术提供了平台。

表 5-20 漫灌改滴灌红枣产量方差分析

源	III 型平方和	自由度 df	均方	统计量 F	显著性 $Sig.$
模型	17900883.851	8	2237610.481	46.566	0.000
灌溉定额	14116139.851	2	37058069.925	146.883 * *	0.000
灌水次数	432300.074	2	4216150.037	4.498 *	0.026
灌溉定额×灌水次数	3352443.925	4	838110.981	17.441 * *	0.000
误差	864936.000	18	448052.000		
总计	1100259010.999	27			

注 * 表示在 0.05 水平显著，* * 表示在 0.01 水平极显著。

三、红枣漫灌改滴灌工程灌溉参数

1. 漫灌改滴灌红枣工程设计说明

本节通过研究不同灌溉定额和灌水次数对漫灌改滴灌红枣土壤水分、土壤

盐分盐、生长、产量、品质和水分利用效率等的影响，确定本试验条件下，1050mm灌溉定额、18次灌水次数处理能够获得较高的产量和较优的品质。本试验条件下红枣漫灌改滴灌工程基本资料见表5-21。

表5-21　　　　漫灌改滴灌红枣工程基本资料表

<table>
<tr><th>序号</th><th>分项</th><th colspan="3">内　　容</th></tr>
<tr><td rowspan="2">1</td><td rowspan="2">地块</td><td colspan="3">总面积：3亩</td></tr>
<tr><td colspan="3">地理位置：阿拉尔一师灌溉实验站</td></tr>
<tr><td rowspan="3">2</td><td rowspan="3">作物及种植</td><td>作物名称：枣树</td><td>品种：骏枣</td><td>种植方向：东西</td></tr>
<tr><td>种植方法：矮化密植</td><td colspan="2">种植模式：宽窄行
（宽行2m、窄行0.8m、株距0.8m）</td></tr>
<tr><td>灌溉方式：漫灌改滴灌</td><td colspan="2">平均地面坡度：5‰</td></tr>
<tr><td rowspan="2">3</td><td rowspan="2">土壤</td><td>土壤类型：砂土</td><td colspan="2">土壤容重：1.45g/cm³</td></tr>
<tr><td>田间持水量：19.62%</td><td colspan="2">土壤结构：结构较好，适宜枣树生长</td></tr>
<tr><td rowspan="2">4</td><td rowspan="2">气象</td><td>年均蒸发量：2218mm</td><td colspan="2">年均降雨量：61mm</td></tr>
<tr><td>无霜期：201天</td><td colspan="2">常年主导风向：东北风</td></tr>
<tr><td>5</td><td>水源</td><td colspan="3">水源类型：地下水</td></tr>
<tr><td>6</td><td>电力</td><td colspan="3">配有动力电源，使用方便</td></tr>
</table>

2. 漫灌改滴灌红枣灌溉参数说明

红枣漫灌改滴灌系统结构为：蓄水池，首部（潜水泵、筛网过滤器、施肥罐及调压阀等控制保护设施），干管，支管，滴灌带。一个支管为一个灌水小区，运行管理方便。本试验条件下，红枣漫灌改滴灌工程具体灌溉参数见表5-22。

表5-22　　　　红枣漫灌改滴灌灌溉参数表

序号	灌溉参数	单位	详细数据
1	作物		红枣
2	灌溉系统		漫灌改滴灌
3	滴头类型		内镶贴片式
4	滴头流量	L/h	3
5	滴头间距	cm	30
6	滴灌带外径	mm	16
7	滴灌带壁厚	mm	0.3
8	滴灌带平均间距	cm	40
9	滴灌带铺设方式		1行2管

续表

序号	灌溉参数	单位	详细数据
10	作物最大日需水量	mm	11.33
11	计划湿润层深度	cm	160
12	土壤湿润比		0.4
13	灌溉定额	mm	1050
14	灌水次数	次	18

本试验条件下，7年生矮化密植红枣漫灌改滴灌适宜的具体灌溉制度见表5-23，主要包括阶段灌水量、阶段灌水次数、阶段施肥量和阶段施肥次数等指标。

表5-23 漫灌改滴灌红枣灌溉制度

生育期	萌芽期	新梢期	花期	果实膨大期	白熟期	完熟期	全生育期
施肥次数/次	1	1	2	2	3	1	10
单次施肥量/(kg/hm^2)	150	150	150	150	150	150	1500
灌水量/mm	90	90	225	225	330	90	1050
灌水次数/次	1	2	4	4	5	2	18

第六章　南疆沙区滴灌红枣水肥耦合效应研究

南疆沙区红枣常年使用传统的灌溉施肥方法，造成水肥资源浪费、产量品质较低，因此本书在此基础上研究了水肥耦合对滴灌红枣土壤水盐、养分、生理生长、产量及品质等方面的影响，探求南疆沙区滴灌红枣适宜的水肥管理策略，以期为当地高产高效的水肥调控策略提供科学理论依据。本章以大田试验为基础，采用阿克苏骏枣为试验材料，试验在常年漫灌改滴灌条件下进行，需要较大的灌水量和施肥量满足红枣生长需求，根据当地农艺管理，设定灌溉定额和施肥量两个因素，采用水、肥二因素三水平完全处理；灌溉定额设620mm（W1），820mm（W2），1020mm（W3）3个水平，施肥量采用N∶P_2O_5∶K_2O＝2∶1∶1.5的比例，设定3个水平（低肥，中肥，高肥），即施肥量N、P_2O_5、K_2O分别为405kg/hm^2（F1），585kg/hm^2（F2），765kg/hm^2（F3），共9个处理，每个处理设定3个重复。结果如下：

（1）在0～40cm土层，灌水对萌芽新梢期、花期土壤含水率，全生育期土壤含盐量的影响显著（$P<0.05$）；施肥对红枣萌芽新梢期土壤含盐量的影响显著（$P<0.05$），水肥耦合效应对红枣全生育期土壤含水率、含盐量的影响显著（$P<0.05$）。在40～100cm土层中，灌水对萌芽新梢期土壤含水率显著（$P<0.05$），施肥对红枣全生育期影响不显著（$P>0.05$），水肥交互作用对红枣全生育期的影响达到极显著水平（$P<0.01$）。不同水肥处理的土壤水盐空间变化均为中等变异。

（2）对于土壤养分而言，灌水或施肥单因素对红枣花期、膨大期土壤养分的影响为显著性差异（$P<0.05$）；水肥耦合效应对土壤全氮量、速效钾、速效磷均达到显著性水平（$P<0.05$）或极显著水平（$P<0.01$）；不同水肥处理的土壤养分空间变化均为中等变异；本试验条件下，灌水量820mm、施肥量765kg/hm^{2}能保持一个适宜作物生长的土壤养分环境。

（3）灌水因素对红枣叶片光合特性［净光合速率（P_n）、蒸腾速率（T_r）、气孔导度（G_s）、胞间CO_2浓度（C_i）、水分利用效率（WUE）］、叶绿素相对含量及氮含量、红枣梢径和梢长增加量的影响显著（$P<0.05$），水肥交互作用对红枣光合特性、叶绿素相对含量及氮含量、红枣梢径和梢长增加量的影响显著（$P<0.05$），红枣叶片净光合速率（P_n）与气孔导度（G_s）日变化呈“双峰”型，蒸腾速率（T_r）日变化呈现“单峰”型及胞间CO_2浓度（C_i）和叶片水分

利用效率日变化呈现“单谷”型，本试验条件下，灌水量 820mm、施肥量 765kg/hm^2 最有利于红枣生长发育。

(4) 灌水对红枣灌溉水利用效率（*iWUE*）达到显著性水平（$P<0.05$），施肥对肥料偏生产力（*PFP*）达到显著性水平（$P<0.05$），水肥耦合效应对红枣产量及品质指标均达到显著水平（$P<0.05$）；*iWUE*、*PFP* 分别在 W1F3 和 W3F1 处理最高，总糖、维生素 C、总酸分别在 W2F3、W3F3 和 W3F1 处理最高，灌水量 820mm、施肥量 765kg/hm^2 组合产量最高。

(5) 红枣净光合速率与蒸腾速率、气孔导度之间密切相关，叶片通过控制气孔导度的开放大小来影响红枣净光合速率和蒸腾速率，其归因于气孔因素；红枣产量与红枣梢径增加量有较好的相关关系，红枣梢径增加量在一定程度上能反应红枣产量。

第一节　试验材料与方法

一、试验地基本情况

试验于 2017 年 5—11 月在新疆生产建设兵团第一师阿拉尔农业灌溉试验站进行。该区地处亚欧大陆腹地的塔里木河畔，受塔克拉玛干沙漠的影响，属典型的大陆性极端干旱荒漠气候类型。年均日照时数达 2865h，年均气温 10.7℃，大于等于 10℃积温为 4113℃，无霜期达 220 天，多年平均降水量为 67mm，多年平均蒸发量为 2110mm，具体气象要素如图 6-1 所示，地下水埋深大于

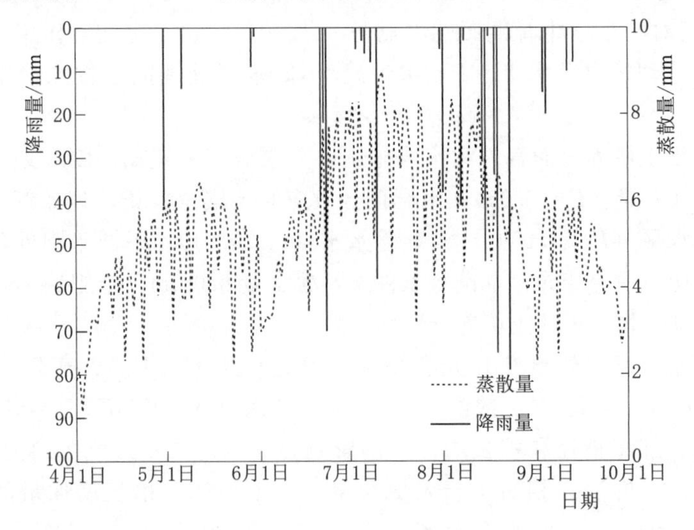

图 6-1　气象要素

3.5m。供试土壤（0～20cm）基本理化性质如下：有机质 3.81g/kg，全氮 0.47mg/kg，碱解氮 15mg/kg，速效磷 9.4mg/kg，速效钾 68mg/kg，其他土壤基本理化性质见表 6-1。

表 6-1　　供试土壤基本理化性质

土层 /cm	土壤类型	田间持水量 /%	土壤容重 /(g/cm^3)	土壤密度 /(g/cm^3)	土壤总孔隙度 /%	毛管孔隙度 /%
0～20	壤砂土	18.71±0.05	1.51±0.03	2.05±0.08	47.6±1.35	45.28±0.78
20～40	砂土	20.00±0.04	1.57±0.03	1.89±0.05	42.11±1.45	40.12±0.98
40～60	壤砂土	19.48±0.05	1.53±0.04	1.43±0.06	43.27±0.42	41.02±0.87
60～80	砂土	19.56±0.03	1.58±0.07	2.09±0.05	41.74±1.05	39.24±0.66
80～100	砂土	19.48±0.04	1.56±0.06	2.08±0.06	41.69±0.89	39.45±0.75

注　数值为"平均值±标准差"。

以第一师阿拉尔农业灌溉试验站内 9 年成龄骏枣树为试验材料，2008 年种植，2009 年嫁接，常年连续漫灌，2017 年 5 月 15 日开始进行漫灌改滴灌条件下水肥耦合试验。

二、田间试验布置

红枣树采用宽窄行（宽行 200cm，窄行 80cm）种植模式，如图 6-2 所示，滴灌铺设均为 1 行 2 管，即在树行两侧 20cm 处各布置一根滴灌带，滴灌施肥是由水肥一体化设备控制。滴灌带为内镶贴片式滴灌带，内径 16mm，滴头间距 300mm，滴头流量 2L/h，滴灌工作压力为 0.10～0.12MPa。每一个试验小区均有单独施肥罐和水表精确控制水肥量。

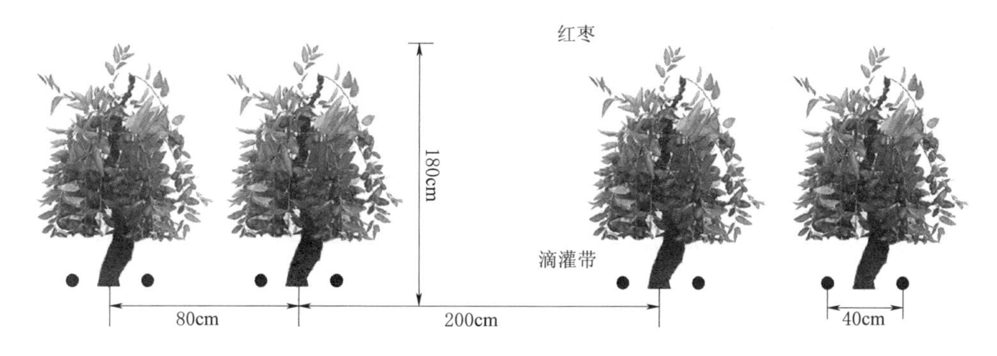

图 6-2　红枣种植模式

试验在常年漫灌改滴灌条件下进行，需要较大的灌水量和施肥量满足红枣生长需求，根据文献和当地农艺管理，设定灌溉定额和施肥量两个因素，采用水、肥二因素三水平完全处理。灌溉定额设 620mm（W1），820mm（W2），1020mm（W3）3 个水平，施肥量采用 N ∶ P_2O_5 ∶ K_2O=2 ∶ 1 ∶ 1.5 的比例，设定 3 个水平（低肥，中肥，高肥），即施肥量 N、P_2O_5、K_2O 分别为 405kg/hm^2（F1），585kg/hm^2（F2），765kg/hm^2（F3），共 9 个处理，每个处理设定 3 个重复，各处理灌水施肥情况见表 6-2。

表 6-2　　试验处理编号代码及灌水施肥情况表

处理编号	灌水量/mm	N 量/(kg/hm^2)	P_2O_5量/(kg/hm^2)	K_2O 量/(kg/hm^2)
W1F1	620	180	90	135
W1F2	620	260	130	195
W1F3	620	340	170	255
W2F1	820	180	90	135
W2F2	820	260	130	195
W2F3	820	340	170	255
W3F1	1020	180	90	135
W3F2	1020	260	130	195
W3F3	1020	340	170	255

红枣整个生长时期具有明显的阶段性，根据相关学者划分及田间实际观测，在红枣树需水需肥规律上，将红枣分为以下 5 个阶段：萌芽新梢期（5 月 1 日—6 月 20 日）、花期（6 月 21 日—7 月 20 日）、果实膨大期（7 月 21 日—8 月 15 日）、白熟期（8 月 16 日—9 月 10 日）、完熟期（9 月 11 日—10 月 30 日），采取少量多次的原则，萌芽新梢期灌水施肥 1 次，花期灌水施肥 2 次，果实膨大期灌水施肥 2 次、白熟期灌水施肥 2 次，完熟期灌水 1 次不施肥。将肥料完全溶解于肥料罐中，施肥前半小时滴水，停水前半小时结束施肥，具体试验灌溉制度见表 6-3。

表 6-3　　红枣全生育期灌溉制度

生育期	水处理/mm			肥处理			灌水次数/次	施肥次数/次
	W1	W2	W3	F1	F2	F3		
萌芽新梢期	70	110	150	45	75	105	1	1
花期	160	200	240	120	170	220	2	2
果实膨大期	160	200	240	120	170	220	2	2
白熟期	160	200	240	120	170	220	2	2
完熟期	70	110	150				1	

三、测试项目及方法

1. 气象数据测定

气象观测包括降雨、气温、太阳辐射、日照时数和水面蒸发等。自计气象站以及 SPAC 植物生理生态系统每小时采样一次，并自动将采集的数据存储到模块内，这两种仪器测得的日常气象数据可以相互补充验证。

2. 土壤水分测定

在红枣不同生育期用土钻在距离滴头水平 20cm 处取样，观测深度为 1m，平均分为 10 层，每层 10cm，试验中土壤水分采用取土烘干法观测，测得土壤含水率为质量含水率。

3. 土壤盐分测定

选取 30 个土样进行曲线拟合，将风干土样碾细过 1mm 筛，称取 20g 置于容积为 250mL 的三角瓶，加入 100mL 蒸馏水，使用振荡机振荡三角瓶 10min，静置 15min 后进行过滤，得到土水质量比 1∶5 的浸提液，DDS－307 的电导率仪测定浸提液电导率值（EC），用干燥残渣法标定含盐量与电导率之间的关系：

$$y=0.0022EC-0.0028 \quad (R^2=0.9426) \tag{6-1}$$

式中：y 为土壤含盐量，g/kg；EC 为电导率值，μS/cm。

4. 土壤养分测定

实验室内所测定土壤化学性质包括土壤全氮、速效磷、速效钾。其中，全氮采用半微量开氏蒸馏法测定；速效磷采用碳酸氢钠浸提钼锑抗比色法测定；速效钾采用乙酸氨浸提火焰光度法测定。

5. 生长指标

在 2017 年 5 月 15 日进行第一次新梢长度和梢径（主梢）的测定，每个处理取样 5 棵红枣树，7～10 天测量一次，2017 年 7 月 10 日最后一次测定，梢长和梢径增加量＝最后梢长和梢径测定数据-最初梢长和梢径测定数据，并取平均值。新梢长度用卷尺测定，从新梢与主干交界处起测量；梢径使用游标卡尺进行测量，测量部位始终为新梢基部。

6. 生理指标

(1) 光合指标。于 2017 年 7 月 29 日 10：00—20：00 进行光合指标的测定（2017 年 7 月 30 日 10：00—20：00 进行验证测量），采用 Li－6400 便携式光合测定仪，测定净光合速率（P_n）、气孔导度（G_s）、胞间 CO_2 浓度（C_i）和蒸腾速率（T_r）的日变化。测定在 10：00—20：00 时间段进行，每隔 2h 测定一次。光源采用自然光源，每个处理选取 3 棵红枣树，在每棵树上分别选取上、中、下 3 片叶子进行测定，每个处理共计 9 片叶并取其均值，测定前对叶片做好标记。根据记录参数计算水分利用率 WUE，其计算公式为：$WUE=P_n/T_r$。

（2）叶片叶绿素相对含量SPAD值。相关研究表明SPAD值可以较好地反映植物叶片叶绿素含量。本试验采用便携式叶绿素仪SPAD－502测定叶片叶绿素含量的测定，每个处理选取3棵红枣树，在每棵树上分别选取上、中、下3片叶子进行测定，每个处理共计9片叶并取其均值，测定前对叶片做好标记。

叶片氮含量：称取叶片干物质0.05g于消煮管中，采用$H_2SO_4-H_2O_2$方法于260～270℃消化，并运用流动分析仪测定消化液的氮素含量。

7. 产量指标

（1）产量。红枣成熟后按小区采摘，每个处理随机取5棵，取平均值，再折合每公顷产量。计算灌溉水分利用效率（$iWUE$，kg/m^3），即用每个处理的总产量比总灌溉量；肥料偏生产力（PFP，kg/kg），即每个处理的总产量比总施肥量。

（2）增产效应。

$$E_I=(Y_X-Y_L)/Y_L$$

式中：Y_X为某水分处理和某肥料处理的产量，kg/hm^2；Y_L为低水分低肥料处理的产量，kg/hm^2。

8. 品质指标

红枣果实纵横径：在红枣自然成熟后，不同水肥处理小区各随机选取3棵大小均一的红枣树，每棵树上分别在上、中、下选取10个红枣，1棵树总30个红枣，然后用高精度游标卡尺（0.01mm）测定参数红枣果实纵径和横径，取平均值。

果形指数：果实纵径与横径的比值。

单果质量及核质量：测定完红枣果实纵横径后，不同水肥处理称取所有果实质量和核质量，具体为用精度为0.01g电子天平测定3次，求出平均值作为最终单果质量及核质量值。

可食率：可食率＝{(单果质量－核质量)/单果质量}×100％。

总糖采用斐林法测定，总酸采用酸碱滴定法测定，维生素C采用2，6－二氯靛酚滴定法测定。

9. 净收益

$$S=G-M-N-I$$

式中：S为毛收益，元$/hm^2$，G为经济收入元$/hm^2$；M为水肥投入，元$/hm^2$；N为红枣劳务费，元$/hm^2$；I为其他投入，元$/hm^2$，包括枣园管理费、日常劳务费、电费等。

经调查，红枣收购单价8.1元/kg，采摘红枣劳务费定为0.8元/kg。

四、数据分析

用 Microsoft Excel 2013 进行数据计算；用 SPSS 17.0 统计软件进行双因素方差分析；用 origin8.5 作图。

第二节 水肥耦合对滴灌红枣土壤水盐及养分的影响

不同水肥处理对土壤剖面水盐具有显著影响（$P<0.05$），本试验条件下，各处理剖面土壤含水率在表层（0～10cm）最低，10～70cm 土层含水率处于一个稳定状态，70cm 以下随着土壤深度的增加而增加；土壤含盐量剖面呈 C 形，表层含盐量（0～10cm）均高于其他土层，20～70cm 土层形成一个稳定缓冲区，含盐量最低，70cm 以下土层含盐量逐渐变大，导致这种现象的主要原因是一方面生育期内当地气温较高，土壤蒸发强烈，盐分在地表聚集，加上施肥会增加表层含盐量，另一方面是受作物根系吸水影响，土壤中的盐分随水的重力作用向下迁移，在红枣根层形成一个盐分淡化区以便植物的正常生长，土壤深层形成盐分积累区。统计分析表明，高水对表层（0～10cm）土壤保水性和盐分的淋洗具有良好效果；增加施肥会导致表层盐分升高；从脱盐量的角度分析，滴灌条件下各处理均处于脱盐状态。

养分在作物生长发育过程中起到重要作用，土壤养分的高低直接决定作物的产量和品质。马强等（2008）研究表明，滴灌条件下灌溉施肥有利于提高作物土壤肥力状况，促进作物快速吸收养分；王巧仙等（2013）研究水肥耦合对作物土壤养分的影响，结果表明：水肥耦合能显著提高有效磷、全钾、速效钾量。本试验条件下，水肥管理对红枣土壤养分的影响均不同，红枣各生育期滴灌条件下水肥存在明显的协同效应，并不是高水高肥区域养分量最高，而是中水高肥处理土壤养分最高，这与前面两位学者研究结果一致。白珊珊等（2018）研究表明养分主要分布在根区 0～40cm 土层内，60cm 土层以下的土壤养分明显降低。本试验条件下，红枣树根系吸水吸肥区域主要集中在 0～40cm 土层，滴灌条件下中水高肥组合有利于作物保持一个较好的土壤养分环境，这与其研究结果相似。

一、不同水肥处理土壤含水率随时间变化

红枣不同生育时期不同水肥处理剖面土壤含水率平均值变化见表 6-4。可知，全生育期各处理 40～100cm 土层土壤含水率总体高于 0～40cm，用 SPSS 数据处理系统对红枣不同生育时期不同水肥处理土壤平均含水率进行双因素方差分析，采用 Duncan 法进行多重比较。结果表明：在 0～40cm 土层中，灌水对红

枣萌芽新梢期、花期土壤含水率的影响达到显著性水平（$P<0.05$），施肥对红枣全生育期影响不显著（$P>0.05$），水肥交互作用对红枣全生育期的影响达到极显著水平（$P<0.01$）；在40～100cm土层中，灌水对萌芽新梢期土壤含水率显著（$P<0.05$），施肥对红枣全生育期土壤含水率影响不显著（$P>0.05$），水肥交互作用对红枣全生育期的影响达到极显著水平（$P<0.01$）。

从表6-4还可以看出，全生育期0～40cm土层，W3F3处理的土壤含水率较高，在萌芽新梢期，W3F3处理与W1F1、W1F2、W1F3、W2F1处理差异具有显著性差异（$P<0.05$），从花期到完熟期，W3F3与其他处理均具有显著性差异（$P<0.05$）；全生育期40～100cm土层，W2F1处理的土壤含水率最大，在萌芽新梢期，W2F1处理与W1F1、W1F2、W1F3、W2F2处理差异具有显著性差异（$P<0.05$），花期、果实膨大期，W2F1与其他处理具有显著性差异（$P<0.05$），白熟期，W2F1与W1F1、W2F2、W2F3、W3F1、W3F2处理差异具有显著性差异（$P<0.05$），完熟期，W2F1处理与其他处理具有显著性差异（$P<0.05$）。总体上看，W3F3处理0～40cm土层土壤含水率处于较高水平，W2F1处理40～100cm土层土壤含水率处于较高水平。

二、不同水肥处理土壤含盐量随时间变化

红枣不同生育时期不同水肥处理剖面土壤含盐量平均值见表6-5。可知，全生育期0～40cm土层的土壤含盐量总体高于40～100cm，用SPSS数据处理系统对红枣不同生育时期不同处理土壤平均含水率进行双因素方差分析，采用Duncan法进行多重比较。结果表明：0～40cm土层，灌水对全生育期土壤含盐量达到显著水平（$P<0.05$）或极显著水平（$P<0.01$），施肥对红枣萌芽新梢期土壤含盐量的影响为显著性差异（$P<0.05$），但对其他生育期无显著性差异（$P>0.05$），水肥交互作用对全生育期含盐量均为极显著水平（$P<0.01$）；在40～100cm土层中，单一因素灌水和施肥没有对土壤含盐量达到显著性水平（$P>0.05$），水肥交互作用对土壤含盐量为显著性水平（$P<0.05$）或极显著水平（$P<0.01$）。由此说明，灌水和水肥交互作用对上层土壤含盐量的影响地施肥显著，灌水和施肥对深层土壤含盐量的影响较小，而水肥交互作用对深层土壤含盐量的影响较大。

同时还可以看出，全生育期0～40cm土层W3F3处理的土壤含盐量较高，萌芽新梢期，W3F3处理与W1F1、W1F2、W1F3、W2F1、W1F2处理差异具有显著性差异（$P<0.05$），花期，W3F3处理与W1F1、W1F2、W1F3、W2F1处理差异具有显著性差异（$P<0.05$），果实膨大期，W3F3处理与W1F1、W1F2、W1F3、W2F1、W2F2、W2F3、W3F1处理具有显著性差异（$P<0.05$），白熟期和完熟期，W3F3处理与其他处理具有显著性差异（$P<0.05$）；

表 6-4 红枣不同生育时期不同水肥处理剖面土壤平均含水率 %

处理	0～40cm					40～100cm				
	萌芽新梢期	花期	果实膨大期	白熟期	完熟期	萌芽新梢期	花期	果实膨大期	白熟期	完熟期
W1F1	10.89b	11.05f	11.81d	13.41d	10.46cd	12.41c	14.13c	14.64c	16.06ab	13.42ab
W1F2	10.45bc	12.03e	14.05bc	14.04c	9.89cd	12.22c	14.10c	14.80c	16.42a	10.29e
W1F3	9.51c	12.83d	13.67bc	14.40c	10.25cd	12.09c	14.84b	15.62b	16.56a	11.84d
W2F1	11.99ab	12.07bc	14.32bc	15.22ab	11.29bc	14.41a	15.96a	16.29a	16.60a	13.74a
W2F2	12.44a	13.18d	14.05bc	14.12c	10.36c	13.36b	13.74d	14.73c	15.08c	11.83d
W2F3	12.22a	14.57ab	14.47b	14.61b	11.82b	14.73a	15.04b	15.13bc	15.31bc	12.86bc
W3F1	12.83a	14.25b	14.59ab	15.18ab	12.84a	14.31a	14.97b	15.27bc	15.71b	13.25b
W3F2	12.19a	13.98bc	14.45b	14.83b	9.76d	14.69a	14.73bc	15.05bc	15.17bc	12.56c
W3F3	12.97a	14.97a	15.21a	15.63a	12.27ab	14.80a	15.04b	15.63b	16.57a	12.89bc
显著性水平（*F* 值分析）										
W	19.99**	9.668*	3.59	5.04	1.42	23.45**	0.64	0.33	0.94	1.64
F	0.05	0.58	0.6	0.38	2.46	0.52	1.46	1.22	0.78	0.8
W×F	10.51**	81.12**	23.99**	13.44**	22.96**	64.95**	10.38**	8.04**	12.41**	26.44**

注　字母 a，b，c 等表示同一列在 $P=0.05$ 水平差异显著，如不同小写字母表示处理之间差异显著（$P<0.05$），相同小写字母表示差异不显著（$P>0.05$）。* 表示 $P<0.05$ 水平差异显著，* * 表示在 $P<0.05$ 水平差异极显著。无 * 表示在 $P>0.05$ 水平差异无显著，以下表同。

表 6-5　红枣不同生育时期不同水肥处理剖面土壤平均含盐量　单位：g/kg

处理	0～40cm					40～100cm				
	萌芽新梢期	花期	果实膨大期	白熟期	完熟期	萌芽新梢期	花期	果实膨大期	白熟期	完熟期
W1F1	2.56c	1.72b	1.68e	1.59d	1.26c	1.61ab	2.00a	1.89a	1.51b	1.72ab
W1F2	2.82bc	2.39b	2.28d	2.61c	1.49bc	1.45b	1.35b	1.08bc	1.45b	1.45b
W1F3	2.98b	2.43b	2.94c	3.09c	1.98b	1.67ab	1.20c	1.66ab	1.40b	1.65ab
W2F1	2.79bc	2.44b	3.12c	1.91d	1.70bc	1.82a	1.12c	1.10bc	1.77ab	1.88a
W2F2	3.09b	3.29a	3.25bc	2.98c	1.96b	1.76a	1.50b	1.59ab	1.44b	1.39b
W2F3	3.79a	3.88a	3.70b	3.01c	2.09b	1.43b	1.24bc	1.28b	1.90a	1.31bc
W3F1	3.63a	3.41a	4.60a	4.24b	2.01b	1.71ab	1.21c	1.71ab	1.78ab	1.14bc
W3F2	3.75a	3.94a	4.71a	4.59ab	2.42ab	1.04c	1.62ab	1.64ab	1.50b	1.92a
W3F3	3.98a	3.64a	4.76a	4.98a	2.85a	1.55ab	1.65ab	1.61ab	1.74b	1.44b
显著性水平（*F* 值分析）										
W	6.65*	6.88*	26.00**	11.62**	6.69*	6.71*	0.52	1.09	1.91	0.11
F	6.48*	0.43	0.49	0.81	0.55	1.28	0.11	0.13	1.63	0.16
W×F	24.81**	12.84**	41.16**	52.07**	7.37**	8.6**	5.93**	4.05*	4.01*	7.25**

全生育期40～100cm土层虽不同水肥处理的土壤含盐量具有显著性差异（$P<0.05$），但规律均不相同，无明显规律。

三、不同水肥处理土壤含水率和含盐量空间变化

不同水肥处理土壤剖面全生育期平均质量含水率如图6-3（a）所示。各处理剖面土壤含水率在表层（0～10cm）土壤含水率最低，10～70cm土层含水率处于一个稳定状态，70cm以下含水率随着土壤深度的增加而增加。表层土壤（0～10cm）不同施肥条件下，W3灌溉定额平均含水率比W1、W2分别提高29.47%、22.41%，不同灌溉水平下，F2施肥量平均含水率比F1、F3分别提高6.3%、2.1%，在10～70cm土层可以看出，W3F1、W3F2和W3F3处理土壤含水率大于其他灌溉水平，说明增加灌溉量明显增加土壤含水率而施肥对土壤含水率的影响较小，在70cm以下，各处理土壤含水率差异较大，但无显著性规律。表层土壤易受外界环境影响，根层（20～70cm）作物需水肥量比较大，水肥处理对作物的土壤含水率影响不是很明显，深层（70～100cm）含水率虽有增加，各处理间差异杂乱。

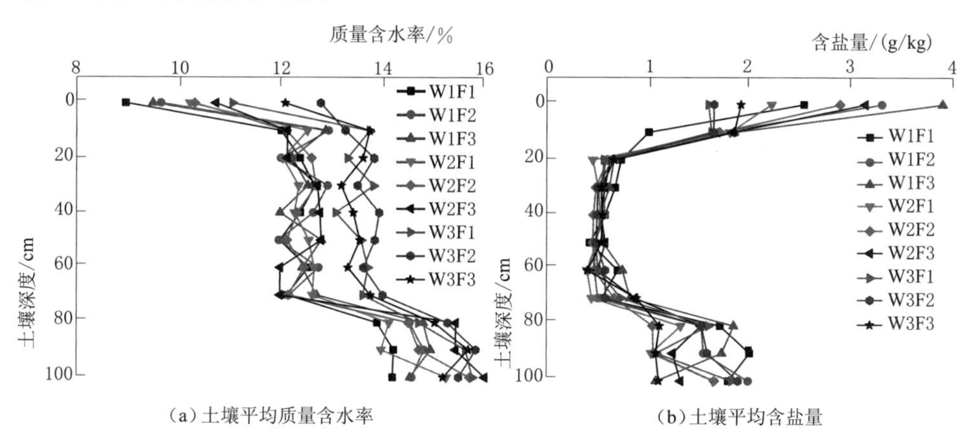

图6-3 土壤平均质量含水率和平均含盐量在垂直剖面上的分布

不同水肥处理土壤剖面全生育期平均含盐量如图6-3（b）所示，土壤剖面呈C形，表层含盐量（0～10cm）均高于其他土层，20～70cm土层形成一个稳定缓冲区，含盐量最低，70cm以下土层含盐量逐渐变大。增加灌水有利表层（0～10cm）土壤盐分淋洗，W3灌溉水平平均含盐量较W2、W1分别降低23.31%、30.51%，施肥对表层含盐量的影响同样不可忽视，F1水平下表层土壤含盐量比F2、F3分别降低12.26%、34.20%，10～70cm各处理间土壤含盐量差异性很小，在70cm以下，虽然处理间土壤含量差异较大，但无明显的规律性。导致这种现象产生的主要原因是一方面生育期内当地气温较高，土壤蒸发

强烈，盐分在地表聚集，加上施肥会增加表层含盐量；另一方面是受作物根系吸水，土壤中的盐分随水重力作用向下迁移，在红枣根层形成一个盐分淡化区以便植物的正常生长，土壤深层形成盐分积累区。

四、变异性分析

为了更好地比较和分析各处理土壤养分在垂直方向的差异性，选取统计中描述变异度的变异系数 C_v 进行分析，变异系数 C_v 反映了随机变量的离散程度，其计算公式为

$$C_v = \sigma / \mu$$

式中：σ 为样本标准差；μ 为样本均值。

根据土壤变异划分等级：$C_v \leqslant 0.1$ 为弱变异，$0.1 < C_v \leqslant 1$ 为中等变异，$C_v > 1$ 为强变异。

进行变异性分析，图 6-4 表明，各处理全生育期土壤含水率均为中等变异，水肥处理可有效维持土壤含水率稳定。0～40cm 土层变异系数均大于 40～100cm，由于浅层容易受蒸发、光照等外界环境因子影响。0～40cm 在不同施肥量条件下，W1 灌溉水平变异幅度最小（0.188～0.201）；在不同灌溉定额条件下，F2 施肥量变异幅度最小（0.165～0.201）。40～100cm 土层中，不同施肥条件下，W1 变异幅度最小（0.098～0.150），而在不同灌溉定额条件下，F2 施肥量变异幅度最小（0.104～0.164）；说明生育期内灌水定额的增加会导致变异幅度变大，而肥料相对适中的情况下，变异幅度最小。

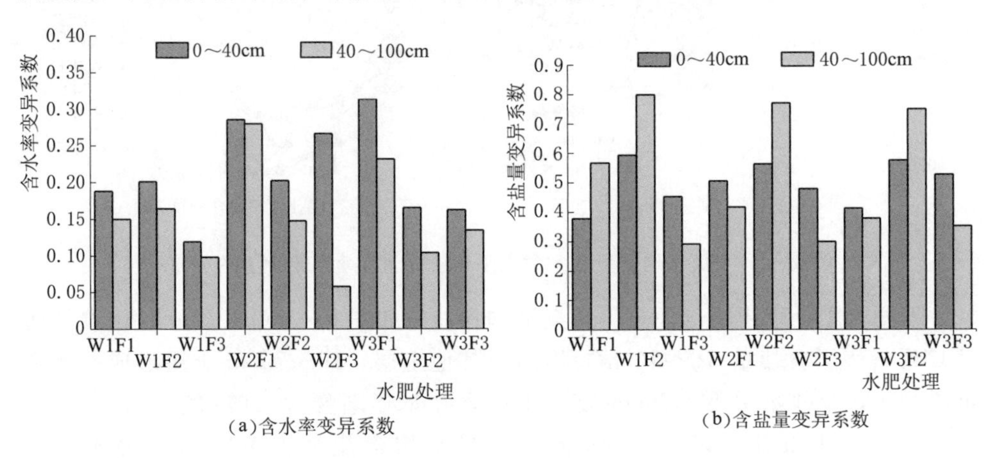

图 6-4 不同水肥处理生育期土壤含水率及含盐量变异系数

进行土壤含盐量变异性分析，各处理全生育期土壤含盐量均为中等变异，水肥处理可有效维持土壤含盐量稳定。0～40cm 与 40～100cm 变异系数均随着灌水施肥量增加而呈现先增加后减少的趋势。0～40cm 在不同施肥量条件下，

W2灌溉水平变异幅度最小（0.478～0.056）；在不同灌溉定额条件下，F2施肥量变异幅度最小（0.563～0.593）；40～100cm土层中，不同施肥条件下，W3变异幅度最小（0.378～0.749），而在不同灌溉定额条件下，F2施肥量变异幅度最小（0.749～0.799）；说明不同土层生育期内肥料相对适中有利于降低土壤含盐量变异性，浅层灌水适中能有效降低土壤含盐量变异程度，深层灌水量增加有利于降低土壤含盐量变异程度。

五、不同水肥处理对土壤脱盐率的影响

作物萌芽前和收获后整个生育期内的土壤盐分平衡是判断作物生长发育环境的重要标志。根据盐分平衡原理计算土壤盐分变化量ΔS其公式为

$$\Delta S = S_a - S_b$$

式中：ΔS为土壤盐分变化量，g/kg；S_a为生育期前土壤含盐量，g/kg；S_b为生育期后土壤含盐量，kg/亩。

在红枣全生育期始末采集0～40cm和40～100cm土层土样并测得其含盐量。表6-6为各处理土壤盐分在红枣全生育期内的变化量。明显看出，40～100cm土层脱盐率要高于0～40cm，不同处理在各土层均为脱盐状态。在0～40cm土层，施肥量一定时，W3灌溉水平的脱盐效果最好，虽在W3F1处理脱盐率较高，但与W2F2、W1F2处理之间相差不是很大；而施肥量对土壤盐分淋洗效果也存在差异，当灌溉定额一定时，脱盐效果F2施肥水平优于F1、F3施肥水平。40～100cm土层脱盐规律与0～40cm具有很好的一致性，W3F2处理的脱盐量最高。

表6-6 不同处理研究时段土壤盐分变化率 单位：g/kg

土层深度/cm	灌溉定额	施肥量		
		F1	F2	F3
		ΔS	ΔS	ΔS
0～40	W1	−0.05	−1.36	−1.33
	W2	−1.08	−2.14	−0.91
	W3	−1.98	−2.04	−1.94
40～100	W1	−2.19	−4.90	−3.22
	W2	−3.14	−3.06	−1.33
	W3	−3.57	−3.82	−3.11

六、不同水肥处理对红枣土壤养分的影响

1. 垂直方向分布特征

土壤中氮、磷、钾含量是保证作物正常生长发育前提。不同水肥处理0～

100cm 土层土壤养分含量垂直分布如图 6－5 所示。不同灌溉方式下，土壤养分整体上随着土壤深度增加，逐渐减少，土壤养分在表层最高，40～60cm 为土壤养分过渡层、60～100cm 土壤养分最低。

南疆沙区红枣树为浅根系，根系吸水吸肥区域主要集中在 0～40cm 土层，因此本书分析数据以土层深度 40cm 为“拐点”。在 0～40cm 土层不同施肥水平下，全氮量从大到小表现为高肥、中肥、低肥，3 种肥处理平均值分别为：0.90g/kg、0.98g/kg、1.03g/kg，高肥相比于中肥、低肥分别提高 14.44%、5.10%；同样不同灌水处理下，全氮量从大到小表现为中水、高水、低水，其值大小分别为 0.97g/kg、0.95g/kg、0.93g/kg，中水比高水、低水分别提高为 2.11%、4.30%，滴灌条件下过多或过少的灌水量均不利于全氮在 0～40cm 土层的进行积累［图 6－5 (a)］。对速效磷量进行分析，从大到小表现为高肥、中肥、低肥，3 种施肥水平的平均值分别为 9mg/kg、15.99mg/kg、17.83mg/kg，高肥比中肥、低肥分别提高了 11.51%、27.63%；总体上看，中水处理最有利

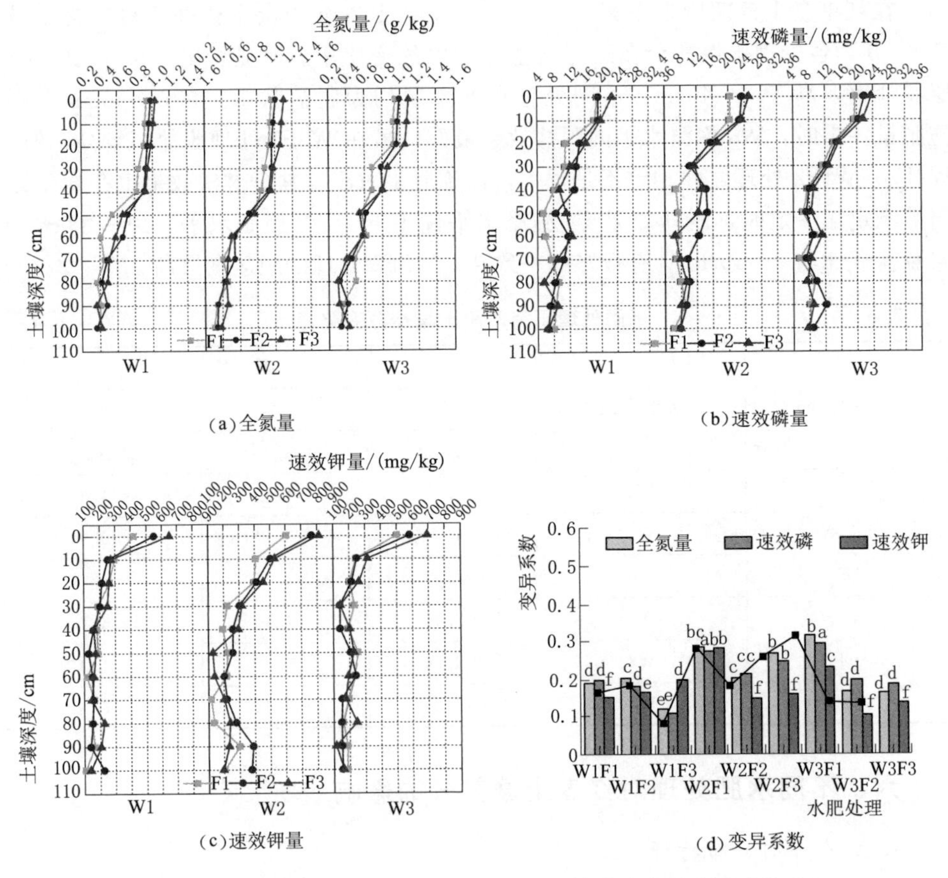

(a)全氮量　(b)速效磷量　(c)速效钾量　(d)变异系数

图 6－5　不同水肥处理 0～100cm 土层土壤养分含量的垂直分布

于保持土壤速效磷量，3 种水处理平均值分别为 14.99mg/kg、16.43mg/kg、15.18mg/kg，中水比低水、高水分别提高了 30.08%、9.60%、8.23 [图 6-5 (b)]。速效钾含量，不同施肥梯度下从大到小同样表现为高肥、中肥、低肥，其平均值分别为 370.46mg/kg、325.70mg/kg、299.70mg/kg，高肥比低肥、中肥分别提高了 23.46%、13.74%，与全氮量、速效磷规律相似，滴灌条件下中水处理速效钾含量最高 [图 6-5 (c)]。40～100cm 土层，不同水肥处理土壤全氮、速效钾、速效磷的影响较小，各处理间差异小。

进行变异性由于浅层容易受蒸发、光照等外界环境因子影响，土壤环境 0～40cm 变异均大于 40～100cm，因此在这里只分析 0～40cm 土层。图 6-5 (d) 表明，各处理全生育期土壤养分均为中等变异，水肥处理可有效维持土壤养分环境稳定。滴灌条件下各水肥处理土壤变异系数 C_v 为 0.1～0.3，这说明本试验的水肥处理有利于作物维持一个良好的土壤养分环境。

2. 生育期内土壤养分变化

全生育期内不同水肥处理对土壤养分影响见表 6-7。其中水肥耦合效应对土壤全氮量、速效钾、速效磷均达到显著性水平 ($P<0.05$) 或极显著水平 ($P<0.01$)；灌水或施肥单因素对红枣花期、膨大期土壤养分的影响为显著性差异 ($P<0.05$)；红枣在花期和膨大期对水肥需求量比较大用来满足生长，对土壤水分、养分比较敏感，因此才会使得单因素对红枣花期、膨大期达到显著性水平 ($P<0.05$)。全生育期土壤全氮量在花期相对较小，速效钾、速效磷在膨大期、完熟期较少；由于每次追肥量一致且完熟期不施肥，说明红枣在花期对全氮量的需求量比较高，膨大期、完熟期对速效钾、速效磷需求比较高。

从表 6-7 还可以得出，萌芽新梢期土壤全氮量为 0.77(W1F1)～1.17(W2F3)g/kg、速效磷量为 18.00(W3F1)～21.90(W2F2)mg/kg、速效钾量为 375(W1F1)～422(W2F3)mg/kg，且 W2F2 处理速效磷量与 W2F3 无显著性差异 ($P>0.05$)；花期土壤全氮量为 0.52(W3F2)～0.94(W2F3)g/kg、速效磷量为 17.17(W3F2)～20.01(W2F3)mg/kg、速效钾量为 352(W1F1)～409(W2F1)mg/kg，且 W2F1 处理速效钾量与 W2F3 无显著性差异 ($P>0.05$)；膨大期土壤全氮量为 0.79(W3F3)～1.21(W2F3)g/kg、速效磷量为 14.50(W3F1)～19.79(W2F3)mg/kg、速效钾量为 255(W1F1)～376(W2F3)mg/kg；完熟期土壤全氮量为 0.62(W3F1)～0.99(W2F3)g/kg、速效磷量为 14.84(W1F1)～16.96(W1F2)mg/kg、速效钾量为 144(W1F1)～250(W2F1)mg/kg，且速效磷量 W1F2 与 W2F3 无显著性差异 ($P>0.05$)。总体上看，红枣全生育期不同水肥处理对土壤养分的影响均有差异，红枣花期、膨大期是需水、需肥的关键时期，对水肥需求比较敏感，因此两个生育期要保证充足水肥供应，从而最终增加红枣产量；滴灌条件下 W2F3 处理对全生育期养分的积累效果最显著。

表 6-7　全生育期内不同水肥处理对土壤养分影响

处理	全氮/(g/kg)				速效磷/(mg/kg)				速效钾/(mg/kg)			
	萌芽新梢期	花期	果实膨大期	完熟期	萌芽新梢期	花期	果实膨大期	完熟期	萌芽新梢期	花期	果实膨大期	完熟期
W1F1	0.77±0.06c	0.58±0.08d	0.84±0.04c	0.74±0.06c	18.82±1.19cd	17.78±0.34d	16.69±0.31d	14.84±0.15d	375±13c	352±6c	255±11d	144±11e
W1F2	0.81±0.04c	0.62±0.09c	0.86±0.08c	0.68±0.03cd	20.81±1.14b	18.48±0.42cd	17.48±0.23c	16.96±0.17a	398±10b	365±9c	323±10bc	211±10c
W1F3	0.92±0.05bc	0.72±0.07bc	1.07±0.03b	0.78±0.04c	21.59±0.87ab	18.93±0.25c	17.31±0.14c	15.47±0.16c	417±14ab	391±8ab	341±14bc	241±8b
W2F1	0.97±0.07bc	0.90±0.04ab	1.08±0.04b	0.88±0.05b	20.07±0.14bc	19.37±0.23b	18.42±0.07b	16.50±0.13b	411±8ab	409±7a	301±9c	214±7c
W2F2	1.05±0.06b	0.87±0.08b	1.14±0.07ab	0.97±0.06ab	21.90±0.21a	19.88±0.17b	18.59±0.16b	16.36±0.11b	421±16a	399±10ab	364±12ab	240±12b
W2F3	1.17±0.08a	0.94±0.07a	1.21±0.06a	0.99±0.04a	21.69±1.21ab	20.01±0.45a	19.79±0.17a	16.91±0.16ab	422±11a	407±9a	376±12a	250±13a
W3F1	0.87±0.11bc	0.79±0.12bc	1.11±0.08ab	0.62±0.04d	18.00±0.18d	14.33±0.39e	14.50±0.14e	16.80±0.15b	391±6b	354±6c	277±10d	166±8d
W3F2	1.02±0.10b	0.52±0.04d	0.94±0.04c	0.71±0.07c	19.34±0.45c	17.17±0.41d	16.26±0.16d	15.39±0.16c	402±13ab	385±11b	356±14b	152±10de
W3F3	1.13±0.11ab	0.78±0.05bc	0.79±0.03d	0.73±0.05c	20.10±0.25bc	18.46±0.27cd	17.11±0.14c	15.68±0.19c	417±6ab	390±12b	367±11ab	170±12d
显著性水平（P 值检验）												
W	0.15	< 0.05	< 0.05	0.09	0.08	< 0.05	< 0.05	1.35	0.12	< 0.05	< 0.05	0.11
F	0.07	< 0.05	< 0.05	0.14	0.11	< 0.05	< 0.05	0.16	0.06	< 0.05	< 0.05	0.13
W×F	< 0.01	< 0.01	< 0.01	< 0.01	< 0.01	< 0.01	< 0.01	< 0.01	< 0.05	< 0.01	< 0.01	< 0.01

第三节　水肥耦合对滴灌红枣生理生长的影响

光合作用、气孔导度、蒸腾作用等植物气体交换参数指标对水肥耦合的响应是植物生理生态学研究的重要内容。本试验研究了不同水肥处理对南疆沙区滴灌红枣叶片气体交换参数的影响。结果表明，红枣叶片净光合速率与气孔导度日变化呈“双峰”型，这与张燕林等（2012）研究结果一致；蒸腾速率日变化呈现“单峰”型及胞间 CO_2 浓度日变化呈现“单谷”型，柴仲平等（2010）研究结果与本试验相同，同时叶片水分利用效率日变化动态规律呈现“单谷”型，这与柴仲平等研究结果不一致，可能一方面与外界环境条件有关，另一方面与其内含激素、营养物质的反馈调节等内部因素有关，结果仍有待进一步研究。

水肥因素是作物生长和发育的重要保障，也是影响作物光合特性的主要因素。本试验条件下，灌水和水肥交互作用对叶片光合特性的影响达到极显著水平，施肥则不显著。这与王德权等（2009）研究结果相似；水肥交互作用对红枣梢径和梢长增加量的影响呈极显著水平，灌水对其影响为显著性水平，施肥则不显著，这与刘小刚等（2014）对作物生长的研究结果相似。此外本试验结果还表明，过高或者过低的灌水量均不利于红枣叶片进行光合作用，存在明显负效应，这与李银坤等（2010）研究结果一致；提高施肥并未提高红枣光合特性，与王景燕等（2016）结果相反，这可能由于本试验是在滴灌改漫灌条件下进行，往年长期漫灌的红枣对养分需求较多，因此本试验设定的施肥水平较高，提高施肥可能不会提高光合作用，此外，可能灌水和施肥对于叶绿素的提高具有拮抗作用，适宜的水肥调控才能显著提高作物光合指标。

通过对红枣净光合速率、叶绿素含量与其他指标的曲线拟合，结果表明，叶片净光合速率、蒸腾速率、气孔导度三者密切相关，净光合速率在一定程度上能够反映蒸腾速率、气孔导度，这与周罕觅等（2015）研究结果相同。光合速率与叶绿素含量和氮含量的拟合曲线均为一次直线方程，其与叶绿素含量和氮含量有一定关系但不密切。叶绿素是光合色素中重要的色素分子，对作物光能的吸收、传递和转化有重要影响。叶绿素含量与氮含量有较好的拟合关系，而叶绿素含量与 *WUE* 之间拟合关系较差，叶绿素含量在一定程度上反映叶片氮含量，而不能反映叶片水分利用效率。

一、不同水肥处理对红枣光合特性及水分利用效率的影响

1. 不同水肥处理对红枣叶片光合速率日变化的影响

不同水肥处理对红枣叶片净光合速率的影响如图 6-6（a）所示，可以看出，

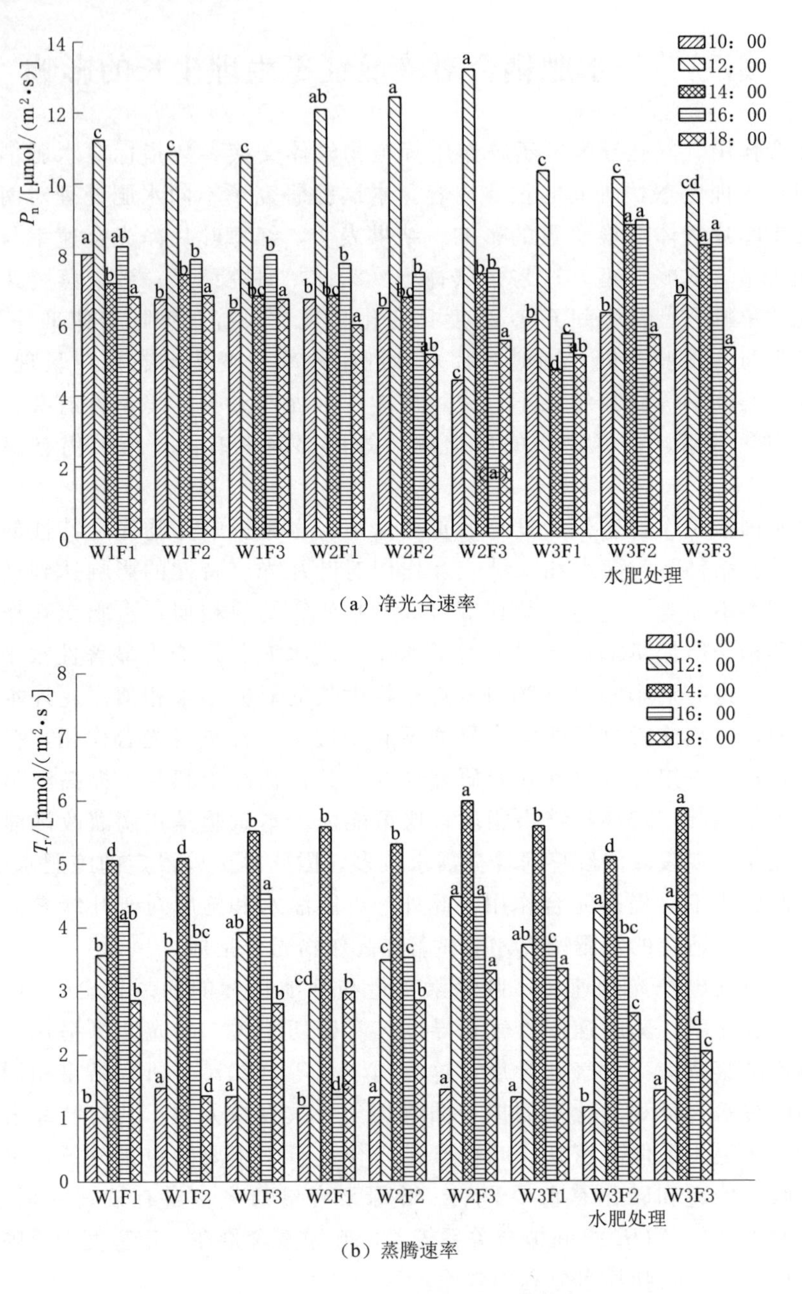

（a）净光合速率

（b）蒸腾速率

图 6-6 不同水肥处理对净光合速率和蒸腾速率的影响

不同水肥处理条件下，红枣净光合速率呈“双峰”型，峰值分别出现在 12：00 与 16：00 左右，不同处理之间均保持较好的一致性。净光合速率 10：00—12：00 随着光强增加和温度升高而迅速上升，到达第一次峰值之后，不同处理随着光强增加和温度升高而出现下降趋势，在 14：00 左右达到最低值，红枣光合速率存在明显的“午休”现象，14：00—18：00 变化趋势与 10：00—14：00 相一致，但净光合速率显著低于 10：00—14：00 时间段。红枣叶片净光合速率第一次峰最大值出现在 W2F3 处理 [13.19μmol/(m^2 · s)]，最小值出现在 W3F3 处理 [9.69μmol/(m^2 · s)]，第一次峰值 W2F3 处理比 W3F3 提高 36.1%。对其他处理进行分析，在相同的施肥量条件下，红枣叶片净光合速率第一次峰值表现为 W2>W1>W3，说明中水有利于提高红枣叶片的净光合速率；在灌溉定额一定的条件下，红枣第一次峰值净光合速率呈现出的规律为 F3>F2>F1，但不具有显著性差异，说明在中水高肥组合对红枣叶片净光合速率有一定提高作用。

从图 6-6（b）可知，不同水肥处理下红枣叶片蒸腾速率日变化均呈现“单峰”型，不同处理红枣叶片蒸腾速率在 10：00 时最小，此后随着外界温度和光照强度等环境因子的升高，蒸腾速率上升，在 14：00 时达到最大值，随后由于大气温度和光照强度等外界环境因子，蒸腾速率不同程度下降。红枣叶片蒸腾速率峰值最大为 W2F3 处理 [5.98mmol/(m^2 · s)]，最小为 W1F3 处理 [5.05mmol/(m^2 · s)]，W2F3 处理比 W1F3 提高了 18.41%。在施肥量一定条件下，红枣叶片蒸腾速率峰值表现为 W2>W3>W1，尤其是在 F2 条件下达到显著性差异，说明中水处理对红枣叶片蒸腾速率峰值影响较为明显。在灌水定额相同情况下，蒸腾速率峰值表现为 F3>F2>F1，且具有显著性差异；说明提高施肥量会使叶片蒸腾速率变小。

从图 6-7（c）可知，不同水肥处理红枣叶片气孔导度日变化均呈现“双峰”型，且双峰比较明显，气孔导度两次峰值分别出现在 12：00 和 16：00，各处理第一次峰值明显高于第二次峰值，谷值一致出现在 14：00。气孔导度与净光合速率日变化趋势基本一致，气孔导度大小与光合作用呈正相关。气孔导度第一次峰最大值出现在 W2F1 处理，与 W2F3 处理无显著差异，相同的施肥量条件下，最大峰值气孔导度表现为 W2>W3>W1，中水条件下会明显提高叶片气孔导度；在灌水定额一定条件下，气孔导度最大峰值表现为 F3>F2>F1，同时 F1 与 F2、F3 不具有显著性差异，说明中水高肥对红枣气孔导度的提高有显著影响。

从图 6-7（b）可见，红枣叶片胞间 CO_2 浓度日变化呈现“单谷”型，各处理胞间 CO_2 浓度在 10：00 时最大，此后随着净光合速率的增大而逐渐降低，在 12：00 左右降到最低，14：00—16：00 时间段各处理胞间 CO_2 浓度为不显著差异，且变化比较稳定。C_i 谷值最大为 W2F3 处理 [425.61mol/(m^2 · s)]，W1F1 处理 [111.33μmol/(m^2 · s)] 最小，W2F3 处理比 W1F1 提高 29.04%。分析其他水肥处理对胞间 CO_2 浓度的影响，同一施肥量条件下，胞间 CO_2 浓度谷值均表现为 W2>W3>W1，说明中水处理对红枣胞间 CO_2 浓度有较明显影

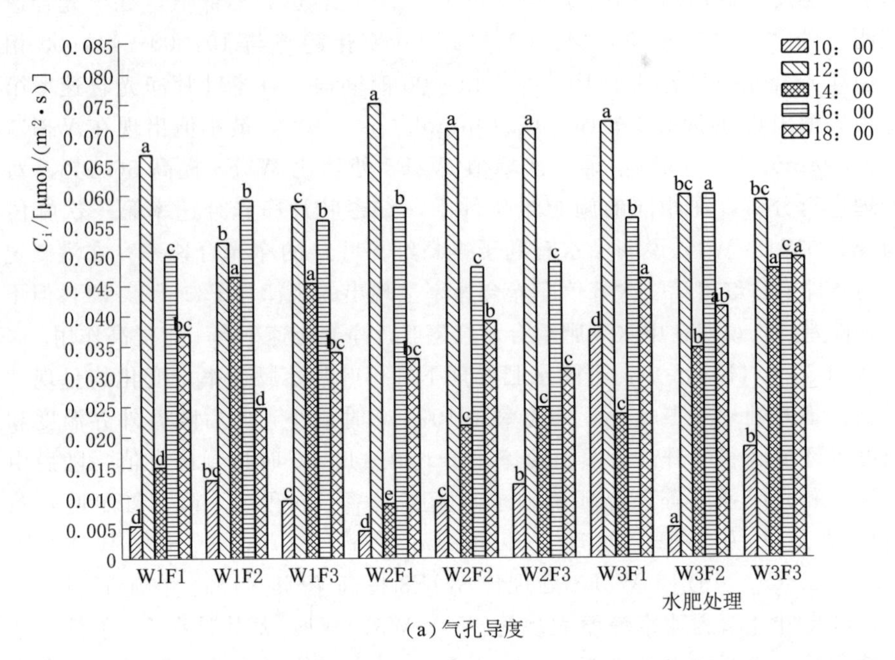

(a) 气孔导度

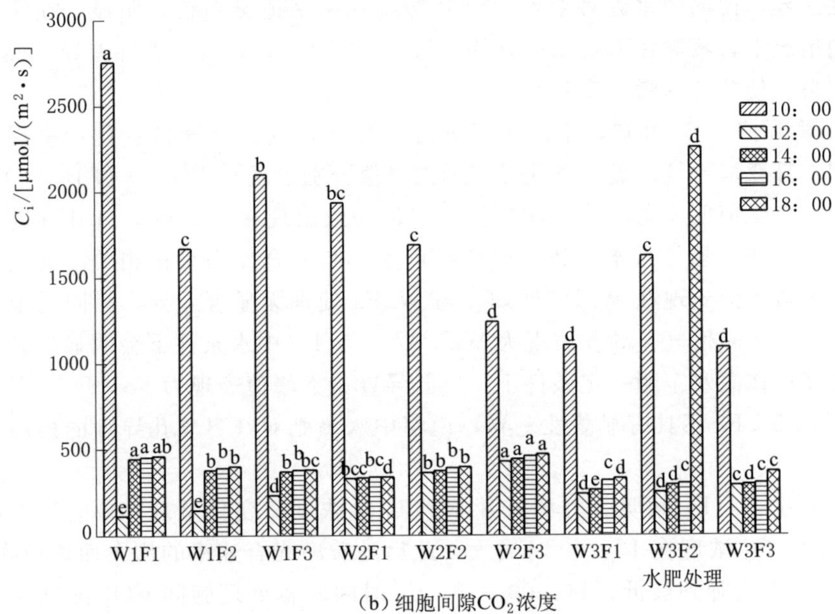

(b) 细胞间隙CO_2浓度

图 6-7　不同水肥处理对气孔导度和细胞间隙 CO_2 浓度的影响

响；在相同灌溉定额条件下，胞间 CO_2 浓度谷值表现为 F3＞F2＞F1，说明高施肥量对胞间 CO_2 浓度影响较为明显。

2. 不同水肥处理对红枣叶片水分利用效率的影响

红枣叶片水分利用效率（*WUE*）是一个综合指标，受多种因素影响。不同水肥处理对红枣叶片水分利用率的影响如图 6-8 所示，可以看出不同水肥处理下红枣叶片水分利用效率日变化动态规律具有很好的一致性，10：00—14：00 水分利用率随着光强和气温等环境因子的升高逐渐降低，到 14：00 左右达到最低值；14：00—18：00 因蒸腾速率等生理因子的减少，水分利用效率开始变大，但变化幅度不是很大。上午（10：00—12：00）叶片的光合能力相对较强，蒸腾速率较低，由于下午（14：00—18：00）气温较高，蒸腾作用强烈，叶片气孔关闭，光合能力减弱，因此上午叶片水分利用效率高于下午。平均水分利用效率最大值为 W3F2 处理（3.19μmol/mmol），比平均水分利用效率最小值 W3F3 处理（2.24μmol/mmol）提高 42.4%，说明水肥处理对红枣叶片水分利用率有明显的影响。

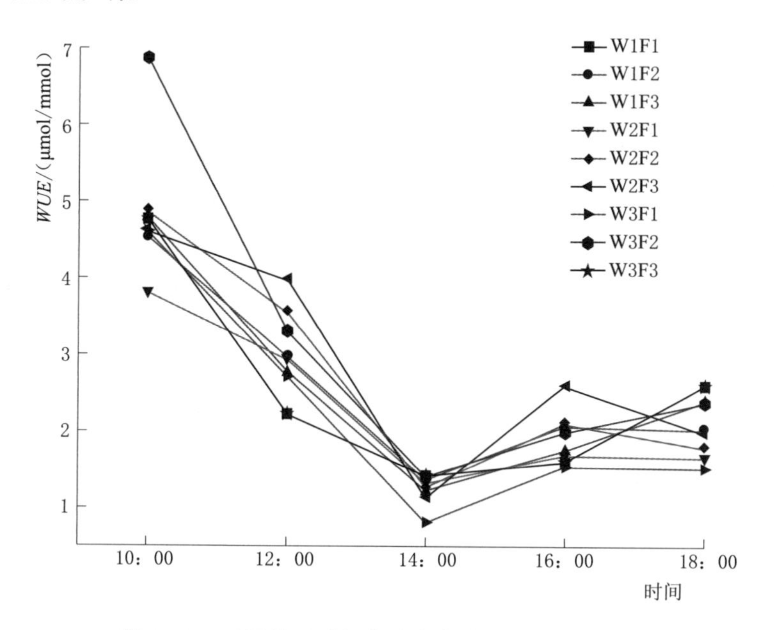

图 6-8 不同处理对红枣叶片水分利用效率的影响

3. 不同水肥处理对滴灌红枣光合特性平均值的影响

不同的水肥处理对红枣叶片净光合速率（P_n）、蒸腾速率（T_r）、气孔导度（G_s）、细胞间 CO_2 浓度（C_i）和水分利用效率（*WUE*）的影响见表 6-8。其中灌水对红枣叶片 P_n、T_r、G_s、C_i 和 *WUE* 均达到极显著水平（$P<0.01$）；施肥对红枣叶片 P_n、T_r、G_s、C_i 和 *WUE* 的影响不显著（$P>0.05$）；水肥交互作用对红枣叶片 P_n、T_r、G_s 和 *WUE* 达到极显著水平（$P<0.01$），对 C_i 的影响显著（$P<0.05$）。

表 6-8 不同水肥处理对红枣叶片光合特性和水分利用效率的影响

处理	P_n/[μmol/(m²·s)]	T_r/[mmol/(m²·s)]	G_s/[μmol/(m²·s)]	C_i/[μmol/(m²·s)]	WUE/(μmol/mmol)
W1F1	7.26±0.07f	3.15±0.055b	0.31±0.011c	447.50±2.78f	2.31±0.100c
W1F2	7.82±0.12e	3.17±0.015b	0.33±0.015c	519.89±3.38e	2.47±0.031b
W1F3	7.73±0.04e	3.19±0.045b	0.35±0.10c	365.07±5.11g	2.42±0.035b
W2F1	8.43±0.03c	3.76±0.020a	0.45±0.015b	710.42±2.79a	2.24±0.153c
W2F2	8.34±0.08cd	3.68±0.021a	0.47±0.037ab	639.25±3.45b	2.26±0.009c
W2F3	8.93±0.03a	3.86±0.010a	0.49±0.015a	707.41±4.48a	2.31±0.026c
W3F1	8.24±0.05d	3.27±0.057b	0.35±0.015c	631.01±2.52b	2.52±0.006ab
W3F2	8.67±0.13b	3.40±0.059b	0.36±0.016c	592.06±2.04c	2.55±0.042ab
W3F3	8.41±0.09cd	3.28±0.049b	0.44±0.032b	536.53±1.44d	2.56±0.031a
显著性分析(F 值检验)					
W	10.346*	63.199**	13.897**	13.434**	19.949**
F	0.39	0.1	0.152	0.165	0.311
W×F	77.549**	10.517**	10.597**	1251.19*	24.602**

由表 6-8 可以看出，不同水肥处理 P_n、T_r、G_s 和 C_i 分别为 7.26～8.93μmol/(m²·s)、3.15～3.86mmol/(m²·s)、0.31～0.49μmol/(m²·s) 和 365.07～710.42μmol/(m²·s)，P_n、T_r、G_s、C_i 最大值出现在 W2F3 处理，最小值出现在 W1F1 处理，C_i 最大值在 W2H 处理，最小值在 W1F3 处理，各处理 P_n、T_r、G_s 和 C_i 最大值比最小值分别提高 23.00%、22.54%、58.06% 和 58.08%。这说明红枣叶片 P_n、T_r、G_s、C_i 有着密切关系，叶片自身能够通过气孔导度开放的大小来控制红枣净光合速率和蒸腾速率，其归因于气孔因素。*WUE* 最大值出现在 W3F3 处理，与 W2F3 处理相比，其 P_n、T_r、G_s 和 C_i 明显下降，但 *WUE* 反而增加了 10.82%，说明 W2F1 处理虽然能得到较高水平的净光合速率和蒸腾速率，水分利用效率最大值却出现在 W3F3 处理。由表还可以看出，红枣叶片 P_n、T_r、G_s 和 C_i 随灌溉量的增加从大到小表现为：W2，W3，W1；红枣 *WUE* 从大到小表现为：W3，W1，W2；增加施肥量，红枣叶片 P_n、T_r、G_s 和 C_i 之间差异较小，不同施肥水平未达到显著（$P>0.05$），说明灌水因素对红枣的光合特性和叶片水分利用效率的影响比施肥显著，W2F3 组合最有利于作物进行光合作用。

二、不同水肥处理对滴灌红枣叶绿素相对含量的影响

不同的水肥处理对红枣叶片叶绿素相对含量及氮含量的影响如图 6-9 所示。其中灌水对红枣叶片叶绿素相对含量及氮含量均达到极显著水平（$P<0.01$）；施肥对红枣叶片叶绿素相对含量及氮含量的影响不显著（$P>0.05$）；水肥交互

作用对红枣叶片叶绿素相对含量及氮含量达到极显著水平（$P<0.01$）。

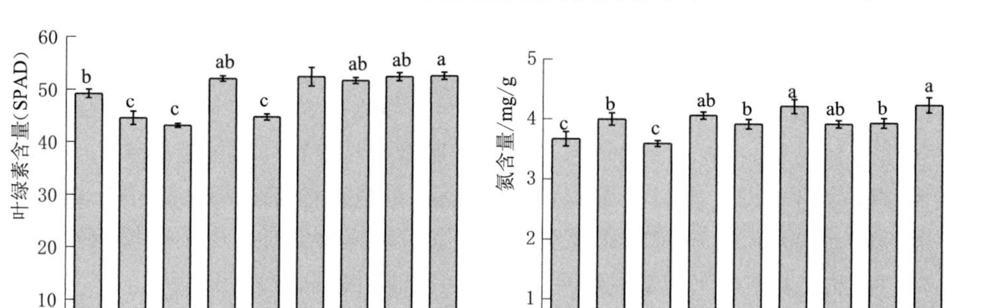

图 6-9　不同水肥处理对红枣叶片叶绿素含量及氮含量的影响

不同水肥处理对红枣叶绿素的影响如图 6-9（a）所示。可以看出，不同水肥处理红枣叶片叶绿素含量为 43.17(W1F3)～53.00(W3F3)，W3F3 处理的叶绿素含量比 W1F3 提高 22.77%，同时 W3F3 处理与 W2F3 处理无显著性差异（$P>0.05$）；对其他处理进行分析，随着灌水量增加，红枣叶片叶绿素含量表现为 W2>W3>W1，W2 灌溉量比 W1、W3 分别提高 9.34%、2.70%；增加施肥量，红枣叶绿素含量表现为 F3>F2>F1，施肥量 F3 比 F2、F1 分别提高 15.16%、2.21%，说明中水高肥组合最有利于提高叶绿素含量。

从图 6-9（b）可以看出，不同水肥处理红枣叶片氮含量为 3.60(W1F3)～4.27mg/g(W3F3)，最大值处理的氮含量比最小值处理提高 18.61%且 W3F3 处理与 W2F3 处理无显著性差异（$P>0.05$）；同时增加灌水量，红枣氮含量表现为 W2>W3>W1，W2 灌溉量比 W1、W3 分别提高 8.78%、0.49%；增加施肥量，红枣氮含量表现为 F3>F2>F1，F3 施肥量比 F1、F2 分别提高 3.59%、1.77%，说明中水高肥组合最有利于提高氮含量。

三、不同水肥处理对滴灌红枣生长指标的影响

不同水肥处理对红枣梢径增加量和梢长增加量的影响如图 6-10 所示。可以看出，灌水对红枣梢径增加量的影响达到显著水平（$P<0.05$），对红枣梢长增加量同样达到显著性水平（$P<0.05$），施肥对红枣梢长增加量和梢径增加量均不显著（$P>0.05$）；水肥交互作用对红枣梢长增加量和梢径增加量达到极显著水平（$P<0.01$）。

不同水肥处理的红枣梢径增加量如图 6-10（a）所示，不同水肥处理的红枣

梢径增加量为4.17～6.31mm，最大值（W2F2处理）比最小值（W1F1处理）增加了51.32%。随着灌水量的增加，红枣梢径增加量逐渐升高，从大到小具体表现为：W3，W2，W1；W3水平红枣梢径增加量比W1、W2灌溉水平分别增加10.42%、5.56%（F1施肥量），25.49%、10.34%（F2施肥量），11.32%、5.36%（F3施肥量）；在W1灌溉水平下，施肥量对红枣梢径增加量影响从大到小表现为：F3、F1、F2，类似在W2、W3灌溉水平梢径增加量从大到小分别表现为：F3、F2、F1，F2、F1、F3；说明不同灌溉水平施肥量对红枣梢径增加量的影响不同。由此说明，灌水因素对红枣梢径增加量的影响明显于施肥。

不同水肥处理的红枣梢长增加量如图6-10（b）所示，不同水肥处理的红枣梢长增加量为48～64cm，最大值（W3F2处理）比最小值（W1F1处理）提高33.33%。梢长增加量与梢径增加量的变化规律相似，随着灌水量的增加而逐渐变大，从大到小表现为：W3，W2，W1；W3施肥量的红枣梢长增加量比W1、W2分别增加18.75%、5.56%（F1施肥量），25.49、10.34（F2施肥量），11.32%、5.36%（F3施肥量）；在W1灌溉水平下，施肥量增加，梢长增加量从大到小表现为：F3、F2、F1；在W2、W3灌溉量条件下从大到小表现为：F2、F3、F1，说明不同灌溉水平的施肥量对红枣梢长增加量的响应不同。由此说明，灌水因素对红枣梢长增加量的影响显著于施肥。

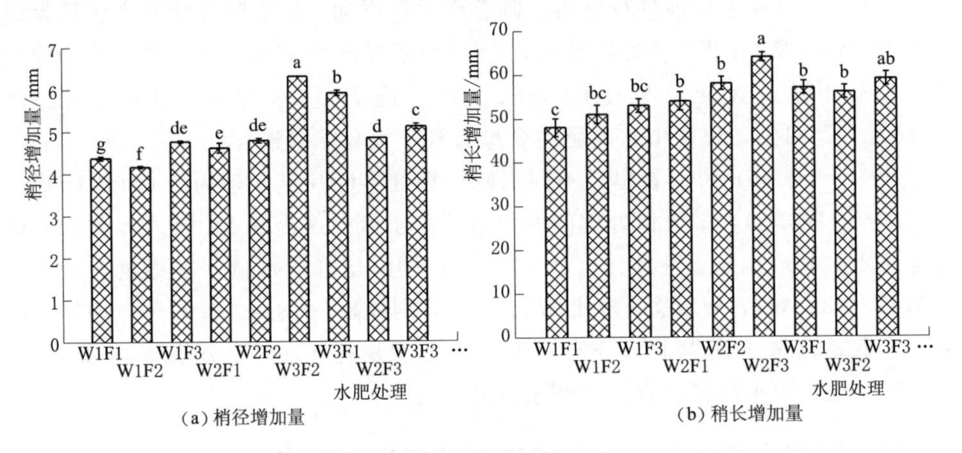

图6-10 不同水肥处理对红枣梢径增加量和梢长增加量的影响

四、相关性分析

叶片是植物进行光合作用的重要器官，光合作用是植物将太阳能转化为生物能，其将二氧化碳和水等无机物合成有机物时释放出氧气的过程，对植物的代谢有重要作用，同时光合作用的实现依赖于叶绿素对光能的吸收，因此研究红枣叶片净光合速率与其他光合生理指标、叶绿素含量的相关关系尤为重要。

P_n 与 T_r、G_s 之间的相关关系如图 6-11（a）所示。可以看出，P_n 与 T_r、

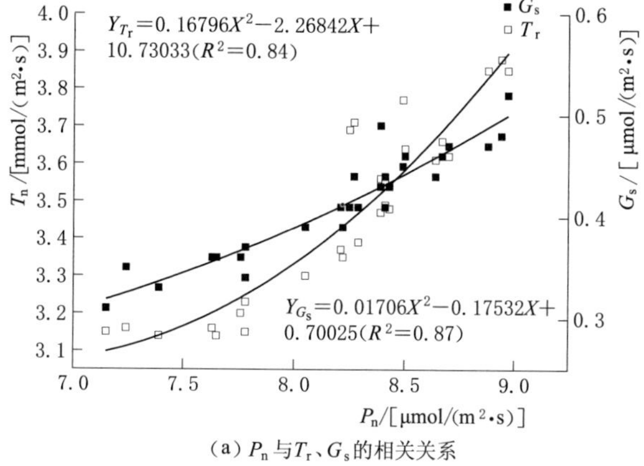

（a）P_n 与 T_r、G_s 的相关关系

$Y_{叶}=4.10357X+14.92194$ $(R^2=0.48)$

□ 氮含量
■ 叶绿素含量

叶绿素含量(SPAD)

氮含量/(mg/g)

$Y_{氮}=0.28027X+1.6444(R^2=0.38)$

P_n/[μmol/(m²·s)]

（b）P_n 与叶绿素含量、氮含量得相关关系

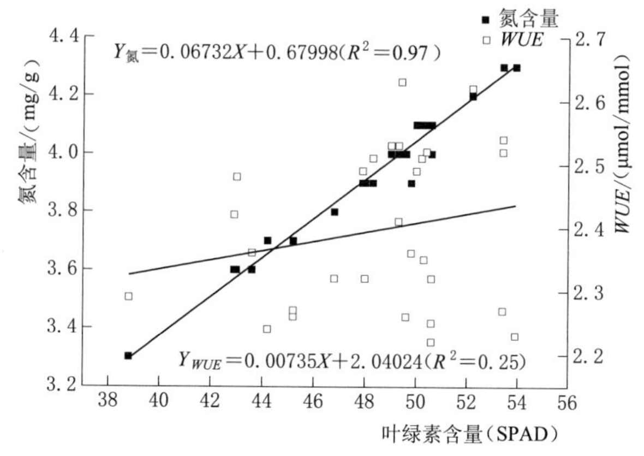

（c）叶绿素含量与氮含量、WUE的相关关系

图 6-11　相关性分析

G_s 之间呈现二次曲线关系，P_n 与 T_r 的相关系数为 $R^2=0.84$，P_n 与 G_s 之间的相关系数 $R^2=0.87$，说明红枣叶片 P_n 与 T_r、G_s 之间有较好的相关关系，红枣叶片 P_n 在一定程度上能反映 T_r、G_s，叶片自身能够通过控制气孔开放程度来控制红枣 P_n、T_r，其归因于气孔因素；P_n 与叶绿素含量和氮含量的拟合曲线如图 6-11（b）所示。P_n 与叶绿素含量和氮含量拟合出的曲线均为一次直线方程，相关系数 R^2 分别为 0.48、0.38，说明 P_n 与叶绿素含量、氮含量有一定相关关系但不密切，P_n 不能直接反映红枣叶绿素含量和氮含量。

叶绿素是作物光合作用最重要的色素，也是植物进行光合作用的基础物质。叶绿素含量与叶片水分利用效率、氮含量的曲线拟合关系如图 6-11（c）所示。可以看出，叶绿素含量与氮含量呈现一次直线关系，同时相关系数 $R^2=0.97$，而叶绿素含量与 WUE 之间拟合关系较差，相关系数为 0.25，说明叶绿素含量在一定程度上反映叶片氮含量，而不能反映叶片水分利用效率。

第四节　水肥耦合对滴灌红枣产量及品质的影响

南疆沙区水资源严重短缺、水肥利用率低下，漫灌是当地枣农主要灌溉方式，严重制约着当地的农业发展。因此本书在前人研究的基础上，探讨了滴灌条件下水肥管理对南疆沙区红枣土壤养分、生理生长、产量及品质的影响，建立了水肥投入与产量、品质的数学模型，得出了适宜的水肥区间，以期为南疆节水灌溉技术提供指导。

“以水促肥、以肥调水”这是水肥供应的关键，只有合理的水肥配比才能有利于作物生长发育和提高产量，并且滴灌条件下水肥耦合存在阈值反应，低于阈值，增加水肥投入具有增产效果；高于阈值，可能导致减产；田军仓等（2004）研究认为灌水量与施肥量的交互作用对产量影响显著。本试验结果表明，水肥交互作用对红枣产量达到显著性水平，灌水和施肥均未达到显著性水平；不同水肥条件下，红枣的产量表现不同，水分不足时，适当增加灌水有利于提高红枣产量，过高的水肥使用量反会减少红枣产量。

通过对红枣产量与其他指标的曲线拟合，产量与梢径增加量有较好的拟合关系，梢径增加量在一定程度上能反映红枣产量，而产量与梢长增加量拟合程度不高，可能是由于在试验过程中要进行修枝，对红枣梢长有一定的影响。本研究中，将各目标函数进行归一化，运用空间方法最佳灌水施肥区间为 651～806mm 和 708～810kg/hm^2，其中 N 311～345kg/hm^2、P_2O_5 156～178kg/hm^2、K_2O 233～267kg/hm^2。对所建立的红枣产量与品质数学模型进行验证，本试验实测数据值与预测值具有良好的拟合关系。

一、不同水肥处理对滴灌红枣产量的影响

不同水肥处理对红枣产量和水肥利用效率的影响见表 6-9。如表所列，灌水对红枣产量的影响不显著（$P>0.05$），对灌溉水利用效率的影响达到极显著（$P<0.01$）；施肥对红枣产量和灌溉水分利用效率的影响不显著（$P>0.05$），对肥料偏生产力达到显著性影响（$P<0.05$），水肥交互作用对红枣产量和灌溉水利用效率、肥料偏生产力均达到极显著（$P<0.01$）。

从表 6-9 可以看出，不同水肥处理红枣产量为 6900～8768kg/hm^2，最大值为 W2F3 处理，比最小值 W1F1 处理提高 27.09%。随着灌水量增加，红枣产量从大到小表现为：W2、W1、W3，W2 灌水量比 W1、W3 分别提高 24.18%、24.82%；随着施肥量的提高，红枣产量从大到小表现为 F3、F2、F1，F3 施肥量比 F1、F2 分别提高 7.12%、10.93%；对于灌溉水利用效率（*iWUE*）而言，不同水肥处理灌溉水分利用效率为 0.95(W3F1)～1.51(W1F3)kg/m^3，W1F3 处理灌溉水利用效率比 W3F1 提高 58.95%，提高灌水量其灌溉水利用效率呈现降低的趋势；肥料偏生产力在 W3F1(17.81kg/kg) 处理最大，比最小值 W1F3 处理（13.46kg/kg）提高了 32.32%，提高施肥其肥料偏生产力呈现降低的趋势；增产效应（E_1）反映了不同水肥处理相比于低水低肥（W1F1）的增产效果，可以看出，不同水肥处理的增产效应为均为正值，W2F3 处理的增产效应值最高为 21.30%，此结果与产量结果相吻合。

表 6-9　不同水肥处理对红枣产量的影响

处理	产量 /(kg/hm^2)	灌溉水利用效率 /(kg/m^3)	肥料偏生产力 /(kg/kg)	E_1/%
W1F1	6900±158c	1.39±0.14bc	17.03±0.87b	—
W1F2	7170±187c	1.44±0.11b	15.26±0.98c	3.77
W1F3	7470±192c	1.51±0.09a	13.46±0.69d	7.63
W2F1	7800±177c	1.09±0.12c	17.26±0.78ab	11.54
W2F2	8175±149b	1.14±0.17c	13.97±0.99d	15.59
W2F3	8768±136a	1.22±0.08c	13.75±0.78cd	21.30
W3F1	8025±144b	0.95±0.13de	17.81±0.84a	14.01
W3F2	8115±169b	0.96±0.14de	13.87±0.93d	14.97
W3F3	8749±198a	0.98±0.09d	11.19±0.76cd	21.13
显著性水平（*P* 值检验）				
W	0.15	<0.01	0.08	—
F	0.21	0.11	<0.01	—
W×F	<0.01	<0.01	<0.01	—

综上所述，基于红枣指标的多样性，滴灌红枣产量各指标不能保证在同一处理中获得最优；例如，W2F3 处理产量最高，但此处理条件下灌溉水利用效率、肥料偏生产力并不是最优。

二、不同水肥处理对滴灌红枣品质的影响

不同水肥处理对红枣品质的影响见表 6－10。可以看出，灌水对红枣纵径、横径及总重的影响为显著性水平（$P<0.05$），同时灌水对红枣总糖、维生素 C、总酸为达到显著性水平（$P>0.05$），施肥对红枣所有品质指标均未达到显著性水平（$P>0.05$），水肥耦合效应对红枣品质均达到显著性水平（$P<0.05$）或极显著水平（$P<0.01$）。

表 6－10　不同水肥处理对红枣品质的影响

处理	纵径/mm	横径/mm	总重/g	总糖/(g/100g)	维生素 C/(mg/100g)	总酸/(g/kg)
W1F1	34.36±1.2d	19.44±1.0c	7.70±0.5c	59.4±3.1b	105.18±5.14c	8.11±0.78c
W1F2	34.50±1.3d	21.54±1.2c	7.76±0.6c	60.2±4.0b	109.52±4.98c	8.06±0.54c
W1F3	35.10±1.0d	21.41±1.1c	7.82±0.5c	58.3±4.1b	108.3±4.71c	8.26±0.66c
W2F1	39.26±0.9ab	23.15±0.9a	8.52±0.7ab	60.8±3.7ab	116.5±3.96b	8.90±0.71b
W2F2	37.96±1.2b	23.06±1.0a	8.89±0.4a	61.6±3.4a	116.52±4.69b	9.14±0.64ab
W2F3	40.65±1.1a	23.89±1.2a	8.95±0.8a	61.6±4.2a	119.52±4.55ab	9.13±0.76ab
W3F1	39.32±1.2ab	22.38±1.1b	8.43±0.4ab	61.8±3.1a	114.36±7.46b	9.17±0.86a
W3F2	39.36±0.9ab	22.45±0.8b	8.16±0.7b	61.7±3.6a	114.97±6.68b	9.11±0.87ab
W3F3	40.64±1.0a	22.28±1.2b	8.39±0.8ab	60.7±3.5a	120.12±5.89a	9.09±0.74ab
显著性水平（P 值检验）						
W	<0.05	<0.05	<0.05	0.13	0.16	0.07
F	0.47	0.09	0.1	0.41	0.18	0.19
W×F	<0.05	<0.05	<0.01	<0.01	<0.01	<0.01

不同水肥处理红枣纵径、横径及总重与产量保持很好的一致性，分别介于34.36(W1F1)～40.65(W2F3)mm、19.44(W1F1)～23.86(W2F3)mm、7.70(W1F1)～8.95(W2F3)g，最大值比最小值分别提高 18.31%、22.74%、16.23%；整体上还可以看出，W1F1、W1F2、W1F3 处理红枣纵径、横径及总重小于其他处理，这也说明低水处理对红枣纵径、横径及总重提高效果不是很显著，随灌水量增加，纵径、横径及总重呈现先增加后减少的趋势，而适当的增加施肥对提高红枣纵径、横径及总重有积极作用。

不同水肥处理红枣总糖、维生素 C、总酸分别介于 58.3(W1F3)～61.8

(W3F1)g/100g、105.18(W1F1)~120.12(W3F3)mg/100g、8.06(W1F2)~9.17(W3F1)g/kg，最大值处理比最小值处理分别提高6.00%、14.21%、13.77%，基于产量品质指标，并不是增加水肥使用量就能显著提高红枣产量及品质，只有水肥交互作用达到最佳耦合效应才能提高红枣产量，本试验条件下，W2F3组合耦合效果较好，此处理为节水、节肥的最优处理。

三、不同水肥对滴灌红枣净收益的影响

不同水肥处理下红枣收入与支出情况见表6-11。单因素灌水或施肥对滴灌红枣净收益未达到显著性水平（$P>0.05$），水肥交互作用对净收益达到显著性水平（$P<0.05$），净收益介于29190(W1F1)~41644元/hm^2(W2F3)，W2F3处理毛收益相对于W1F1处理提高幅度为42.67%，说明水肥管理不合理会影响净收益，W2F3处理作为净收益最优水肥处理，同时节水节肥分别为35%、15%，此处理看作经济效益最佳的水肥组合处理。

表6-11　　不同水肥处理下红枣收入与支出情况

处理	经济收入G/(元/hm^2)	水肥投入M/(元/hm^2)	劳务费N/(元/hm^2)	其他投入I/(元/hm^2)	净收益S/(元/hm^2)
W1F1	55890	2180	5520	19000	29190±415g
W1F2	58077	2591	5736	19000	30750±392ef
W1F3	60507	3002	5976	19000	32529±524e
W2F1	63180	2482	6240	19000	35458±489d
W2F2	66218	2893	6540	19000	37785±428c
W2F3	70956	3304	7008	19000	41644±507a
W3F1	65003	2784	6420	19000	36799±362cd
W3F2	65732	3195	6492	19000	37045±787c
W3F3	70997	3606	7012	19000	41379±455b
显著性水平（P值检验）					
W	—	—	—	—	0.29
F	—	—	—	—	0.16
W×F	—	—	—	—	<0.05

注　经济收入=产量×收购单价；劳务费投入=产量×采摘红枣劳务费。

四、水肥投入与产量和品质的关系

由于不同水肥处理红枣纵径、横径及总重与产量保持很好的一致性，因此建立回归忽略纵径、横径及总重，见表6-12。以水肥投入为自变量，以红枣产

量、灌溉水利用效率、肥料偏生产力、净收益、红枣总糖、维生素C、总酸为因变量，分别建立了二元二次回归方程。进行回归分析，表明水肥投入对各因变量的影响均达到显著性水平或极显著水平（$P<0.01$），决定系数均在0.80以上（表6-12）。滴灌条件下W1、F1分别为灌水、施肥的下限，W3、F3为灌水、施肥量的上限，运用MATLAB软件分别求出表6-12中各方程的最大值以及最大值对应的灌水量和施肥量。

表6-12　水肥投入与产量、品质指标的回归模型

输出变量	回归方程	R^2	P
产量	$Y_1=-0.010W^2-0.005F^2+6.570\times10^{-5}WF+16.390W-3.989F+1957.208$	0.978	<0.01
灌溉水利用率	$Y_2=-3.33\times10^{-7}W^2-4.93\times10^{-7}F^2-3\times10^{-7}WF-0.00016W-0.7\times10^{-5}F+2.105$	0.998	<0.001
肥料偏生产力	$Y_3=-1.7\times10^{-}5W^2-4.48\times10^{-5}F^2-7.4\times10^{-6}WF+0.0036W-0.069F+26.845$	0.997	<0.001
净收益	$Y_4=-0.040W^2+0.019F^2+0.0003WF+6.5.604W-15.955F+7828.834$	0.977	<0.01
总糖	$Y_5=-1.5\times10^{-5}W^2-1.4\times10^{-5}F^2+4.36\times10^{-6}WF+0.002W+0.012F+47.809$	0.819	<0.05
维生素C	$Y_6=-0.1\times10^{-4}W^2-2.69\times10^{-5}F^2+2.55\times10^{-5}WF+0.015W-0.038F+63.167$	0.947	<0.05
总酸	$Y_7=-7.3\times10^{-6}W^2-2.39\times10^{-6}F^2-3.1\times10^{-7}WF+0.001W-0.002F+4.066$	0.965	<0.01

注　表中Y_i为各函数指标值；W为灌溉定额，mm；F为施肥量，kg/hm²。

从表6-13可以看出，获得最大产量（8861kg/hm²）所需灌水、施肥量分别是812.4mm、746.2kg/hm²，而获得灌溉水利用效率、肥料偏生产力最大值，其灌水、施肥量明显低于最大值产量，在灌水、施肥量分别是782.6mm、769.7kg/hm²时，获得最大收益值。对于红枣品质而言，红枣总糖、维生素C、总酸最大值对应灌溉施肥量比较接近。综上分析，红枣几个指标不能同时达到最大，灌溉水利用效率、肥料偏生产力与其他指标的灌水施肥区域离的较远，因此在综合评价中不考虑*iWUE*、*PFP*，同时净收益是通过产量计算出来的，在这里只分析产量。

表6-13　最大红枣产量、总糖、维生素C、总酸及其所需灌水量和施肥量

指标	最大值	灌水量/mm	施肥量/(kg/hm²)
产量/(kg/hm²)	8861	812.4	746.2
灌溉水利用效率/(kg/m³)	1.48	463.5	614.5

续表

指标	最大值	灌水量/mm	施肥量/(kg/hm²)
肥料偏生产力/(kg/m³)	14.28	515.4	418.4
净收益/(元/hm²)	35047	782.6	769.7
总糖/(g/100g)	61.76	769.8	726.8
维生素 C (mg/100g)	119.47	845.5	749.4
总酸/(g/kg)	9.16	809.7	729.6

由于红枣产量、总糖、总酸、维生素 C 难以同时达到最大值，且三者具有不同的量纲，不能直接比较，因此将红枣产量、总糖、维生素 C、总酸进行归一化处理，即各处理产量、总糖、维生素 C、总酸分别除以其最大值，可以得到水肥投入与相对产量、相对总糖、相对维生素 C 和相对总酸的关系（图 6 - 12）。

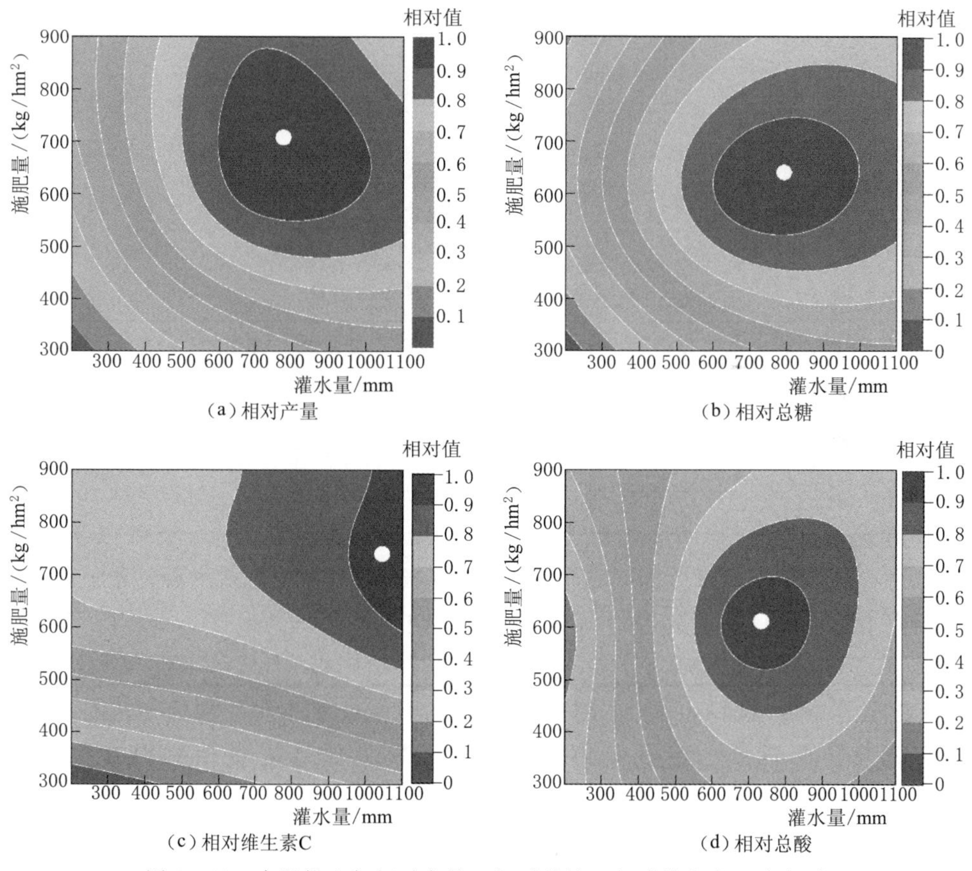

图 6 - 12　水肥投入与相对产量、相对总糖、相对维生素 C 和相对总酸的关系（白点为区域内的最大值）

对红枣相对产量、相对总糖、相对维生素 C 和相对总酸值进行评价。可以看出，各指标在相对值 0.9 可接受区域总糖和总酸有重合区域，而产量、维生素 C 与总糖和总酸区域相差太远；在相对值 0.8 可接受区域红枣各指标有重叠区域，因此大于等于相对值 0.8 区域定为合理的可接受范围。

本研究参考了吴立峰等（2015）参数估计中所用的似然函数组合方法，分别记为加法组合方式 C_1、乘法组合方式 C_2 和均方根组合方式 C_3，同时对产量、总糖、维生素 C、总酸同时达到相对值 0.8 以上区域用 3 种组合方式进行计算，以 C_1、C_2、C_3 组合中得最小值最大值为水肥区间。从表 6-14 可以看出，对产量、总糖、维生素 C、总酸同时达到相对值 0.8 以上区域最佳灌水、施肥区间为 651～806mm 和 708～810kg/hm²，其中 N 311～345kg/hm²、P_2O_5 156～178kg/hm²、K_2O 233～267kg/hm²。

$$C_1 = \frac{\sum_{i=1}^{K} Y_i}{K}$$

$$C_2 = \prod_{i=1}^{K} Y_i$$

$$C_3 = \sum_{i=1}^{k} \frac{1}{K} Y_i^2$$

表 6-14　　不同组合及其所需灌水量和施肥量

组合	灌水量 /mm	施肥量 /(kg/hm²)	产量 /(kg/hm²)	总糖 /(g/100g)	维生素 C /(mg/100g)	总酸 /(g/kg)
C_1	651	708	8615	60.87	117.87	8.97
C_2	806	745	8745	61.12	118.22	9.14
C_3	754	810	8844	61.77	119.51	9.06

已有众多学者通过多元回归与空间分析相结合的方法，求出最佳水肥配比。本研究中，将各目标函数进行归一化，运用空间方法得到最佳灌水施肥区间为 651～806mm 和 708～810kg/hm²，其中 N 311～345kg/hm²、P_2O_5 156～178kg/hm²、K_2O 233～267kg/hm²。对所建立的红枣产量与品质数学模型进行验证，将本试验实测数据值与预测值进行拟合。模型评价采用相对均方根误差（*nRMSE*），*nRMSE*＜10％为极好，10％～＜20％为良好，20％～＜30％为中等，≥30％为差。由图 6-13 可以看出，产量及品质预测值与实测值具有很好的相关性，*nRMSE* 均为良好，$R^2>0.8$，$P<0.01$，由此说明此研究建立的数学模型可以作为南疆沙区红枣产量品质的预测模型。

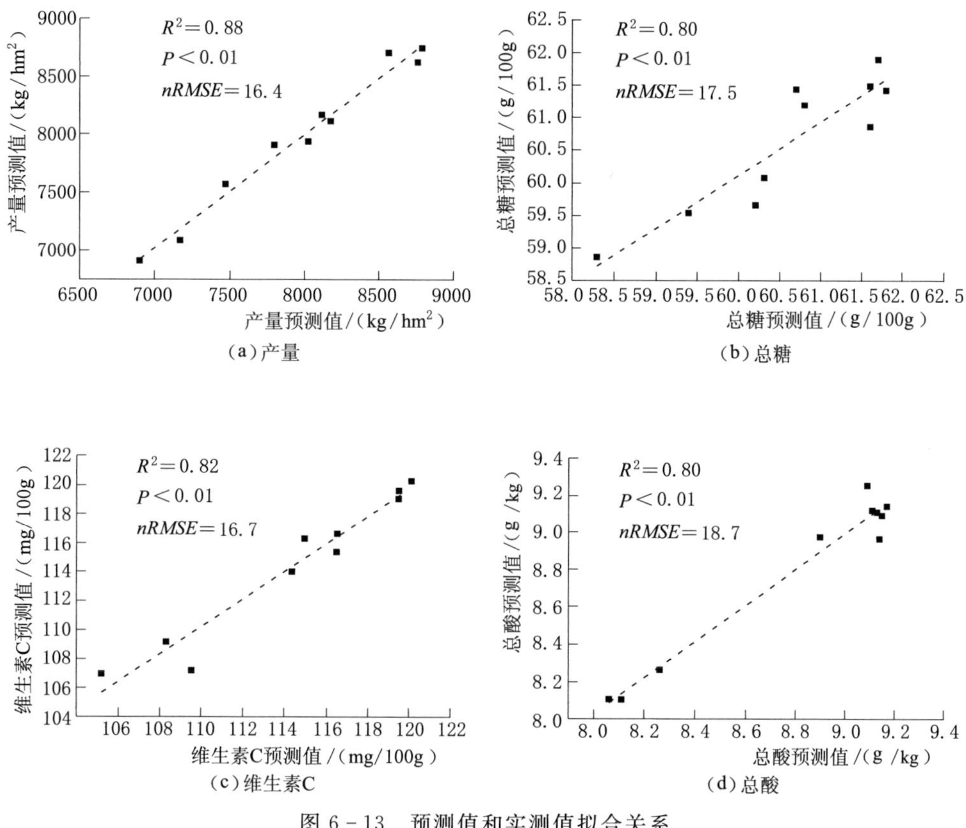

图 6-13　预测值和实测值拟合关系

R^2—决定系数；P—显著性分析；$nRMSE$—相对均方根误差。

五、相关性分析

产量作为最重要的经济指标，与红枣生理、生长特性存在一定关系。红枣产量与其他指标间的相关关系如图 6-14 所示。从图 6-14（a）可以看出，产量与红枣叶片净光合速率呈现二次曲线关系、与叶片水分利用效率呈现直线关系。产量与净光合速率之间的决定系数 $R^2=0.3256$，产量与水分利用效率的拟合度 $R^2=0.3236$，根据拟合度可知，红枣产量与净光合速率、水分利用效率之间存在一定关系但不密切；图 6-14（b）为红枣产量与生长指标的拟合关系。可以看红枣产量与红枣梢径增加量有较好的拟合关系（$R^2=0.7547$），产量与梢长增减量有一定的必然联系但不密切，说明红枣梢径增加量在一定程度上能反应红枣产量。

六、滴灌红枣水肥耦合工程参数

本章研究了水肥耦合对滴灌红枣土壤水盐、养分、生理生长、产量及品质

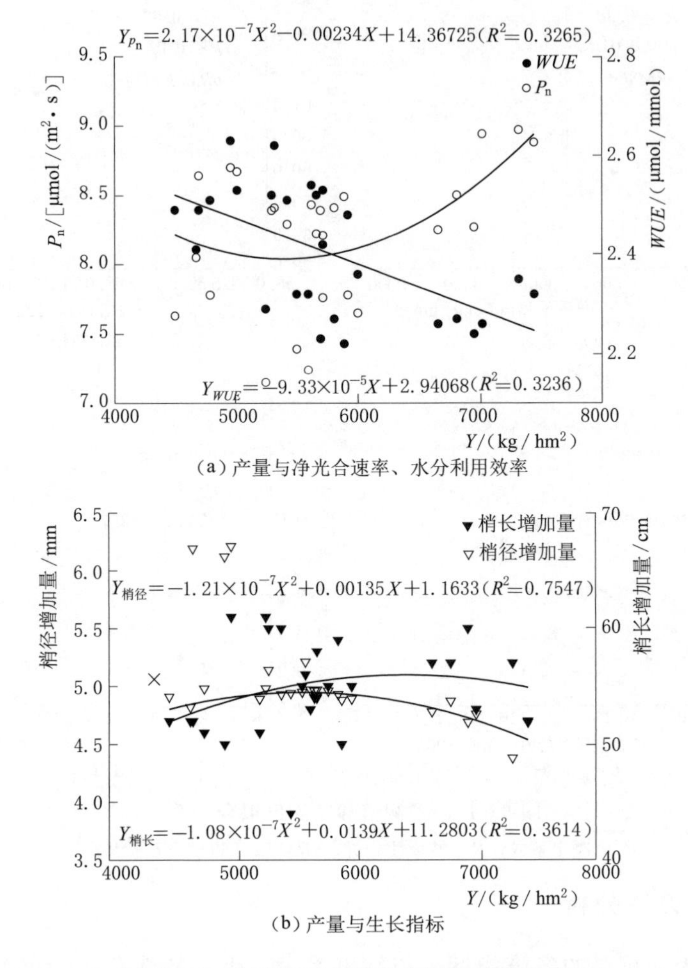

图 6-14 红枣产量与其他指标间的相关关系

的影响，确定了最佳灌水、施肥区间为 651～806mm 和 708～810kg/hm²，其中 N 311～345kg/hm²、P_2O 156～178kg/hm²、K_2O 233～267kg/hm²，具体工程参数如下：

（1）种植模式。种植模式如图 6-15 所示：1 为机械道，2 为滴灌干管，3 为滴灌支管，4 为毛管，5 为枣树，6 为支管 Z3，7 为支管 Z_2，8 为支管 Z_1；L_1 为窄行行距（80cm），L_2 为宽行行距（200cm），L_3 为滴灌支管间距（40m），L_4 为株距（60cm），L_5 为宽窄行模式中枣树行与毛管的距离（20cm）。

（2）灌溉施肥制度。本试验条件下，9 年南疆沙区滴灌红枣具体灌溉制度见表 6-15，主要包括生育期灌水量、灌水次数、施肥量和阶段施肥次数等指标。

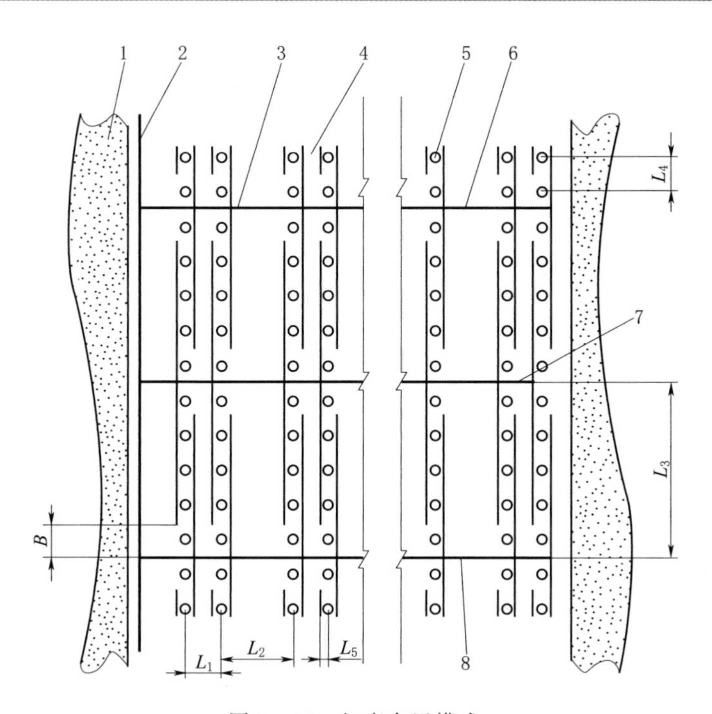

图 6-15 红枣布置模式

表 6-15 **滴灌红枣灌溉施肥制度**

生育期	萌芽新梢期	花期	果实膨大期	白熟期	完熟期	全生育期
施肥次数/次	1	2	2	2		7
施肥量/(kg/hm^2)	105	220	220	220		765
灌水量/mm	110	200	200	200	110	820
灌水次数/次	1	2	2	2	1	8

参 考 文 献

安华明，樊卫国，王启勇，2007. 肥水耦合对柑橘产量和品质的影响 [J]. 耕作与栽培，(5)：18，47.

白丹，1997. 微灌管网系统优化设计 [J]. 农业机械学报，(4)：64-69.

白丹，1996. 微灌田间管网的优化 [J]. 水利学报，(8)：59-64，70.

白珊珊，万书勤，康跃虎，2018. 华北平原滴灌施肥灌溉对冬小麦生长和耗水的影响 [J]. 农业机械学报，(2)：1-14.

白云岗，2011. 极端干旱区成龄葡萄需水规律及微灌节水技术研究 [D]. 乌鲁木齐：新疆农业大学.

毕理智，张锐，王海景，2008. 不同作物滴灌施肥效果分析 [J]. 山西农业科学，36 (10)：50-52.

曹红霞，康绍忠，何华，2003. 蒸发和灌水频率对土壤水分分布影响的研究 [J]. 农业工程学报，19 (6)：1-4.

曹晓庆，杨培岭，李墨峰，2018. 膜下滴灌施肥对樱桃产量品质和土壤肥力的影响 [J]. 中国农业大学学报，23 (11)：133-141.

柴敬礼，2019. 农八师葡萄滴灌应用现状 [J]. 农业与技术，29 (2)：53-55.

柴仲平，王雪梅，孙霞，等，2010. 红枣光合特性与水分利用效率日变化研究 [J]. 西南农业学报，23 (1)：168-172.

柴仲平，王雪梅，孙霞，等，2010. 水氮耦合对红枣光合特性与水分利用效率的影响研究 [J]. 西南农业学报，23 (5)：1625-1630.

柴仲平，王雪梅，孙霞，等，2011. 氮、磷、钾施肥配比对红枣光合特性与水分利用效率的影响研究 [J]. 干旱区资源与环境，25 (2)：144-150.

常英祖，2006. 日光温室番茄、葡萄膜下滴灌试验研究 [D]. 兰州：甘肃农业大学.

陈凤，蔡焕杰，王健，等，2006. 杨凌地区冬小麦和夏玉米蒸发蒸腾和作物系数的确定 [J]. 农业工程学报，22 (5)：191-193.

陈华，吕涛，马兴旺，等，2003. 葡萄植株营养诊断与平衡施肥调节技术研究应用 [J]. 新疆农业科学，(6)：321-323.

陈金霞，李艳，2008. 我国农业节水工程技术探讨 [J]. 农业科技与装备，(3)：74-75.

陈品芳，庞凤玲，2007. 甘肃省河西区葡萄滴灌项目经济效益分析 [J]. 农业展望，3 (8)：36-39.

陈渠昌，郑耀泉，1996. 微灌田间管网支毛管优化设计探讨 [J]. 灌溉排水，(1)：17-21.

陈若男，2010. 极端干旱区滴灌条件无核白葡萄适宜地上净增加生物量确定 [C]//极端干旱区成龄葡萄微灌关键技术研究与示范论文集. 乌鲁木齐.

陈修斌，李翊华，许耀照，等，2016. 水肥耦合对河西绿洲灌漠土甘蓝叶绿素荧光参数及产量影响 [J]. 土壤通报，47 (5)：1211-1217.

陈伊锋，2008. 灌水量对膜下滴灌加工番茄生长及产量的影响［J］. 安徽农学通报，14（11）：142.

程福厚，赵志军，张纪英，等，2007. 分区交替灌溉对梨生长结果及水分利用效率的影响［J］. 干旱地区农业研究，（4）：130－133，140.

程慧娟，王全九，白云岗，等，2010. 垂直线源灌线源长度对湿润体特性的影响［J］. 农业工程学报，26（6）：32－37.

程明瀚，郝仲勇，杨胜利，等，2018. 膜下滴灌条件下温室青椒的水氮耦合效应［J］. 灌溉排水学报，37（11）：52－58，70.

程先军，许迪，张昊，1999. 地下滴灌技术发展及应用现状综述［J］. 节水灌溉，（4）：13－15.

杜太生，康绍忠，夏桂敏，等，2005. 滴灌条件下不同根区交替湿润对葡萄生长和水分利用的影响［J］. 农业工程学报，（11）：51－56.

杜太生，康绍忠，闫博远，等，2007. 干旱荒漠绿洲区葡萄根系分区交替灌溉试验研究［J］. 农业工程学报，（11）：52－58.

杜文波，张藕珠，张国进，2008. 滴灌施肥在山西主要经济作物上的效果［J］. 山西农业科学，36（3）：66－68.

樊引琴，蔡焕杰，2002. 单作物系数法和双作物系数法计算作物需水量的比较研究［J］. 水利学报，33（3）：50－54.

傅琳，1988. 微灌工程技术指南［M］. 北京：水利电力出版社.

高飞，王若水，许华森，2016. 晋西黄土区水肥调控对苹果玉米间作系统土壤含水量及分布的影响［J］. 中国水土保持科学，14（4）：94－104.

高静，梁银丽，贺丽娜，等，2008. 水肥耦合作用对黄土高原南瓜光合特性及其产量的影响［J］. 中国农学通报，24（5）：250－255.

高军，2008. 圆铃大枣的土壤管理与施肥技术［J］. 中国土壤与肥料，（1）：80－81.

高祥照，杜森，吴勇，等，2011. 水肥耦合是提高水肥利用效率的战略方向［J］. 农业技术与装备，（5）：14－15.

高新一，马元忠，2003. 枣树高产栽培新技术［M］. 北京：金盾出版社.

葛宇，何新林，王振华，等，2012. 滴灌灌水量对复播油葵耗水特性和产量的影响［J］. 灌溉排水学报，31（3）：111－113.

耿琳，王甫，崔宁博，等，2014. 温室苦瓜耗水规律及作物系数研究［J］. 西北农业学报，23（12）：154－160.

龚玉梅，张建平，沙玉霞，2001. 贺兰山东麓葡萄滴灌效果初探［J］. 宁夏农林科技，（4）：21－21.

郭全恩，2010. 土壤盐分离子迁移及其分异规律对环境因素的响应机制［D］. 杨凌：西北农林科技大学.

韩丙芳，田军仓，杨金忠，等，2008. 膜侧灌甜菜水肥耦合产量效应研究［J］. 中国农村水利水电，（3）：39－43.

汉景梅，2008. 葡萄抗旱节水初报［J］. 陕西农业科学，54（5）：37－38.

何建斌，何新林，王振华，等，2012. 滴灌哈密大枣耗水规律初步研究 [J]. 中国农村水利水电，9 (4)：9-12.

何建斌，王振华，何新林，等，2013. 极端干旱区不同灌水量对滴灌葡萄生长及产量的影响 [J]. 农学学报，3 (2)：65-69.

何建斌，2013. 极端干旱区滴灌葡萄水肥耦合效应研究 [D]. 石河子：石河子大学.

何进宇，田军仓，2015. 膜下滴灌旱作水稻水肥耦合模型及组合方案优化 [J]. 农业工程学报，31 (13)：77-82.

何园球，沈其荣，王兴祥，2003. 不同水分和施磷量对旱作水稻耗水量和水分利用率的影响 [J]. 土壤学报，40 (6)：901-907.

洪明，朱航威，穆哈西，等，2014. 不同滴头流量及灌水定额下红枣树耗水规律 [J]. 干旱地区农业研究，32 (1)：72-77.

胡家帅，王振华，郑旭荣，等，2016. 灌水对滴灌红枣产量、品质及水分利用的影响 [J]. 排灌机械工程学报，34 (12)：1086-1092.

华村章，2008. 大棚高妻葡萄滴灌及施肥技术小结 [J]. 中外葡萄与葡萄酒，(1)：28-29.

黄兴法，李光永，王小伟，等，2001. 充分灌与调亏灌溉条件下苹果树微喷灌的耗水量研究 [J]. 农业工程学报，17 (5)：43-47.

纪学伟，成自勇，张芮，等，2015. 干旱荒漠绿洲区酿酒葡萄滴灌控水灌溉试验研究 [J]. 干旱地区农业研究，33 (2)：135-140.

蒋岑，2009. 干旱区成龄红枣微灌技术试验研究 [D]. 乌鲁木齐：新疆农业大学.

蒋桂英，刘建国，魏建军，等，2013. 灌溉频率对滴灌小麦土壤水分分布及水分利用效率的影响 [J]. 干旱地区农业研究，(4)：38-42.

蒋静静，屈锋，苏春杰，等，2019. 不同肥水耦合对黄瓜产量品质及肥料偏生产力的影响 [J]. 中国农业科学，52 (1)：86-97.

康敏，2009. 石羊河流域苹果树耗水规律及节水调质试验研究 [D]. 杨凌：西北农林科技大学.

康权，1993. 农田水利学 [M]. 北京：水利电力出版社.

科技部农村与社会发展司，中国农村技术开发中心，2006. 中国节水农业科技发展论坛文集 [C]. 北京：中国农业科学技术出版社.

冷胜荣，2001. 吐哈盆地山前带构造岩相带及由其藏预测研究 [D]. 北京：中国科学院地址与地球物理研究所.

李光永，王小伟，黄兴法，等，2001. 充分灌与调亏灌溉条件下桃树滴灌的耗水量研究 [J]. 水利学报，(9)：55-58，63.

李光永，2001. 世界微灌发展态势——第六次国际微灌大会综述与体会 [J]. 节水灌溉，(2)：24-27.

李久生，饶敏杰，张建君，2003. 干旱区玉米滴灌需水规律的田间试验研究 [J]. 灌溉排水学报，(1)：16-21.

李明思，马富裕，郑旭荣，等，2002. 膜下滴灌棉花田间需水规律研究 [J]. 灌溉排水，(1)：58-60.

李凴峰，谭煌，王嘉航，等，2017. 滴灌水肥条件对樱桃产量、品质和土壤理化性质的影响［J］. 农业机械学报，48（7）：236－246.

李双双，王德炉，赵迪，2017. 水肥耦合对蓝莓果实产量及品质的影响［J］. 西北林学院学报，32（6）：131－139.

李涛，张建丰，程慧娟，等，2010. 深层坑渗灌田间单点入渗湿润锋分布特性及拟合模型研究［J］. 干旱地区农业研究，28（4）：36－39，45.

李欣，张兆英，王君，2016. 水肥耦合对无土袋培黄瓜产量、水分利用率和营养品质的影响［J］. 北方园艺，（23）：24－28.

李银坤，武雪萍，吴会军，等，2010. 水氮条件对温室黄瓜光合日变化及产量的影响［J］. 农业工程学报，26（增刊1）：122－129.

李振华，2013. 阿克苏地区灰枣滴灌灌溉制度试验研究［D］. 杨凌：西北农林科技大学.

李志刚，叶含春，肖让，2013. 不同灌水量对棉花光合特性的影响［J］. 广东农业科学，（22）：14－17，29.

梁运江，依艳丽，尹英敏，等，2003. 水肥耦合效应对辣椒产量影响初探［J］. 土壤通报，（4）：262－266.

梁智，冯耀祖，马兴旺，等，2005. 砂壤质棕漠土上葡萄滴灌施肥的 NPK 追肥配比研究［J］. 土壤通报，（4）：557－559.

廖康，2002. 新疆葡萄生产现状与发展方向［J］. 新疆农业大学学报，25（4）：54－56.

林华，李疆，2003. 干旱荒漠地区葡萄滴灌试验［J］. 新疆农业大学学报，26（4）：62－64.

林性粹，1991. 旱区农田节水灌溉技术［M］. 北京：中国农业出版社.

刘国宏，魏玉强，王则玉，等，2015. 新疆干旱区成龄红枣微灌水肥管理技术规程［J］. 农业科技通讯，（5）：307－309.

刘洪波，张江辉，白云岗，等，2012. 极端干旱区成龄葡萄耗水特征分析［J］. 节水灌溉，（11）：5－8.

刘洪波，张江辉，虎胆·吐马尔白，等，2011. 葡萄微灌节水技术研究综述［J］. 节水灌溉，（9）：20－24.

刘洪光，何新林，王雅琴，等，2010. 调亏灌溉对滴灌葡萄生长与产量的影响［J］. 石河子大学学报（自然科学版），28（5）：610－613.

刘虎成，徐坤，张永征，等，2012. 滴灌施肥技术对生姜产量及水肥利用率的影响［J］. 农业工程学报，28（增刊1）：106－111.54

刘梅先，杨劲松，李晓明，等，2011. 膜下滴灌条件下滴水量和滴水频率对棉田土壤水分分布及水分利用效率的影响［J］. 应用生态学报，（12）：3203－3210.

刘瑞显，王友华，陈兵林，等，2008. 花铃期干旱胁迫下氮素水平对棉花光合作用与叶绿素荧光特性的影响［J］. 作物学报，34（4）：675－683.

刘小刚，徐航，程金焕，等，2014. 水肥耦合对小粒咖啡苗木生长和水分利用的影响［J］. 浙江大学学报（农业与生命科学版），40（1）：33－40.

刘小刚，张岩，程金焕，等，2014. 水氮耦合下小粒咖啡幼树生理特性与水氮利用效率［J］. 农业机械学报，45（8）：160－166.

刘晓宏，肖洪浪，赵良菊，2006. 不同水肥条件下春小麦耗水量和水分利用率［J］. 干旱地区农业研究，24（1）：56－59.

刘新永，田长彦，马英杰，等，2006. 南疆膜下滴灌棉花耗水规律以及灌溉制度研究［J］. 干旱地区农业研究（1）：108－112.

刘巽浩，2000. 对我国西北半干旱地区农业若干规律性问题的探讨［J］. 干旱地区农业研究，（1）：1－8.

刘钰，Pereira L S，2000. 对FAO推荐的作物系数计算方法的验证［J］. 农业工程学报，16（5）：26－30.

陆树华，张承林，邓兰生，等，2009. 滴灌条件下不同施钾量对甘蔗产质量的影响［J］. 中国糖料，（1）：12－14，17.

罗彬彬，刘洋，韦仕君，等，2018. 不同水肥处理对菊苣产量和品质的影响［J］. 草业科学，35（5）：1161－1169.

罗宏海，2008. 土壤水分变化对膜下滴灌棉花叶片光合作用及根系生理的影响［D］. 石河子：石河子大学.

罗永华，2012. 滴灌条件下设施葡萄生长特性及灌溉制度研究［D］. 兰州：甘肃农业大学.

吕海舰，马英龙，郑吉侠，等，2012. 葡萄营养需求特性及施肥技术［J］. 现代农业科技，（7）：158－158.

马波，田军仓，沈晖，等，2016. 压砂地西瓜光合作用干物质及产量水氮耦合模型及验证［J］. 农业工程学报，32（20）：129－136.

马富裕，严以绥，2002. 棉花膜下滴灌技术理论与实践［M］. 乌鲁木齐：新疆大学出版社.

马红军，张玲丽，李文甲，2016. 不同水肥处理下温室番茄干物质积累动态模型［J］. 江苏农业科学，44（8）：254－257.

马强，宇万太，张璐，等，2008. 下辽河平原不同水肥条件下玉米地土壤养分收支及氮肥利用效率［J］. 中国农业科学，（6）：1727－1734.

马孝义，康绍忠，王凤翔，等，2000. 果树地下滴灌灌水技术田间试验研究［J］. 西北农业大学学报，（1）：62－66.

马瑛，2016. 新疆高效节水灌溉面积发展现状分析［J］. 新疆水利，（5）：14－17.

马忠明，杜少平，薛亮，2016. 滴灌施肥条件下砂田设施甜瓜的水肥耦合效应［J］. 中国农业科学，49（11）：2164－2173.

孟平，张劲松，王鹤松，等，2005. 苹果树蒸腾规律及其与冠层微气象要素的关系［J］. 生态学报，25（5）：1075－1081.

苗世成，2007. 日光温室红提葡萄滴灌技术［J］. 甘肃农业科技，（10）：65－66.

庞师勇，2003. 戈壁地葡萄最佳滴灌间隔期的探讨［J］. 新疆农业科技，（6）：31.

裴磊，王振华，郑旭荣，等，2015. 氮肥对北疆滴灌复播青储玉米光合特性及养分利用的影响［J］. 干旱地区农业研究，（2）：176－182.

裴青宝，刘伟佳，张建丰，等，2017. 红壤多点源滴灌条件下土壤水分溶质运移试验与数值模拟［J］. 农业机械学报，（12）：1－17.

彭龙，郭克贞，吕志远，等，2018. 不同水肥处理对毛乌素沙地玉米根系土壤养分含量的影

响 [J]. 北方农业学报，(1)：90-98.
彭世彰，魏征，孔伟丽，等，2010. 水肥亏缺下水稻叶片气孔导度与光合速率耦合模型 [J]. 应用基础与工程科学学报，18 (2)：253-261.
漆联全，2010. 新疆红枣产业的现状、要求及其发展趋势 [J]. 新疆农业科学，(S2)：8-12.
钱翠，饶碧玉，罗绍芹，等，2012. 不同水肥处理对当归种植需水量的影响 [J]. 安徽农业科学，40 (9)：5613-5617.
权丽双，郑旭荣，王振华，等，2016. 水氮耦合对滴灌复播油葵光合特性和土壤水分利用的影响 [J]. 核农学报，30 (5)：1021-1029.
权丽双，王振华，何新林，等，2015. 水肥耦合对极端干旱区滴灌大枣土壤养分的影响 [J]. 农学学报，5 (8)：52-58.
任三学，赵花荣，姜朝阳，等，2007. 不同灌水次数对冬小麦产量构成因素及水分利用效率的影响 [J]. 华北农学报，22：169-174.
任树梅，杨培岭，2002. 重力滴灌条件下山区果园土壤水分动态与果树灌溉制度的初步研究 [J]. 中国农村水利水电，(1)：20-22.
任玉忠，王水献，谢蕾，等，2012. 干旱区不同灌溉方式对枣树水分利用效率和果实品质的影响 [J]. 农业工程学报，28 (22)：95-102.
山仑，康绍忠，吴普特，2004. 中国节水农业 [M]. 北京：中国农业出版社.
山仑，1999. 借鉴以色列节水经验发展我国节水农业 [J]. 水土保持研究，3 (1)：1-5.
沈玉琴，2009，设施葡萄滴灌应用效果 [J]. 宁夏农林科技，2009 (5)：93.
盛钰，赵成义，贾宏涛，等，2005. 水肥耦合对玉米田间土壤水分运移的影响 [J]. 干旱区地理 (汉版)，28 (6)：811-817.
史海滨，赵倩，田德龙，等，2014. 水肥对土壤盐分影响及增产效应 [J]. 排灌机械工程学报，32 (3)：252-257.
宋常吉，2013. 北疆滴灌复播作物需水规律及灌溉制度研究 [D]. 石河子：石河子大学.
苏里坦，阿不都·沙拉木，宋郁东，2011. 膜下滴灌水量对土壤水盐运移及再分布的影响 [J]. 干旱区研究，28 (1)：79-84.
苏云松，郭华春，杨雪兰，2009. 甘薯、薯蓣和魔芋叶片 SPAD 值与叶绿素含量的相关性研究 [J]. 西南农业学报，22 (1)：64-66.
粟晓玲，石培泽，杨秀英，等，2005. 石羊河流域干旱沙漠区滴灌条件下苹果树耗水规律研究 [J]. 水资源与水工程学报，16 (1)：19-23.
孙洪仁，刘国荣，张英俊，等，2005. 紫花苜蓿的需水量、耗水量、需水强度、耗水强度和水分利用效率研究 [J]. 草业科学，22 (12)：24-30.
孙三民，安巧霞，蔡焕杰，等，2015. 枣树间接地下滴灌根区土壤盐分运移规律研究 [J]. 农业机械学报，46 (1)：160-169.
孙天佑，2001. 棉花膜下滴灌配套技术探索与应用 [J]. 节水灌溉，(2)：40-41.
谭明，2003. 涌泉灌技术应用 [J]. 节水灌溉，(6)：24-26.
田军仓，韩丙芳，李应海，等. 膜上灌玉米水肥耦合模型及其最佳组合方案研究 [J]. 沈阳农业大学学报，2004 (Z1)：396-398.

万素梅，胡守林，杲先民，等，2012. 干旱胁迫对塔里木盆地红枣光合特性及水分利用效率的影响 [J]. 干旱地区农业研究，(3)：171-175.

汪德水，1999. 旱地农田肥水协同效应与耦合模式 [M]. 北京：气象出版社.

汪志农，2000. 灌溉排水工程学 [M]. 北京：中国农业出版社.

王成，孙凯，王龙，等，2014. 南疆绿洲区滴灌红枣不同生育期水肥利用研究 [J]. 节水灌溉，(5)：18-21.

王德权，马忠明，杨蕊菊，等，2009. 水肥耦合条件下间作小麦光合特性的响应 [J]. 中国农学通报，25 (15)：215-218.

王浩，王建华，2012. 中国水资源与可持续发展 [J]. 中国科学院院刊，27 (3)：352-358.

王洁萍，刘国勇，朱美玲，2016. 新疆农业水资源利用效率测度及其影响因素分析 [J]. 节水灌溉，(1)：63-67.

王景燕，龚伟，包秀兰，等，2016. 水肥耦合对汉源花椒幼苗叶片光合作用的影响 [J]. 生态学报，36 (5)：1321-1330.

王军，李久生，关红杰，2016. 北疆膜下滴灌棉花产量及水分生产率对灌水量响应的模拟 [J]. 农业工程学报，32 (3)：62-68.

王俊，张书兵，肖俊，2009. 干旱内陆河灌区葡萄滴灌条件下水盐规律试验研究 [J]. 中国农村水利水电，(1)：39-42.

王琨，纪立东，李磊，等，2016. 不同灌水次数对红地球葡萄生长发育及果实品质的影响 [J]. 安徽农学通报，22 (10)：68-70.

王利军，陈佰鸿，曹建东，等，2010. 不同节水灌溉方式对赤霞珠生长与果实品质的影响 [J]. 中外葡萄与葡萄酒，(5)：31-34.

王留运，岳兵，1997. 果树滴灌需水规律试验研究 [J]. 节水灌溉，(2)：16-22.

王龙，张旭贤，姚宝林，等，2013. 不同滴灌定额对红枣净光合速率和蒸腾速率的影响 [J]. 塔里木大学学报，25 (2)：37-42.

王鹏勃，李建明，丁娟娟，等，2015. 水肥耦合对温室袋培番茄品质、产量及水分利用效率的影响 [J]. 中国农业科学，48 (2)：314-323.

王巧仙，张江红，张玉星，2013. 水肥耦合对梨园土壤养分和果实品质的影响 [J]. 中国果树，(4)：18-23.

王荣莲，于健，赵永来，等.2009. 滴灌施肥水肥耦合对温室无土栽培水果黄瓜产量的影响 [J]. 节水灌溉，(3)：15-17，22.

王探魁，张丽娟，冯万忠，等，2001. 河北省葡萄主产区施肥现状调查分析与研究 [J]. 北方园艺，2011，(13)：5-9.

王铁良，周罕琳，李波，等，2012. 水肥耦合对树莓光合特性和果实品质的影响 [J]. 水土保持学报，26 (6)：286-290.

王小兵，2008. 膜下高频滴灌棉花耗水量与灌溉制度研究 [D]. 石河子：石河子大学.

王新坤，蔡焕杰，2005. 微灌毛管水力解析及优化设计的遗传算法研究 [J]. 农业机械学报，(8)：55-58.

王新坤，程冬玲，林性粹，2001. 单井滴灌干管管网的优化设计 [J]. 农业工程学报，(3)：

41－44.
王秀康，杜常亮，邢金金，等，2017. 基于水肥供应条件下温室番茄品质性状的主成分分析［J］. 分子植物育种，15（2）：315－321.
王秀康，邢英英，张富仓，2016. 膜下滴灌施肥番茄水肥供应量的优化研究［J］. 农业机械学报，47（1）：141－150.
王瑗，盛连喜，李科，等，2008. 中国水资源现状分析与可持续发展对策研究［J］. 水资源与水工程学报，19（3）：10－14.
王则玉，谢香文，刘国宏，等，2015. 干旱区绿洲滴灌成龄枣树耗水规律及作物系数［J］. 新疆农业科学，（4）：675－680.
王振华，扁青永，李文昊，等，2018. 南疆沙区成龄红枣水肥一体化滴灌的水肥适宜用量［J］. 农业工程学报，34（11）：96－104.
王振华，裴磊，郑旭荣，等，2016. 盐碱地滴灌春小麦光合特性与耐盐指标研究［J］. 农业机械学报，（4）：65－72，104.
王振华，权利双，何建斌，2014. 极端干旱区水肥耦合对滴灌葡萄耗水及产量的影响［J］. 节水灌溉，（6）：13－15.
王振华，郑旭荣，宋常吉，2014. 滴灌对北疆复播油葵耗水和生长的影响效应［J］. 核农学报，28（5）：919－928.
王振华，权丽双，郑旭荣，等，2016. 水氮耦合对滴灌复播油葵氮素吸收与土壤硝态氮的影响［J］. 农业机械学报，47（10）：91－100.
韦泽秀，梁银丽，井上光弘，等，2009. 水肥处理对黄瓜土壤养分、酶及微生物多样性的影响［J］. 应用生态学报，20（7）：1678－1684.
文宏达，刘玉柱，2002. 水肥耦合与旱地农业持续发展［J］. 生态环境学报，11（3）：315－318.
吴恩忍，汤莉，2001. 农业高效用水模式—膜下滴灌是干旱地区生态农业发展的必由之路［J］. 新疆农垦经济，（2）：38－39.
吴立峰，张富仓，范军亮，等，2015. 水肥耦合对棉花产量、收益及水分利用效率的效应［J］. 农业机械学报，46（12）：164－172.
武俊英，秦丽，杨进，等，2017. 盐胁迫对农大甜研6号甜菜幼苗生长和养分运移的研究［J］. 作物杂志，（3）：75－80.
武阳，王伟，赵智，等，2012. 调亏灌溉对香梨叶片光合速率及水分利用效率的影响［J］. 农业机械学报，43（11）：80－86.
肖俊夫，刘战东，刘祖贵，等，2011. 不同灌水次数对夏玉米生长发育及水分利用效率的影响［J］. 河南农业科学，40（2）：36－40.
谢洪云，彭智杰，李琳，等，2006. 滴灌技术在中国樱桃设施栽培中的应用［J］. 山东林业科技，（3）：74.
谢扬，刘建勇，王得祥，2009. 甘肃河西走廊干旱荒漠区葡萄膜下滴灌应用试验研究［J］. 陕西林业科技，（1）：13－15，25.
信乃诠，侯向阳，张燕卿，2001. 我国北方旱地农业研究开发进展及对策［J］. 中国生态农业学，9（4）：58－60.

邢英英，张富仓，吴立峰，等，2015. 基于番茄产量品质水肥利用效率确定适宜滴灌灌水施肥量 [J]. 农业工程学报，31 (S1)：110-121.

邢英英，2015. 温室番茄滴灌施肥水肥耦合效应研究 [D]. 杨凌：西北农林科技大学.

徐海英，2001. 葡萄产业配套栽培技术 [M]. 北京：中国农业出版社.

徐力刚，杨劲松，张奇，等，2005. 冬小麦种植条件下土壤水盐运移特征的数值模拟与预报 [J]. 土壤学报，42 (6)：923-929.

徐强，李周晶，胡克林，等，2017. 基于密切值法和水氮管理模型的华北平原农田水氮优化管理 [J]. 农业工程学报，33 (14)：152-158.

徐士忠，1990. 滴灌是农业节水重要措施 [J]. 海河水利，(2)：17-20.

许越先，1992. 农业用水有效性研究 [M]. 北京：科学出版社.

薛世柱，2008. 打瓜膜下滴灌试验与效益分析 [J]. 内蒙古农业科技，(3)：47-48.

烟亚萍，刘勇，贺国鑫，等，2018. 水肥耦合对楸树苗木生长和养分状况的影响 [J]. 北京林业大学学报，40 (2)：58-67.

严大义，才淑英，1997. 葡萄优质丰产栽培新技术 [M]. 北京：中国农业出版社.

阎星，2003. 节水灌溉理论与技术发展现状 [J]. 地下水，25 (3)：156-159.

杨婵婵，2013. 阿克苏地区幼中龄期枣树根系空间分布特征研究 [D]. 乌鲁木齐：新疆师范大学.

杨昌庆，徐教风，1995. 果园滴灌技术及效益分析 [J]. 烟台果树，(1)：25-26.

杨慧慧，王振华，何新林，等，2001. 极端干旱区葡萄滴灌耗水规律试验研究 [J]. 节水灌溉，(2)：24-28.

杨慧慧，2011. 吐哈盆地滴灌葡萄耗水规律及灌溉制度研究 [D]. 石河子：石河子大学.

杨建军，2018. 水肥耦合对露地松花菜生长和生理特性的影响 [D]. 兰州：甘肃农业大学.

杨静敬，路振广，邱新强，等，2013. 不同灌水定额对冬小麦耗水规律及产量的影响 [J]. 灌溉排水学报，32 (3)：87-89.

杨九刚，何继武，马英杰，等，2011. 灌水频率和灌溉定额对膜下滴灌棉花生长及产量的影响 [J]. 节水灌溉，(3)：29-39.

杨培岭，雷显龙，2000. 滴灌用灌水器的发展及研究 [J]. 节水灌溉，(3)：17-18.

杨培岭，任树梅，2001. 发展我国设施农业节水灌溉技术的对策研究 [J]. 节水灌溉，(2)：7-10.

杨小振，张显，马建祥，等，2014. 滴灌施肥对大棚西瓜生长、产量及品质的影响 [J]. 农业工程学报，30 (7)：109-118.

杨艳芬，王全九，白云岗，等，2009. 极端干旱地区滴灌条件下葡萄生长发育特征 [J]. 农业工程学报，25 (12)：45-50.

姚宝林，孙三民，马洁，等，2011. 不同灌溉定额对滴灌红枣土壤水盐分布的影响 [J]. 中国农村水利水电，(4)：88-91.

姚宝林，叶含春，孙三民，等，2011. 红枣滴灌条件下灌水水质对土壤盐分分布的影响研究 [J]. 水土保持研究，18 (2)：218-221.

姚宝林，李光永，叶含春，等，2016. 干旱绿洲区膜下滴灌棉田土壤盐分时空变化特征研究

[J]. 农业机械学报，47 (1)：151 - 161.
姚宝林，朱珠，孙建，等，2011. 不同水肥条件下土壤 N、P、K 分布规律研究 [J]. 中国农村水利水电，(10)：7 - 10，14.
姚新华，李冰，王新友，等，2006. 葡萄行间套种麻黄草灌溉模式探索 [J]. 节水灌溉，(4)：14 - 15，19.
叶含春，姚宝林，王兴鹏，等，2012. 不同灌溉制度对矮化密植红枣土壤水盐分布的影响研究 [J]. 灌溉排水学报，(5)：118 - 122.
殷常青，费良军，刘利华，等，2018. 水肥耦合效应对设施豇豆生理特性的影响 [J]. 排灌机械工程学报，36 (3)：267 - 276.
游磊，马英杰，洪明，等，2015. 不同灌水处理对灰枣产量、水分利用效率及品质的影响研究 [J]. 节水灌溉，(6)：18 - 21.
于振洲，钱佩杰，石福田，1998. 果树滴灌 [M]. 北京：中国水利水电出版社.
余美，杨劲松，刘梅先，等，2010. 不同膜下滴灌模式对土壤水分及棉花产量的影响 [J]. 农业环境科学学报，29 (12)：2368 - 2374.
曾辰，王全九，樊军，2010. 初始含水率对土壤垂直线源入渗特征的影响 [J]. 农业工程学报，26 (1)：24 - 30.
曾辰，2010. 极端干旱区成龄葡萄生长特征与水分高效利用 [D]. 杨凌：中国科学院研究生院（教育部水土保持与生态环境研究中心）.
曾德超，彼得·杰里，1994. 果树调亏灌溉密植节水增产技术的研究与开发 [M]. 北京：北京出版社.
翟雍同，2014. 石河子地区克瑞森葡萄滴灌条件下生长特性及灌溉制度研究 [D]. 石河子：石河子大学.
张国军，王晓玥，孙磊，等，2016. 北京典型冲积平原葡萄耗水规律研究 [J]. 华北农学报，31 (S1)：51 - 56.
张辉，张玉龙，虞娜，等，2006. 温室膜下滴灌灌水控制下限与番茄产量、水分利用效率的关系 [J]. 中国农业科学，39 (2)：425 - 432.
张建法，2008. 欧亚种葡萄大棚滴灌技术的应用 [J]. 现代农业科技，(6)：32 - 34.
张江辉，王新，丁新利，等，2001. 对新疆节水农业发展的几点认识 [J]. 中国农村水利水电，(S1)：1 - 4.
张江辉，王全九，姚新华，等，2008. 新疆葡萄滴灌技术参数对土壤水盐分布特征的影响 [J]. 干旱区研究，(5)：679 - 682.
张磊，喻晓玲，2012. 新疆南疆土地资源可持续利用探讨 [J]. 农业开发与装备，(6)：15 - 17.
张烈，沈秀瑛，1999. 脯氨酸对玉米抗旱性影响的研究 [J]. 华北农学报，14 (1)：38 - 41.
张娜，张永强，李大平，等，2014. 滴灌量对冬小麦光合特性及干物质积累过程的影响 [J]. 麦类作物学报，34 (6)：795 - 801.
张琼，2004. 膜下滴灌灌水频率与水盐分布关系及棉花水分生产函数研究 [D]. 北京：中国农业大学.
张赛，王龙昌，石超，等，2018. 水肥耦合对玉米化学计量学特征及其生长性状的影响 [J].

水土保持学报，32（5）：255-264.
张文斌，张荣，李文德，等，2017. 水肥耦合对河西绿洲板蓝根生理特性及产量影响［J］. 西北农业学报，26（1）：25-31.
张新宁，赵健，杨东芳，2005. 滴灌条件下葡萄根系分布的研究初报［J］. 中外葡萄与葡萄酒，（06）：16-18.
张学均，2000. 现代节水灌溉工程技术及特点［J］. 节水灌溉，3（1）：15-16.
张学优，2018. 深层坑渗灌溉施肥制度对成龄葡萄土壤养分和生长特性影响研究［D］. 西安：西安理工大学.
张亚哲，申建梅，王建中，2007. 地面滴灌技术的研究现状与展望［J］. 农业环境与发展，（1）：20-26.
张燕林，张玉兰，戴小笠，等，2012. 宁夏红枣叶片光合参数日变化及其与环境因子的关系［J］. 现代农业科技，（4）：278-280.
张依章，张秋英，孙菲菲，等，2006. 水肥空间耦合对冬小麦光合特性的影响［J］. 干旱地区农业研究，24（2）：57-60.
张振华，蔡焕杰，杨润亚，等，2004，沙漠绿洲灌区膜下滴灌作物需水量及作物系数研究［J］. 农业工程学报，20（5）：97-100.
赵黎明，李明，郑殿峰，等，2015. 灌溉方式与种植密度对寒地水稻产量及光合物质生产特性的影响［J］. 农业工程学报，31（6）：159-169.
赵娜娜，刘钰，蔡甲冰，2010. 夏玉米作物系数计算与耗水量研究［J］. 水利学报，41（8）：953-959，969.
赵永平，2014. 灌溉和施氮对甜叶菊光合特性和产量品质的调控［D］. 兰州：甘肃农业大学.
郑彩霞，张富仓，贾运岗，等，2014. 不同滴灌量对土壤水氮运移规律研究［J］. 水土保持学报，28（6）：167-170.
郑强卿，陈奇凌，李铭，等，2013. 滴灌骏枣需水规律及灌溉制度［J］. 江苏农业科技，（11）：187-189.
郑昭佩，刘作新，2000. 水肥耦合与半干旱区农业可持续发展［J］. 农业现代化研究，21（5）：291-294.
中国农业科学院，1999. 中国农业气象学［M］. 北京：中国农业出版社：74-75.
中华人民共和国水利部，2005. 灌溉试验规范：SL 13—2004［S］. 北京：中国水利水电出版社.
中华人民共和国国家质量监督检验检疫总局，中国国家标准化管理委员会，2009. 干制红枣：GB/T 5835—2009［S］. 北京：中国标准出版社.
周博，陈竹君，周建斌，2006. 水肥调控对日光温室番茄产量、品质及土壤养分含量的影响［J］. 西北农林科技大学学报（自然科学版），（4）：58-62，68.
周罕觅，张富仓，Kjelgren R，等，2015. 苹果幼树生理特性和水分生产率对水肥的响应研究［J］. 农业机械学报，46（4）：77-87.
周罕觅，2015. 苹果幼树水肥耦合效应及高效利用机制研究［D］. 杨凌. 西北农林科技大学.
周军，韩振海，许雪峰，等，2004. 灌溉方式对京优葡萄叶片结构的影响［J］. 果树学报，21

(4): 373 - 375.

周青云，康绍忠，2007. 葡萄根系分区交替滴灌的土壤水分动态模拟 [J]. 水利学报，38 (10): 1245 - 1253.

周荣敏，雷延峰，林性粹，2002. 压力输水树状管网遗传优化布置和神经网络优化设计 [J]. 农业工程学报，(1): 41 - 44，11.

周荣敏，林性粹，2001. 自压式树状管网的两级优化设计模型与神经优化设计 [J]. 节水灌溉，(2): 1 - 3，43.

周世军，雷晓云，李芳松，等，2010. 棉花膜下滴灌田间土壤水分的时空变异规律研究 [J]. 中国农村水利水电，(10): 22 - 24.

周兴本，2015. 水肥配比对葡萄生长发育、氮代谢及水肥耦合效应的研究 [D]. 沈阳：沈阳农业大学.

周振民，2008. 丘陵沟壑区苹果树滴灌试验及节灌制度研究 [J]. 安徽农业科学，36 (7): 2720 - 2724.

周智伟，尚松浩，雷志栋，2003. 冬小麦水肥生产函数的 Jensen 模型和人工神经网络模型及其应用 [J]. 水科学进展，(3): 280 - 284.

朱靖蓉，汪玲，王斌，等，2010. 棉花各生育期精细水肥调控对滴灌棉田土壤盐分变化的影响 [J]. 新疆农业科学，47 (10): 1963 - 1969.

朱再标，梁宗锁，王渭玲，等，2005. 氮磷营养对柴胡抗旱性的影响 [J]. 干旱地区农业研究，23 (2): 95 - 114.

Abbott J S, 1984. Micro irrigation - world wide usage [J]. ICID Bulletion, 33 (1): 4 - 9.

Anselmi S, Chiesi M, Giannini M, et al, 2010. Estimation of mediterranean forest transpiration and photosynthesis through the use of an ecosystem simulation model driven by remotely sensed data [J]. Global Ecology & Biogeography, 13 (4): 371 - 380.

Aujla M S, Thind H S, buttar G S, 2007. Fruit yield and water use efficiency of eggplant (Solanum melongema, L.) as influenced by different quantities of nitrogen and water applied through drip and furrow irrigation [J]. Scientia Horticulturae, 112 (2): 142 - 148.

Badr M A, El - Tohamy W A, Zaghloul A M, 2012. Yield and water use efficiency of potato grown under different irrigation and nitrogen levels in an arid region [J]. Agricultural Water Management, 110 (3): 9 - 15.

Blackmer T M, Schepers J S, Varvel G E, 1994. Light reflectance compared with other nitrogen stress measurements in corn leaves [J]. Agronomy Journal, 86 (6): 934 - 938.

Boyer J S, 1982. Plant productivity and environment [J]. Science, 218 (4571): 443 - 448.

Bravdo B, HePner Y, 1985. Effect of irrigation and level on growth, yield and wine quality of Cabernet Sauvignon [J]. American Journal of Enology and Viticulture, 36, (2): 132 - 139.

Bresler E, Heller J, Diner N, et al, 1971. Infiltration from a trickle source: Ⅱ. Experimengtal date and theoretical predictions [J]. Soil Science Society of America Journal, 35 (5): 683 - 689.

Cabello M J, Castellanos M T, Romojaro F, et al, 2009. Yield and quality of melon grown under different irrigation and nitrogen rates [J]. Agricultural Water Management, 96: 866

- 874.

Callegari R A, Sousa G D, Miranda N D O, et al, 2012. Fruit yield and nutrient contents in the soil during melon production [J]. Revista Brasileira de Ciências Agrárias, 7 (1): 24 - 36.

Cechin I, 1998. Photosynthesis and chlorophyll fluorescence in two hybrids of sorghum under different nitrogen and water regimes [J]. Photosynthetica, 35 (2): 233 - 240.

Colapietra M, 1984. The effect of seasonal volume and method of distribution of water on the quality of wine grapes in the warm dry conditions of southern Italy [J]. Rivista di viticotura e di Enologia, 37, (5): 230 - 250.

Dejeu L, 1986. Studies on the effect of soil moisture on the quality of Cabernet Sauvignon grapes [J]. Lucrari Stintifics, Institute Agronomic Horticulture, 29 (1): 105 - 111.

Dwyer L M, 2001. Inter - relationships of applied nitrogen, spad, and yield of leafy and non - leafy maize genotypes [J]. Journal of Plant Nutrition, 24 (8): 1173 - 1194.

Ebel R C, Proebsting E L, Patterson M E, 1993. Regulated Deficit Irrigation may alter apple maturity and quality and storage life [J]. HortScience, 28 (2): 141 - 143.

El - Hendawy S E, Hokam E M, Schmidhalter U, 2008. Drip irrigation frequency: the effects and their interaction with nitrogen fertilizationon sandy soil water distribution, maize yield and water use efficiency under Egyptian conditions [J]. Journal of Agronomy and Crop Science, 194 (3): 180 - 192.

Erani P L, Shikha D, Hunsaker D J, et al, 2017. A comparative life cycle assessment of flood and drip irrigation forguayule rubber production using experimental field data [J]. Industrial Crops & Products, 99 : 97 - 108.

Feike T, Khor L Y, Mamitimin Y, et al, 2017. Determinants of cotton farmers' irrigation water management in arid Northwestern China [J]. Agricultural Water Management, 187: 1 - 10.

Genty B, Briantais J M, Baker N R, 1989. The relationship between the quantum yield of photosynthetic electron transport and quenching of chlorophyll fluorescence [J]. BBA - General Subjects, 990 (1): 87 - 92.

Gheysari M, Loescher H W, Sadeghi S H, et al, 2015. Water - yield relations and water use efficiency of maize under nitrogen fertigation for semiarid environments: experiment and synthesis [J]. Advances in Agronomy, 130: 175 - 229.

Gindaba J, Rozanov A, Negash L, 2004. Response of seedlings of two eucalyptus and three deciduous tree species from Ethiopia to severe water stress [J]. Forest Ecology & Management, 201 (1): 119 - 129.

Gou L, Jie V, Han C L, et al, 2004. Effects of nitrogen rates on photosynthetic characteristics and yield of high - yielding cotton in Xinjiang [J]. Plant Nutrition & Fertilizing Science, 10 (5): 488 - 493.

Govindjee, 2002. A role for a light - harvesting antenna complex of photosystem Ⅱ in photoprotection [J]. Plant Cell, 14 (8): 1663 - 1668.

Haefele S M, Jabbar S M A, Siopongco J D L C, et al, 2008. Nitrogen use efficiency in selected rice (Oryza sativa L.) genotypes under different water regimes and nitrogen levels [J]. Field Crops Research, 107 (2): 137 - 146.

Hagin J, Lowengart A, 1996. Fertigation for minimizing environmental pollution by fertilizers [J]. Fertilizer Research, (43): 5 - 7.

Halvorson A D, Reule C A, Anderson R L, 2000. Evaluation of management practices forconverting grassland back to cropland. [J]. Journal of Soil & Water Conservation, 55 (1): 57 - 62.

Harsh, Nayyar, Smita, et al, 2010. Differential sensitivity of macrocarpa and microcarpa types of chickpea (Cicer arietinum L.) to water stress: association of contrasting stress response with oxidative injury [J]. Journal of Integrative Plant Biology, 48 (11): 1318 - 1329.

Hatfield J L, Sauer T J, Prueger J H, 2001. Managing soils to achieve greater water use efficiency: A review [J]. Agronomy Journal, 93 (2): 271 - 280.

Herbinger K, Tausz M, Wonisch A, et al, 2002. Complex interactive effects of drought and ozone stress on the antioxidant defence systems of two wheat cultivars [J]. Plant Physiology & Biochemistry, 40 (6): 691 - 696.

Ierna A, Pandino G, Lombardo S, et al, 2011. Tuber yield, water and fertilizer productivity in early potato as affected by a combination of irrigation and fertilization [J]. Agricultural Water Management, 101 (1): 35 - 41.

Inglese P, Barone E, Gullo G, 1996. The effect of comp lementary irrigation on fruit growthripening pattern and oil characteristics of o live (Olea europaea L.) cv. Caro lea [J]. Journal of Horticultural Science, 71 (2): 257 - 263.

Jerry L H, Thomas J S, John H P, 2001. Managing soils to aehieve greater water use effieiency: a review [J]. AgronomyJournal, 93: 271 - 280.

Kang Shaozhong, Zhang Jianhua, 2004. Controlled alternate partial root zone irrigation: its physiological consequences and impact on water use efficiency [J]. Journal of Experimental Botany, 55 (407): 2437 - 2446.

Keulen H V, 1981. Modelling the in ieraetion of water and Nitrogen [A]. In: John Monteyyh, Colin Webb. Eds [C]. Soil water and in mediterranean - type environments, 20 - 229.

Kiani M, Gheysari M, Mostafazadeh - Fard B, et al, 2016. Effect of the interaction of water and nitrogen on sunflower under drip irrigation in an arid region [J]. Agricultural Water Management, 171: 162 - 172.

Kramer P J, Kozlowski T T, 1979. Physiology of woody plants [M]. London : Academic Press.

Küçükyumuk C, Kaçal, E, Ertek A, et al, 2012. pomological and vegetative changes during transition from flood irrigation to drip irrigation: Starkrimson Delicious apple variety [J]. Scientia Horticulturae, 136 (2): 17 - 23.

Kumari R, Kaushal A, Singh K G, 2014. Water use efficiency of drip fertigated sweet pepper under the influence of different kinds and levels of fertilizers [J]. Indian Journal of Science and Technology, 7 (10): 1538 - 1543.

Kuslu Y, Sahin U, Kiziloglu F M, et al, 2014. Fruit yield and quality, and irrigation water use efficiency of summer squash drip - irrigated with different irrigation quantities in a semi - arid agricultural area [J]. Journal of Integrative Agriculture, 13 (11): 2518 - 2526.

Lafarge T A, Hammer G L, 2002. Predicting plant leaf area production: shoot assimilate accumulation and partitioning, and leaf area ratio, are stable for a wide range of sorghum population densities [J]. Field Crops Research, 77 (2): 137 - 151.

Leeuwen C, Seguin G, Van C. Effect of the water supply on vines, determined by measuring leaf water potential, on vegetative development and the ripening of grape (Vitis vinifer-acv. Cabernet Franc, Saint Emilion) [J]. International des Sciences de la Vigne et du Vin. 1994, 28, (2): 81 - 110.

Li Y, Sun Y, Liao S, et al, 2017. Effects of two slow - release nitrogen fertilizers and irrigation on yield, quality, and water - fertilizer productivity of greenhouse tomato [J]. Agricultural Water Management, 18 (6): 139 - 146.

Liu K, Zhang T Q, Tan C S, et al, 2011. Responses of fruit yield and quality of processing tomato to drip - irrigation and fertilizers phosphorus and potassium [J]. Agronomy Journal, 103 (5): 1339 - 1345

Markov I, Arampatzis A, Crestani F, 2012. Unsupervised linear score normalization revisited [J]. 1161 - 1162.

Matthews M A, Anderson M M. Reproductive development in grape (Vitis vinifera L.): Responses to seasonal water deficits [J]. American Journal of Enology and Viticulture, 1989, 40 (1): 52 - 60.

Meianied J, Thomasc H, 1988. Nickel toxicity in mycorrhizal birch seedlings infected with Lactarius rufus or Scleroderma flavidum I. Effects on growth photosynthesis respiration and transpiration [J]. New Phytologist, 108 (4): 451 - 59.

Mir - A zizuddin, Rao W K, Naik SA, et al, 1994. Drip irrigation: effect on C. arabica var. Cauvery (Catimor) [J]. Indian Coffee, 58: 12, 3 - 8.

Nakayama F S, Bucks D A, 1987. Trickle irrigation for crop production [J]. Soil and Tillage Research, 10 (2): 191 - 192.

Nesme T, Brisson N, Lescourret F, et al, 2006. Eppistics: A dynamic model to generate nitrogen fertilisation and irrigation schedules in apple orchards, with special attention to qualitative evaluation of the model [J]. Agricultural Systems, 89 (1): 202 - 225.

O C Vilela, J Bione, N Fraidenraich. Simulation of grape culture irrigation with photovoltaic V - trough pumping systems [J]. Renewable Energy, 2004, (29): 1697 - 1705.

Pan J, Liu Y, Zhong X, et al, 2017. Grain yield, water productivity and nitrogen use efficiency of rice under different water management and fertilizer - N inputs in South China [J]. Agricultural Water Management, 184 (184): 191 - 200.

Philip J R, 1971. Steady infiltration from Buried, surface, and perched point and line sources in heterogeneous soils: I. Analysis [J]. Soil Science Society of America Journal, 36 (1): 268-273.

Rasool R, Kukal S S, Hira G S, 2010. Root growth and soil water drnamics in relation to inorganic and organic fertilization in maize-wheat [J]. Communications in Soil Science & Plant Analysis, 41 (20): 2478-2490.

Roháček K, 2002. Chlorophyll Fluorescence Parameters: The Definitions, Photosynthetic Meaning, and Mutual Relationships [J]. Photosynthetica, 40 (1): 13-29.

Rooney D J, Brown K W, Thomas J C, 1998. The effectiveness of capillary barriers to hydraulically isolate salt contaminated soils [J]. Water, Air, &Soil Pollution, 104 (3): 403-411.

Rrecillas A , Ruiz Sanchez M C, Hernandez Borroto J, et al, 1993. Regulated deficit irrigation on Finolemon trees [J]. International sympo sium on irrigation of ho rticultural crops, Almeria, Spain, 23-27 Nov. 1992. Acta Ho rticulturae. (335): 205-212.

Sammis T W, 1981. Yield of alfalfa and cotton as influenced by irrigation [J]. Agronomy Journal, 73 (2): 323-329.

Shangguan Z, Shao M, Dyckmans J, 2000. Effects of nitrogen nutrition and water deficit on net photosynthetic rate and chlorophyll fluorescence in winter wheat [J]. Journal of Plant Physiology, 156 (1): 46-51.

Shen Y F, Li S Q, Shao M G, 2013. effect of spatial coupling of water and fertilizer applications on root growth characteristics and water use of winter wheat [J]. Journal of Plant Nutrition, 36 (4): 515-528.

Shrestha N, Raes D, Vanuytrecht E, et al, 2013. Cereal yield stabilizationin Terai (Nepal) by water and soil fertility management modeling [J]. Agricultural Water Management, 122: 53-62.

Silvia A, Marta C, Monica G, et al, 2004. Estimation of Mediterranean forest transpiration and photosynthesis through the use of anecosystem simulation model driven by remotely sensed data [J]. Global Ecology and Biogeography, 13 (4): 371-380.

Singandhupe R B, Rao G G S N, Patil N G, et al, 2003. Fertigation studies and irrigation scheduling in drip irrigation system in tomato crop (esculentum L.) [J]. European Journal of Agronomy, 19 (2): 327-340.

Sotomayor S, J P Lavin A. Drip irrigation of two types of vineyard cv. Paris in the dry interior of Cauquenes. Effects on wine characteristics [J]. Agriculture Tecinica, 1984, 44, (1): 21-25.

Srinivas K, 1996. Plant water relations, yield, and water use ofpapaya (Carica Papaya L.) at different evaporation replenishment rates under drip irrigation [J]. Tropical Agriculture, 73: 4, 264-269.

Tan C S, Buttery B R, 1982. The effect of soil moisture stress to various fractions of the root system in transpiration, photosynthesis and internal water relation of peach seedlings [J]. Journal of the American Society for Horticultural Science, 107: 845-849.

Thompson T L, Doerge T A, Godin R E, 2000. Nitrogen and water interactions in subsurface drip - irrigated cauliflower [J]. Soil Science Society of America Journal, 64 (1): 412 - 418.

V ijayakumar K R, Dey S K, Chandrasekhar T R, et al 1998. Irrigation requirement of rubber trees (Hevea brasiliensis) in the subhu - mid tropics. Agric [J]. Water Manage, 35 (3): 245 - 259.

Wang C, She H Z, Liu X B, et al, 2016. Effects of fertilization on leaf photosynthetic characteristics and grain yield in tartary buckwheat Yunqiao1 [J]. Photosynthetica, 55 (1): 1 - 8.

Wassink E C, 1951. Chlorophyll fluorescence and photosynthesis [J]. Advances in Enzymology & Related Subjects of Biochemistry, 11: 91.

White A J, Critchley C, 1999. Rapid light curves: A new fluorescence method to assess the state of the photosynthetic apparatus [J]. Photosynthesis Research, 59 (1): 63 - 72.

Wu F Z, Bao W K, Li F L, et al, 2008. Effects of water stress and nitrogen supply on leaf gas exchange and fluorescence parameters of Sophora davidii seedlings [J]. Photosynthetica, 46 (1): 40 - 48.

Zeng C Z, Bie Z L, Yuan B Z, 2009. Determination of optimum irrigation water amount for drip - irrigated muskmelon (Cucumis melo L) in plastic greenhouse [J]. Agricultural Water Management, 96 (4): 595 - 602.

Zewde I, Mohamed A, Tades S T, 2016. Potato (sola - num tuberosum L.) growth and tuber quality, soil nitrogen and phosphorus content as affects by different rates of nitrogen and phosphorus at masha district in southwestern Ethiopia [J]. International Journal of Agricultural Research, 11 (3): 95 - 104.

Zhang T Q, Liu K, Tan C S, Warner J, et al, 2011. Processing tomato nitrogen utilization and soil residual nitrogen as influenced by nitrogen and phosphorus additions with drip - fertigation [J]. Soil Science Society of America Journal, 75 (2): 738.

Zhang Y, Wang J, Gong S, et al, 2008. Effects of film mulching on evapotranspiration, yield and water use efficiency of a maize field with drip irrigation in Northeastern China [J]. Agricultural Water Management, 205: 90 - 99.

Zhu X G, Long S P, Ort D R, 2010. Improving photosynthetic efficiency for greater yield [J]. Annu Rev Plant Biol, 61 (1): 235 - 261.